TCP/IP 协议分析

TCP/IP Protocol Analysis

刘素芹　曹绍华　主编

中国石油大学出版社

图书在版编目(CIP)数据

TCP/IP 协议分析/刘素芹,曹绍华主编. —东营:
中国石油大学出版社,2012.3
ISBN 978-7-5636-3632-7

Ⅰ.①T… Ⅱ.①刘…②曹… Ⅲ.①计算机网络—通信协议—研究 Ⅳ.①TN915.04

中国版本图书馆 CIP 数据核字(2012)第 039073 号

中国石油大学(华东)规划教材

书 名: TCP/IP 协议分析
作 者: 刘素芹 曹绍华

责任编辑: 高 颖(电话 0532—86981531)
封面设计: 青岛友一广告传媒有限公司

出 版 者: 中国石油大学出版社(山东 东营 邮编 257061)
网 址: http://www.uppbook.com.cn
电子信箱: shiyoujiaoyu@126.com
印 刷 者: 青岛星球印刷有限公司
发 行 者: 中国石油大学出版社(电话 0532—86981532,0546—8392563)
开 本: 180 mm×235 mm **印张:** 17 **字数:** 343 千字
版 次: 2012 年 5 月第 1 版第 1 次印刷
定 价: 26.00 元

前言 PREFACE

随着计算机网络尤其是因特网应用的日益普及，人们越来越依赖于网络，网络新技术层出不穷，而支撑这些新技术的基础就是 TCP/IP 协议。众所周知，TCP/IP 协议已经成为计算机网络实际上的标准，只有深入了解 TCP/IP 协议，才能更深刻地理解计算机网络的工作原理，为进行网络方面的应用和研究打下扎实的基础，因此，“TCP/IP 协议分析”成为计算机专业本科生的一门专业基础课。

本书是作者根据多年的授课教案、实验资料，并参考一些新的资料整理而成的，具有以下特点：

(1) 在介绍协议原理时，穿插了一些实验，能够激发读者的兴趣。

(2) 在分析原理时，对相应的程序进行了分析，能够使读者的编程能力得到相应的提高。

(3) 介绍了协议分析工具 Sniffer 的原理及使用方法，便于理论和实践的相互促进。

本书共分 12 章，第 1～6 章、第 8 章、第 9 章由刘素芹编写，第 7 章、第 10～12 章及附录由曹绍华编写。第 1 章介绍了 TCP/IP 协议的产生和发展，以及标准化流程等常识性的内容；第 2 章介绍了 TCP/IP 协议的基本原理、工作方法等基础知识；第 3～11 章详细介绍了 TCP/IP 协议中主要协议的原理、包格式及详细工作流程；第 12 章介绍了在 Windows 和 Unix/Linux 环境下 TCP/IP 协议的实现方式；附录介绍了 MPLS 协议的原理、应用情况及协议分析工具 Sniffer 的原理与使用方法。

在当今的网络社会，围绕着计算机和网络的技术日新月异，但“万变不离其宗”，计算机和网络的基础知识是不会变的。通过对本书的学习，希望读者掌握 TCP/IP 协议的核心技术，为以后的学习和工作打下良好的基础。

本书面向的主要对象是计算机学科各个专业的学生及从事计算机、通信、自动化等相关专业的工程技术人员，本书也可作为非计算机专业的学生及成人、网络教育学生的教材，亦可供非计算机专业的工程技术人员参考。

在本书的编写过程中，参考了部分国内外有关教材和资料，获益匪浅，在此对这些文献的作者表示感谢。参考的主要资料有 Stevens（美国）编写的《TCP/IP》详解卷 1 和村山公保（日本）等编写的 TCP/IP 系列丛书。硕士研究生李柏丹、邵红李、冯雪丽、李兴盛、孟令芬、硕珺、王婧、刘会会、焦芳、安仲奇在查阅资料、验证实验、文字录入和绘图方面做了大量工作，在此一并表示衷心的感谢。

由于书中涉及的内容是正在飞速发展的新技术，不当之处在所难免，敬请读者批评指正。

编　者

2011 年 12 月

目录 CONTENTS

第1章 概 述

1.1 TCP/IP协议的产生和发展

目前，在计算机网络领域，TCP/IP 协议是使用最广泛的协议，已经成为事实上的标准。那么，为什么 TCP/IP 协议如此普及呢？一方面是因为个人计算机的操作系统如 Windows 和 Mac OS 等都支持 TCP/IP 协议标准；另一方面是因为各计算机公司的操作系统中都使用了 TCP/IP 协议的通信功能，再加上计算机工业界的全体都支持 TCP/IP 协议这股不可抗拒的潮流，两者综合起来就形成了今天的 TCP/IP 协议普及的势头。目前，在市场上几乎看不到不支持 TCP/IP 协议的操作系统。

为什么计算机制造商都大力支持 TCP/IP 协议呢？下面首先从 Internet 的发展历史来考虑这个问题。

1.1.1 TCP/IP协议的产生

1）TCP/IP 协议起源于军事应用

20 世纪 60 年代后期，以美国国防部 DoD(the Department of Defense)组织为中心，人们开展了通信技术研究试验，认为通信在军事上是非常重要的，而且还指出了使用包通信的必要性。

在通信的过程中，人们期望能够获得这样的计算机网络：即使计算机网络的一部分遭到敌人的攻击，可能会发生一定的故障，但是整个通信线路也可以发送数据，通信不会停止。另外，如果使用包通信技术，多个用户还可以共享一条线路，具有提高线路利用率的优点，因此包交换技术和包通信技术受到了人们的青睐。

2）ARPANET 的诞生

1969 年，为了检验包交换技术的实用性，美国构建了一个计算机网络。最初，这个计算机网络以美国国防部为中心，将美国西海岸的大学和研究机构的 4 个节点(node)连接起来，之后随着技术的迅速发展，一般的用户也开始加入进来，其规模在当时是非常大的，后来又迅速发展壮大。

该计算机网络被人们称为 ARPANET，它是 Internet 的鼻祖。在短短的三年内，它就从几个节点发展到了几十个节点。该试验取得了很大的成功，充分证明了使用包进行数据通信的方法是实用的。

3）TCP/IP 协议的诞生

在试验过程中，不仅单纯地进行了大学和研究机构之间通信干线的包交换试验，还在通信双方的计算机之间进行了具有高可靠性的通信方法的综合通信协议试验。ARPANET 内部的研究小组于 1975 年开发了 TCP/IP 协议，并且在 1982 年制定了 TCP/IP 协议的标准。

1.1.2 TCP/IP 协议的发展

1）UNIX 的普及和 Internet 的壮大

在 TCP/IP 协议的发展历程中，ARPANET 发挥了重要作用。TCP/IP 协议之所以能在计算机网络领域迅速普及，与 BSD 的 UNIX 有着很大的关系。

当时，在大学和企业的研究机构中，作为计算机的操作系统，BSD 的 UNIX 已被广泛使用，它的内部实际上已经安装了 TCP/IP 协议。1983 年，UNIX 作为 ARPANET 的正式连接手续，采用了 TCP/IP 协议。在同一年里，Sun Microsystems 公司开始将安装有 TCP/IP 协议的产品提供给一般用户。

20 世纪 80 年代，随着 LAN 的迅速发展，UNIX 工作站开始迅速普及，采用 TCP/IP协议构筑的计算机网络也盛行起来。伴随着这股潮流，大学和企业的研究机构也慢慢地与 Internet 连接起来。

Internet 使得 UNIX 机器的互联迅速普及，因此，可以说作为计算机网络的主流协议，TCP/IP 协议与 UNIX 有着不解之缘，两者都在迅速地发展和普及。

另外，从 20 世纪 80 年代后期开始，以企业为主的用户更多地使用计算机，计算机制造商们也开始将自己的协议与 TCP/IP 协议相对应。

2）商用 Internet 服务的开始

Internet 最初是作为试验和研究用的。到了 20 世纪 90 年代，企业和一般家庭开始使用 Internet 连接，Internet 服务开始被广泛利用，同时利用 Internet 的商业服务也随之普及。通常把提供这样服务的公司称为 ISP，即因特网服务提供者（互联网服务提供商）。

当时，在微型计算机的通信中，人与人之间利用计算机进行通信的需求开始激增，但是由于微型计算机通信只能在有限的会员之间进行，所以当多个微型计算机加入通信时，由于不同的微型计算机通信的操作方法各异，存在着许多不便之处。

随后，Internet 将企业和一般家庭相连接，同时也提供商业服务。作为研究用的计算机网络，由于已经过很长一段时间的使用，所以 TCP/IP 协议在服务中不断成熟起来，并成为广泛使用的协议。因此，现在的 Internet 不再是作为研究用的计算机网络，而是作为有偿的商业服务，并且迅速地普及和壮大。

如果使用 Internet，那么利用 WWW（万维网）就可以在世界范围内收集信息，还可以利用电子邮件进行通信，向世界的各个角落随心所欲地发送消息。Internet本身并不存在什么会员，它是一个在世界范围内连接、能够被广大用户所使用、开放的计算机网络。它不但能够提供丰富多彩的服务，而且用户自己也能够开辟新的服务。自由自在、开放的Internet，正在迅速地被企业和人们所使用。

TCP/IP协议的发展历程见表1-1。

表1-1 TCP/IP协议发展历程

时 间	内 容
1960年后期	由DoD研究和开发了与通信技术有关的问题
1969年	ARPANET诞生，开发包交换技术
1972年	ARPANET获得成功，节点扩大到50个以上
1975年	TCP/IP协议诞生
1982年	制定了TCP/IP协议的标准，开始提供UNIX，并在UNIX系统中实际安装了TCP/IP协议
1983年	由ARPANET的正式手续确定了TCP/IP协议
1989年左右	在LAN上，TCP/IP协议的应用迅速普及
1990年左右	无论是WAN还是LAN，都向着TCP/IP协议的方向发展
1995年左右	随着Internet的商业化，成立了许多因特网服务提供者
1996年	制定了下一代IPv6标准，该标准登录进了RFC(1998年对其进行了修改)

1.2 TCP/IP协议的标准化

虽然ISO(国际标准化组织)组织制定了称为OSI的国际标准化协议，但OSI并不是一个能够真正使用的协议，它只是一个网络体系结构蓝本。在这个蓝本的基础上制定的网络通信协议才能够互相通信，而TCP/IP协议正是符合OSI要求的通信协议。本节将介绍TCP/IP协议的标准化。

1.2.1 TCP/IP协议的结构

TCP/IP协议的结构如图1-1所示。

仅就TCP/IP协议整个术语来讲，读者可能会认为它就是两个协议。实际上，TCP/IP协议这个术语不仅表示TCP和IP这两个协议，还包括使用IP通信时所需要的其他协议，是一个协议簇。具体地讲，它还包括与TCP和IP关系密切的协议，例如ARP，RARP，ICMP，IGMP，UDP及很多应用层协议。另外，有时也把TCP/IP协议称为Internet协议簇，其含义是构筑Internet所需的协议的集合。

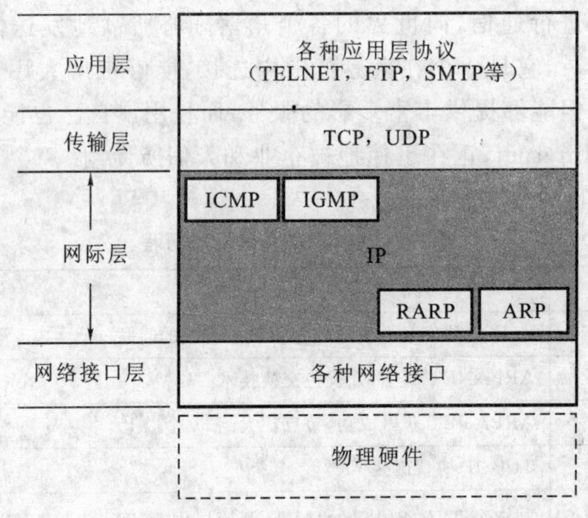

图 1-1　TCP/IP 协议的结构

1.2.2　TCP/IP 协议的标准化思想

TCP/IP 协议的标准化具有两个明显的特点，即开放性和实用性。

首先，TCP/IP 协议是对所有人开放的，是经过 IETF（Internet Engineering Task Force，互联网工程任务组）的多阶段讨论后才确定的。通常，这种讨论是通过电子邮件列表进行的。对电子邮件列表来说，无论谁都能参加。

其次，在重视协议性能指标的同时，还追求相互之间能够通信的技术。人们常说，与设计 TCP/IP 协议的性能指标相比，TCP/IP 协议更重视程序的开发，这也就是说以重视开发的形式来确定协议。一般地，在编译程序后才书写性能规格说明书。但是，在确定协议的性能指标时，必须一边考虑实际安装一边进行作业。在仔细斟酌协议的详细性能指标时，已经具有了安装该协议的设备，它们必须在限定的条件下能够进行实际的运行。所以，在 TCP/IP 协议中，当大体上确定了协议的性能指标后，再根据多个实际安装的情况进行相互连接试验。如果发生了问题，就进行讨论，然后进行程序、协议的标准化工作。由于 TCP/IP 协议是试验实际运行情况后才确定性能指标的，所以它是一个实用性很高的协议。

1.2.3　TCP/IP 协议的标准化流程

协议的标准化工作是通过 IETF 的讨论进行的。通常，IETF 每年召开三次会议，这些会议是按照邮件列表使用电子邮件进行讨论的。在这些邮件列表中，无论谁都可以自由地参加。

TCP/IP 协议的标准化流程如图 1-2 所示。

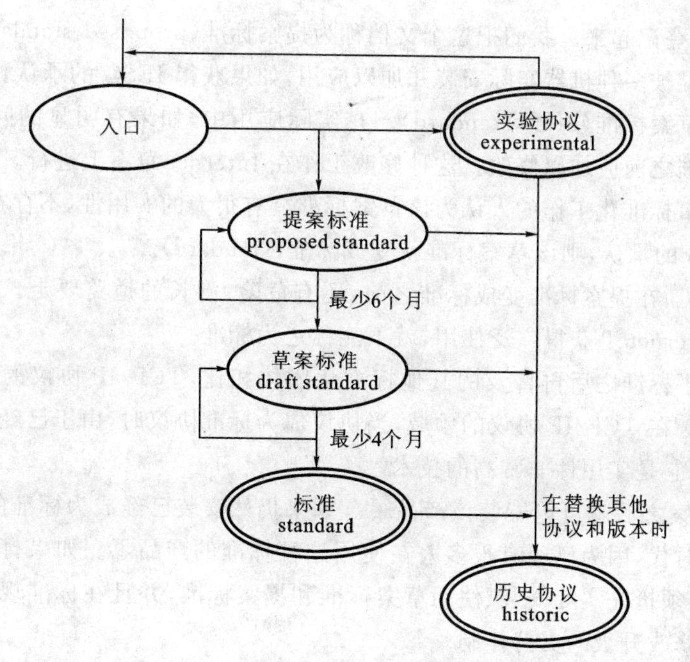

图 1-2 TCP/IP 协议的标准化流程

TCP/IP 协议的标准化流程包括以下 4 个阶段：

(1) 提出标准的 Internet 草案(Internet-Draft,I-D)。

(2) 如果认为应该对该草案进行标准化,就将它变成提案标准(proposed standard)。

(3) 如果认为有价值,就将该提案标准进一步变成标准的草案,即草案标准(draft standard)。

(4) 草案标准经过审查,通过之后成为标准(standard)。

下面再详细地看一下这个流程。在对协议进行标准化之前,首先是协议的提案阶段。如果某个人或者组织想对某个协议进行提案,那么他(们)应先将提案书写成文档后作为 Internet 草案公布。对于这个文档,人们可以发表各自的观点,并进行讨论,然后再进行实际安装、模拟及应用试验等。

Internet 草案的有效期为 6 个月,这意味着在这 6 个月之内,必须反映出对该草案的讨论结果。对于没有经过讨论、无意义的 Internet 草案,则自动地删除掉,这也是设置有效期的目的。在当今世界,信息到处泛滥,TCP/IP 协议的标准化提案比较多,也比较乱,因此如果不能及时地删除无用的信息,就不能准确地判断哪一个重要、哪一个不重要。

如果经过人们的充分讨论,能够获得由 IETF 主要成员组成的因特网工程指导组(IETF Engineering Steering Group,IESG)的承认,则该草案就获得认可,并且作为 RFC 文档登记起来。我们把这个文档称为提案标准(proposed standard)。

提案标准被多种机器实际安装并加以应用,如果获得 IESG 的承认,则该提案标准就变成了草案标准(draft standard)。在实际应用中,如果有明显的问题,那么在草案变成标准之前应加以修改。这种修改工作在 Internet 草案上进行。

如果从事标准化工作的人认为该草案标准具有很大的实用性,不存在问题,并且获得了 IESG 的承认,则该草案标准就变成标准(standard)。

由此可见,在提案标准变成标准之前,还有危险、漫长的道路要走。如果一个标准不能在 Internet 上获得广泛使用,就不能称之为标准。

与制定了标准之后再普及的其他标准化团体相比,TCP/IP 协议的标准化有着本质的区别。在 TCP/IP 协议的领域,当协议成为标准协议时,由于已经获得了广泛的应用,所以它是实用性非常高的技术。

RFC 提案之后就可以安装该产品了。如果仍然安装已经成为标准的产品,那么就会落后于时代,因为已经有很多人在使用这种标准的产品了。如果打算走在时代的前列,就必须抢先实际安装、使用草案标准和提案标准,并且在标准规格发生变化时建立快速修改升级的支持体制。

1.2.4　TCP/IP 协议的请求评论文档 RFC

Internet 的所有标准都是以请求评论文档(Request For Comment,RFC)的形式发布的,TCP/IP 协议也不例外。首先由 IETF 讨论后对协议进行标准化,然后把准备标准化的协议转变成 RFC 在 Internet 上公布。另外,RFC 不仅包含 RFC 性能规格书,还包括与实际安装和应用有关的信息,以及与协议的试验有关的信息。

人们对 RFC 进行编号,例如把确定 IP 性能指标的协议编号为 RFC 791,把确定 TCP 性能指标的协议编号为 RFC 793。RFC 是按照协议制定的顺序进行编号的,而且一旦成为 RFC,就不容许再做任何修改。如果需要扩展协议的性能,则必须使用新的编号来定义该协议的扩展部分。当一个协议的性能指标发生变化时,要发行新的 RFC,同时废除旧的 RFC。在新的 RFC 中,标明了该协议是从哪一个协议扩展而来的,以及哪个协议被废除了。

为此,人们提出了这样的意见,即每当更新一个协议时就要改变其编号。但这样非常不方便,因此协议附加了一个不做改变的 STD(standard)编号。在 STD 中,事先规定了哪一个编号表示哪一个协议,如果是同一个协议,即使更新该协议的性能指标,其原来的编号也不做改变。

另外,为了给 Internet 用户和管理者提供有用的信息,协议为用户的信息 FYI (For Your Information)追加了编号。它与 STD 是相同的,虽然它的内容是 RFC 的,但是对用户而言,参考起来比较方便。这样,即使内容做了改变,编号也不会改变。

在 STD1 中，集中记录了作为 RFC 发布的协议的标准化状态。从 2001 年 11 月到目前为止，RFC 3000 相当于 STD1 的协议（在大多数情况下，采用阶段编号来表示协议被更新的事实）。

表 1-2 列出了 2001 年 11 月以前具有代表性的 RFC。

表 1-2 具有代表性的 RFC（到 2001 年 11 月为止）

协 议	STD	RFC	状 态
IP（版本 4）	STD5	RFC 791，RFC 919，RFC 922	标 准
IP（版本 6）		RFC 2460	标准草案
ICMP	STD5	RFC 792，RFC 950	标 准
ICMPv6		RFC 2463	标准草案
ARP	STD37	RFC 826	标 准
RARP	STD38	RFC 903	标 准
TCP	STD7	RFC 793	标 准
UDP	STD6	RFC 768	标 准
IGMP（版本 2）		RFC 2236	提案标准
DNS	STD13	RFC 1034，RFC 1035	标 准
DHCP		RFC 2131	标准草案
HTTP（版本 1.1）		RFC 2616	标准草案
SMTP	STD10	RFC 821，RFC 1870	标 准
POP（版本 3）	STD53	RFC 1939	标 准
FTP	STD9	RFC 959	标 准
TELNET	STD8	RFC 854，RFC 855	标 准
SNMP	STD15	RFC 1157	标 准
SNMP（版本 2）		RFC 1905	标准草案
MIB	STD17	RFC 1213	标 准
RIP	STD34	RFC 1058	历史的
RIP（版本 2）	STD56	RFC 2453	标 准
OSPF（版本 2）	STD54	RFC 2328	标 准
EGP	STD18	RFC 904	历史的
BGP（版本 4）		RFC 1771	标准草案
PPP	STD51	RFC 1661，RFC 1662	标 准
PPPoE		RFC 2516	信 息
MPLS		RFC 3031	提案标准

1.2.5 获得 RFC 的方法

获得 RFC 的方法有很多,其中最简单的方法就是利用 Internet 获得。

RFC 原始文档在下面的 URL 上发布:ftp://ftp.isi.edu/in-notes。

在这个网站上,存储有 RFC 的全部文件。在文件 rfc-index.txt 中,含有 RFC 的一览表,所以首先应获得该文件。

在日本国内的 anonymous(匿名)ftp 服务器内也存储有 RFC。例如,在使用 JPNIC 的 ftp 服务器的情况下,下面的网站具有 RFC:ftp://ftp.nic.ad.jp/rfc/。

另外,在 Web 网站 http://www.rfc-editor.org/中,除了发布与 RFC 有关的信息之外,还能进行 RFC 的检索,所以可供读者参考、访问。

可以在下面的网址中获得 STD,FYI 和 Internet 草案(Internet-Draft,I-D)。

获得 STD 的网站是 ftp://ftp.isi.edu/in-notes/std/。

获得 FYI 的网站是 ftp://ftp.isi.edu/in-notes/fyi/。

获得 I-D 的网站是 ftp://ftp.ietf.org/Internet-Drafts/。

这些信息具有一览表,它们被分别写在文件 std-index.txt 和 fyi-index.txt 中,所以可以首先获得这些文件,然后再查询所需要的文档编号。

在使用 JPNIC 的 ftp 服务器的情况下,从下面的网站中可以获得 STD,FYI 和 Internet 草案。

获得 STD 的网站是 ftp://ftp.nic.ad.jp/rfc/std/。

获得 FYI 的网站是 ftp://ftp.nic.ad.jp/rfc/fyi/。

获得 I-D 的网站是 ftp://ftp.nic.ad.jp/Internet-Drafts/。

1.3 TCP/IP 协议的特征

作为最早且发展最为成熟的互联网络协议系统,TCP/IP 协议包含许多重要的特性,主要表现在以下 5 个方面:逻辑编址、路由选择、域名解析、错误检测与流量控制、对应用程序的支持。

1) 逻辑编址

众所周知,网卡在出厂时就被厂家分配了一个独一无二的永久性的物理地址(也叫硬件地址)。在很多局域网系统中,底层的硬件设备和相应的软件可以识别这个物理地址,并且通过传输介质来进行数据通信。不同类型的网络有着各自不同的数据通信方法。

与任意一个协议系统一样,TCP/IP 协议也有它自己的地址系统——逻辑编址。所谓逻辑编址,就是给每台计算机分配一个逻辑地址。这个逻辑地址一般由网络软件来设置，包括：一个网络 ID 号，用来标识网络；一个子网络 ID 号，用来标识网络上的一个子网；一个主机 ID 号，用来标识子网络上的一台计算机。

2）路由选择

在 TCP/IP 协议中包含了专门用于定义路由器如何选择网络路径的协议，即 IP 数据包的路由选择。简单地说，路由器就是负责从 IP 数据包中读取 IP 地址信息，并使该 IP 包通过正确的网络路径到达目的地的专用设备。

3）域名解析

TCP/IP 协议采用 32 位的 IP 地址，比起直接使用网卡上的物理地址方便了许多。但是，设置 IP 地址的出发点是为了确定网络上某台特定的计算机，并没有考虑使用者的记忆习惯。例如，我们很难记住某个单位或某家公司 Web 服务器的 IP 地址，为此，TCP/IP 专门设计了一种方便记忆的字母式地址结构，一般称为域名或 DNS（域名服务）。将域名映射为 IP 地址的操作称为域名解析，由运行域名解析程序的域名服务器实现。

4）错误检测与流量控制

TCP/IP 协议具有与分组交换相应的特性，用来确保数据信息在网络上的可靠传递。这些特性包括检测数据信息的传输错误（保证到达目的地的数据信息没有发生变化），确认已传递的数据信息是否成功地接收，监测网络系统中的信息流量，防止出现网络拥塞。具体地说，这些特性是通过传输层的 TCP 协议及网络接口层的一些协议实现的。

5）对应用程序的支持

一般而言，每一种协议都需要为计算机上的应用程序提供一个接口，使应用程序能够访问协议软件，实现网络通信。在 TCP/IP 协议中，应用程序与协议软件之间的接口是通过一个称为端口的逻辑通道实现的。每个端口都有一个端口号，用来唯一地标识该端口。形象地说，可以把端口看成计算机的逻辑管道，通过这些管道，数据信息可以从应用程序传到协议软件，也可以从协议软件流向应用程序。

习 题

1. 简述 TCP/IP 协议的产生和发展过程。
2. 画出 TCP/IP 协议结构图，并说明各层包含的协议及其功能。
3. 简述 TCP/IP 协议的标准化流程。
4. 为什么提出 RFC？它的作用是什么？
5. 简要说明 TCP/IP 协议的特征。

第 2 章　TCP/IP 协议基础知识

2.1　TCP/IP 计算机网络的构成

2.1.1　TCP/IP 计算机网络的结构

图 2-1 描述了计算机网络的结构。在 TCP/IP 计算机网络中，主机之间是由各种各样的计算机网络连接的。我们把主机之间所连接的计算机网络称为数据链路或通信线路。目前，数据链路主要有以太网、无线局域网(LAN)、光纤分布数据接口网(FDDI)、异步传输模式网(ATM)、帧中继(FR)、专用线路、综合业务数字网(ISDN)等。主机与主机之间可以通过数据链路直接相连，也可以通过路由器间接相连。

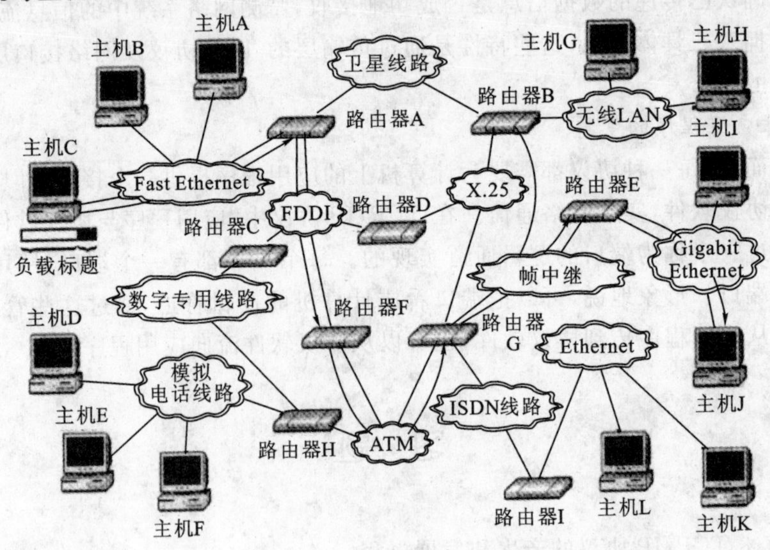

图 2-1　计算机网络的结构

2.1.2　硬件和软件

计算机是由硬件和软件组成的，计算机网络也是由硬件和软件组成的。硬件实现了协议的通信功能，软件实现了 Web、电子邮件等功能，如图 2-2、图 2-3 所示。

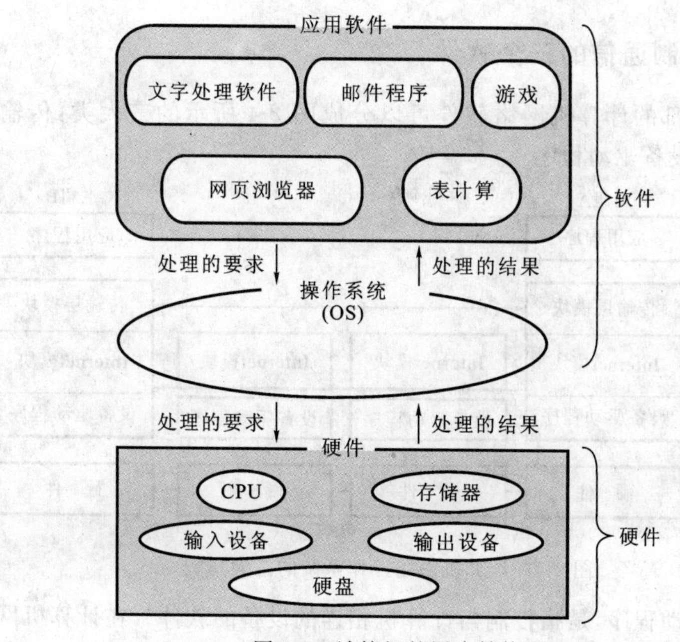

图 2-2 计算机的层次结构

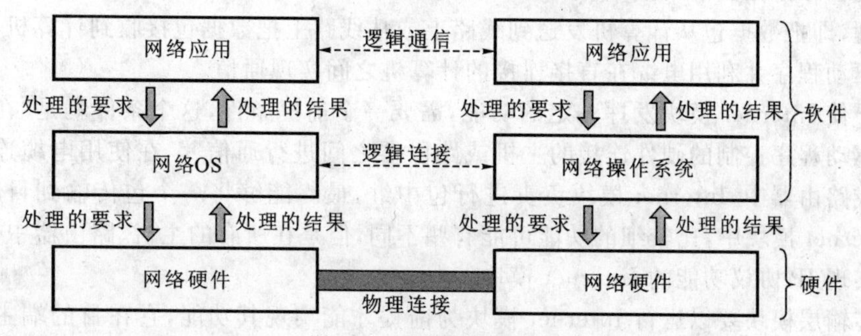

图 2-3 网络的层次结构

具体地讲，硬件是由主机、网卡、调制解调器、通信线路、集线器、交换机、路由器等组成的。

软件用于对硬件进行控制，通过电缆发送数据包，而硬件则按照软件的指示，在链路中传输数据包。如果数据包到达主机或路由器，则将该数据包传递给在主机或路由器中运行的软件，软件即开始进行相应的处理。另外，该软件还进行数据包的接收和中断处理。

在主机上运行的软件可以分为两大类，即应用软件和操作系统。应用软件是针对不同的目的而编制的软件；操作系统是对硬件进行控制，为应用软件提供一些服务并对应用软件的执行进行管理的软件。具体地讲，应用软件包括文字处理软件、电子表格软件、演示工具等，操作系统包括 Windows，Mac OS，Linux，UNIX 等。

2.1.3 控制通信的三个软件

操作系统内部的计算机网络软件可以分成图 2-4 所示的三大类：传输层模块、Internet 模块和设备驱动程序。

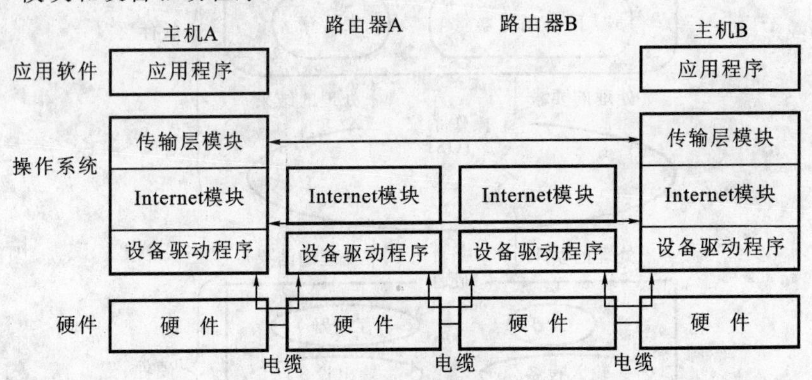

图 2-4　计算机网络操作系统的三大功能

所谓设备驱动程序，是指控制与计算机相连的设备的软件。在计算机网络上，设备驱动程序是控制网络接口卡（Network Interface Card，NIC）的软件，负责发送和接收处理，即把数据包从计算机发送到线路上或从线路上把数据包接收到计算机，使用设备驱动程序并利用电缆在直接连接的计算机之间实现通信。

要使 Internet 模块发挥一定的功能，需要一个前提条件，这个条件就是“在使用设备驱动程序控制的硬件连接的主机或路由器之间进行通信”。在使用电缆连接的主机或路由器中，Internet 模块负责进行包中继，最终能够将一个包传输到目的地。在 Internet 模块中，比较细的功能可能有些不同，但是在所有的主机、路由器中，都包括了实现 IP 协议功能的 Internet 模块。

传输层模块要以运行 Internet 模块为前提才能实现其功能，它在目的端主机和发送端主机内部运行，所提供的功能是把应用软件的报文确定地发送到接收端。传输层模块是一个实现了用户数据报（UDP）和传输控制协议（TCP）功能的模块。如果一台路由器只需要具有转发包的功能，则不需要传输层模块。但是，如果需要运行 BGP 路由协议，则需要传输层模块，所以在所有的路由器中，实际上几乎都把 TCP 协议或 UDP 协议嵌入到了传输层模块中。

2.2　TCP/IP 的工作原理

2.2.1 分层次模型和包交换

构成一个包的报头并不只有一个，前面章节中介绍的模块都附加一定的报头。

下面应用图 2-5 来说明这些报头。

图 2-5 是利用包交换技术将主机 A 的图像数据发送到主机 B 的处理流程。

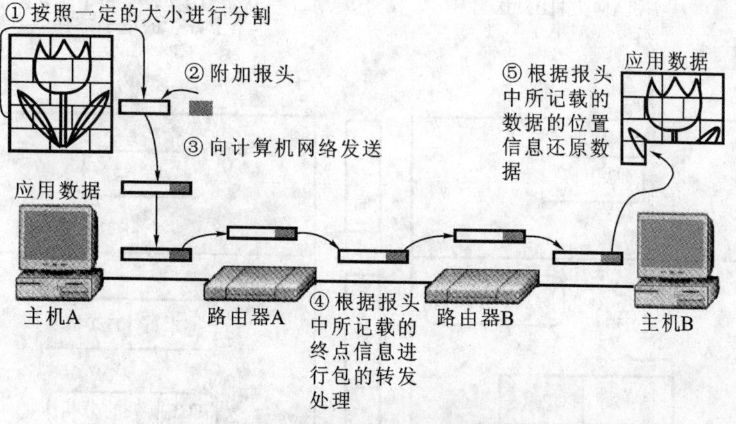

图 2-5 报头的分层化处理

应用程序所发送的报文由上一层模块进行顺序处理之后，通过硬件在计算机网络上传输。在传输层模块中，附加了 TCP 报头或 UDP 报头；在 Internet 模块中，附加了 IP 报头；在设备驱动程序中，附加了 Ethernet 等数据链路报头（即 MAC 首部）。

路由器一旦收到一个包，就利用 Internet 模块根据包中 IP 首部的信息进行转发处理。在接收到一个包的主机中，按照顺序从下一层模块向上一层模块逐层剥去首部进行处理，最终向应用程序传递报文。

2.2.2 包的发送和接收

下面以 TCP/IP 协议的通信为例来介绍包的发送和接收过程。首先来看一下在两台计算机之间如何利用 TCP/IP 协议通过电子邮件来发送“早上好”这样的字符。如图 2-6 所示，为了更方便地理解分层处理的细节，该例子中简化了邮件系统，没有使用邮件服务器，而是让两台主机直接进行邮件传输。

1）发送端的处理

（1）应用层的处理。

启动应用程序，编辑要发送的电子邮件。首先启动电子邮件软件，从键盘上输入“早上好”，然后使用鼠标点击发送按钮，调用 TCP/IP 协议开始通信。

在应用程序中，首先进行编码处理。编码处理相当于 OSI 参考模型中表示层的功能。实际上，进行编码处理后需要发送电子邮件，但在发送端不是马上就能发送电子邮件的，而是将多个电子邮件集中起来再发送；在接收端，当按下接收邮件按钮时，才集中接收电子邮件。一般地，电子邮件软件都具有这样的功能。从广义上讲，何时建立通信的连接和何时发送数据的管理功能相当于 OSI 模型中会话层的功能。

在发送电子邮件时，应用程序明确指示建立 TCP 协议的连接，一旦建立起连接，

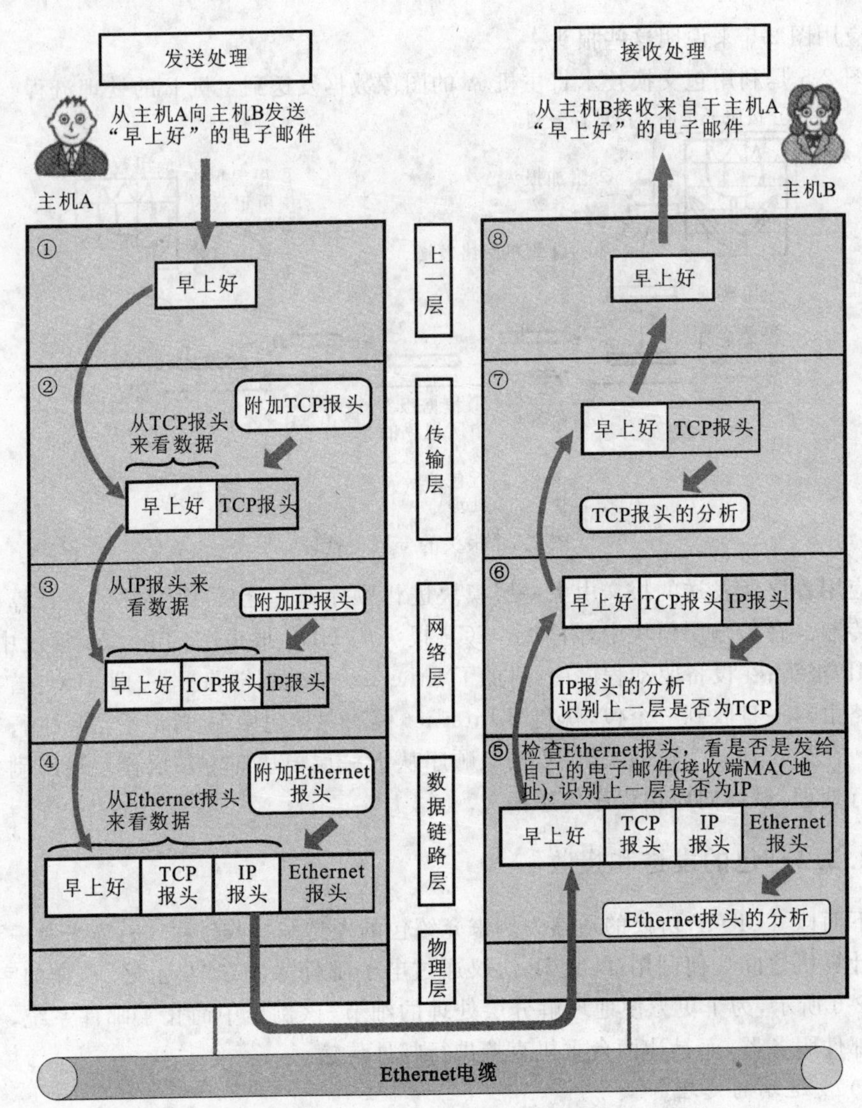

图 2-6　利用 TCP/IP 协议分层进行电子邮件的发送和接收处理

就进行发送处理。

(2) TCP 模块的处理。

TCP 协议根据应用程序的指示进行下面的处理：建立连接、发送数据和切断连接。另外，为了将应用层传输过来的数据可靠地发送到对方，TCP 协议还提供了可靠性较高的数据传输。

为了实现 TCP 协议的功能，在应用层数据的前面不仅需要附加 TCP 协议的报头，而且需要将附加 TCP 报头的数据向 IP 协议发送。在 TCP 协议的报头中，包括下列信息：发送端和接收端的端口号、所发送数据的序列号、检验和等。

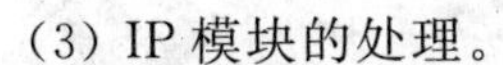

(3) IP模块的处理。

在IP协议中，从TCP协议传输过来的TCP报头和数据被当做一个数据来处理。另外，在TCP报头的前面，需要再附加IP报头。在IP报头中，包含发送端和接收端的IP地址、数据的类型(是TCP协议还是UDP协议)等信息。

在完成IP包的处理之后，参照路由表(routing table)确定接收IP包的下一个路由器或者主机，并且向与计算机网络接口连接的机器的驱动程序发送IP包，进行发送处理。

如果不知道通信方的MAC地址，则利用地址解析协议来询问对方的MAC地址；如果已经知道了对方的MAC地址，则最终交给Ethernet驱动程序进行MAC地址和数据的处理。

(4) 网络接口的处理。

对于从网络层传输过来的包，如果从Ethernet驱动程序的角度来看，则只是简单的数据。在该数据中附加Ethernet报头之后，再进行发送处理。在Ethernet报头中，包含发送端和接收端的MAC地址、Ethernet类型等信息。经过上述处理后，由硬件计算帧校验序列FCS，并将其附加到帧的最后，再由物理层发送给通信的对方。

2) 接收端的处理

在接收端的主机中所进行的处理与发送端的顺序相反，具体的处理过程如下：

(1) 网络接口的处理。

接收包的主机首先检查Ethernet报头的目的MAC地址是否与自己的MAC地址一致。如果一致，则接收；如果不一致，则再检查是否为广播地址。若是广播地址，则接收；若不是广播地址，则再检查是否为组播地址。若是组播地址，且该主机属于该组播组，则接收，否则不接收。

接着进行CRC校验，如果校验有错误，则丢掉该帧；如果校验无错误，则检查Ethernet类型域，同时检查Ethernet协议所传输的数据。在上述情况下，因为是IP协议，所以向IP处理子程序传递数据。如果Ethernet类型域的值是无法处理的协议的值，则不接收该数据。

(2) IP模块的处理。

在IP处理子程序中，如果能够传递IP报头后的数据，那么原封不动地处理IP报头即可。如果发送的IP地址是自己主机的IP地址，即自己发给自己的包，则可以原封不动地接收。如果包的接收地址为自己的主机地址，则检查上一层的协议。若上一层的协议是TCP协议，则将数据传递给TCP处理子程序；若是UDP协议，则将数据传输给UDP处理子程序。如果是路由器，则接收到的IP包的接收端地址基本上都不是属于自己的，在这种情况下就需要从路由表中查出下一个要发送的主机或者路由器，然后转发处理。

(3) TCP 模块的处理。

在 TCP 协议中，首先计算检验和，然后确认数据是否损坏。另外，还需要确认所接收到的数据是否按顺序到达，并且检查下一个端口号，将正在进行的通信与一个特定的应用程序联系起来。

如果数据准确无误地到达，则向发送端主机返回一个确认数据已经到达的“确认应答”。在接收端主机正确地接收到数据的情况下，使用端口号来识别一个应用程序，并把数据原封不动地传递给该程序。

(4) 应用程序的处理。

接收端的应用层将传输层递交过来的数据原封不动地接收下来即可。应用程序对接收到的数据进行分析，可以知道这个电子邮件是发给“B”女士的。如果“B”女士的邮箱不存在，那么就向发送端的应用层返回“没有接收人”的错误信息。

在图 2-5 中，由于“B”女士的邮箱存在，所以能够接收到电子邮件的内容。如果接收到电子邮件的内容，则将信息存储在硬盘上。如果所有的电子邮件消息都被准确无误地存储起来，则处理正常结束，并向发送端的应用层返回一个正常的信息。但是，在存储过程中，如果硬盘已满，不能存储该电子邮件消息，则异常结束，并向发送端的应用层返回一个错误信息。

这样，如果“B”女士运行电子邮件软件，则能够阅读来自于“A”先生的电子邮件。通过上述处理，在接收端显示器上就能够看到“早上好”的信息。

2.2.3 协议报头及其处理

通信协议的技术性能指标可以分两个方面来定义：一方面是报头格式的定义，另一方面是操作的定义。如果以一个程序为例来加以说明，则一个报头格式就相当于一种数据结构，而一个操作的定义就相当于一个算法。一般的程序结构如下：

程序＝数据结构＋算法

在面向对象(object)的程序设计语言中，可以认为：

对象＝数据结构＋算法

与此相类似，通信协议也可以描述如下：

协议＝包的结构＋操作的定义

包确定了数据在计算机网络中传输的一种结构，如图 2-7 所示，它是在 Ethernet 中所传输的一个 TCP 段的形式。

在开始处附加一个 Ethernet 报头，其后为一个 IP 报头，接着为一个 TCP 报头，TCP 报头的下一个域存储的是应用报文(TCP 数据)，最后为 Ethernet 的一个尾标志(trail)。不同的报头具有不同的域，而且域的意义和长度也不同。

在生成一个包并进行发送时，需要将正确的值存入相应的域中。在处理包的主机或路由器中，必须正确地对这些域的格式进行解释。当接收到一个包时，再从正确

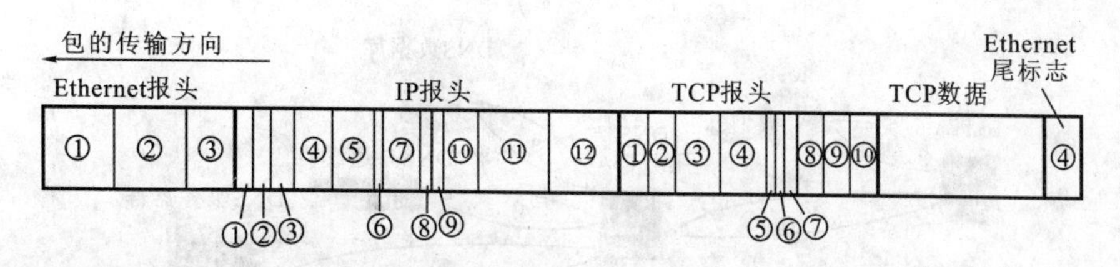

Ethernet报头、尾标志		IP报头		TCP报头	
① 发送端MAC地址	6 octet	① 版本	4 octet	① 发送端端口号	2 octet
② 接收端MAC地址	6 octet	② 报头长度	4 octet	② 接收端端口号	2 octet
③ 类型	2 octet	③ 服务类型	1 octet	③ 序列号码	4 octet
④ FCS	4 otcet	④ 包的长度	2 octet	④ 确认应答号码	4 octet
		⑤ 标识符	2 octet	⑤ 移位量	8 bit
		⑥ 标志	3 bit	⑥ 保留（未使用）	6 bit
		⑦ 段的移位量	13 bit	⑦ 控制标志	6 bit
		⑧ 生存周期	1 octet	⑧ 窗口大小	2 octet
		⑨ 协议号码	1 octet	⑨ 检验和	2 octet
		⑩ 报头检验和	2 octet	⑩ 紧急指针	2 octet
		⑪ 发送端IP地址	4 octet		
		⑫ 接收端IP地址	4 octet		

图 2-7　包的格式

的域中取出这些值，并加以解释和处理。

2.3　TCP/IP 协议栈的实现方法

2.3.1　地址变换

为了识别特定的主机，使用了各种地址，分别是：在应用层使用一个域名，在传输层使用一个端口号，在 IP 层使用一个 IP 地址，在 Ethernet 层使用一个 MAC 地址。通信时，必须对这些地址信息进行相应的变换处理。对于这样的处理，可以采取以下两种方法：一是在各种主机的内部设置一个表格，基于该表格进行变换处理；一是通过计算机网络进行查询处理。

在进行一个域名到一个 IP 地址的变换处理时，可以有以下两种方法：利用域名系统协议（DNS）的方法和使用主（hosts）文件的方法，如图 2-8 所示。

如果使用 DNS 的方法，应先根据域名发出一个检索 IP 地址的请求，从 DNS 服务器中获取一个 IP 地址之后，再开始实际的通信。在使用一个 hosts 文件的时候，hosts 文件中记录了一个 IP 地址与一个域名的对应关系。在 UNIX 系统中，该文件实际存储在/etc/hosts 中；在 Windows 2000/NT4 系统中，该文件实际存储在 C：/WINNT/system32/drivers/etc/hosts 中；在 Windows ME/98 系统中，该文件实际存储在 C：/Windows/hosts 中。

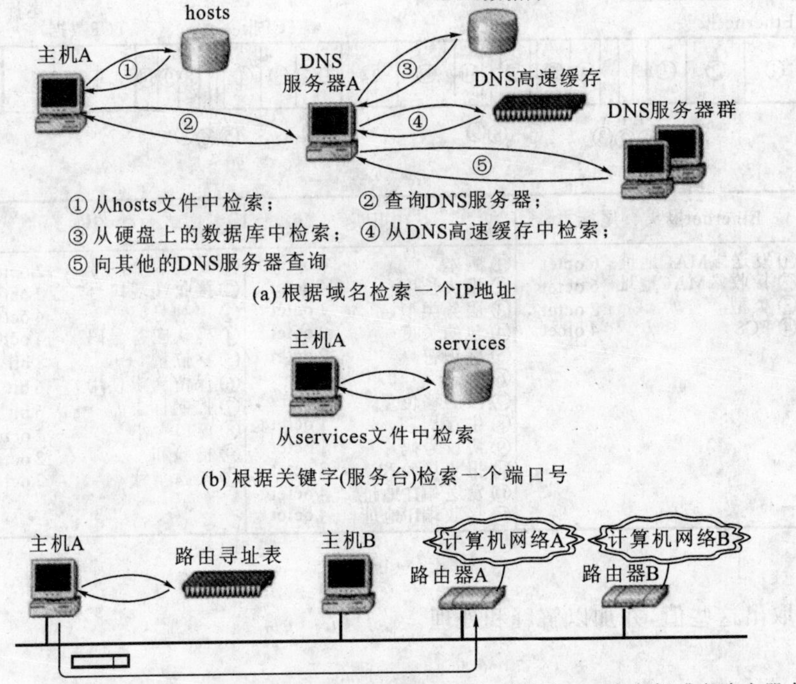

(a) 根据域名检索一个IP地址

(b) 根据关键字(服务台)检索一个端口号

(c) 根据IP地址确定将IP包发送到下一台主机或路由器上

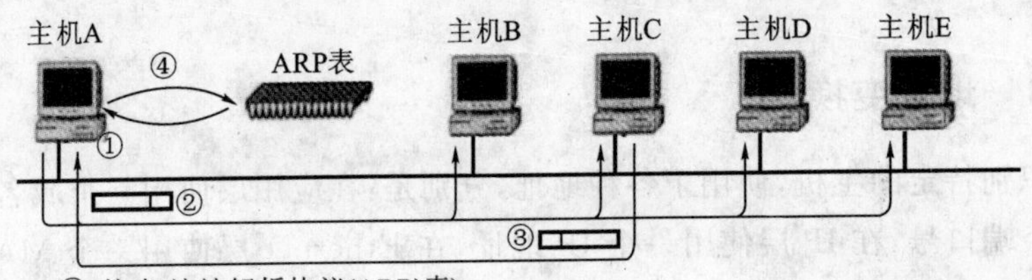

(d) 根据IP地址检索一个MAC地址

图 2-8　地址的变换处理和表间关系

指定一个端口号使用的不是一个号码，而是一个英文字符串。例如，关键字远程登录(telnet)所表示的端口号为 23，关键字超文本传输协议(http)所表示的端口号为 80。人们将这些关键字称为“服务名”，使用 services 文件进行上述处理的定义和变换处理。在 UNIX 系统中，该文件实际存储在/etc/services 中；在 Windows 2000/NT4 系统中，该文件实际存储在 C:/WINNT/system32/driver/etc/services 中；在 Windows ME/98 系统中，该文件实际存储在 C:/Windows/services 中。

另外，正像根据域名来检索一个 IP 地址的 DNS 那样，在没有使用根据关键字来检索一个端口号的服务（远程过程调用，Remote Procedure Call，RPC）中，提供了另外一种检索端口号的服务，但是接受该服务的程序仅限于在计算机网络文件系统（Network File System，NFS）等利用 RPC 的一部分的应用程序中使用。

关于所有端口号和关键字的一览表，可以从下面的 Internet 快捷方式文件 URL 中获得：

http://www.iana.org/assignments/port-numbers

主机或路由器在发送一个 IP 包时，必须先确定通过哪一个路由来发送该 IP 包。在 IP 协议中，使用了一步接一步（hop by hop）的路由寻址方法。所谓一步（跳点），就是经过一个路由器。一步接一步的路由寻址就是每经过一个路由器，就选择下一个转发地址。

图 2-9 描述了从主机 A 向主机 B 发送一个包的情况。包在到达主机 B 之前，经过了路由器 A、路由器 B 和路由器 C 三个路由器。当主机 A 将一个包传输到路由器 A 时，根据接收端的 IP 地址，判断是转发给路由器 A 还是转发给其他路由器或主机。同样，在路由器 A 中，根据一个包报头中所记载的 IP 地址，判断是转发给路由器 B 还是转发给其他路由器或主机。采用这种方法，即在一步接一步的路由寻址方法中，每当经过一个路由器或主机，都需要选择下一个转发的地址。对于下一个所要经过的路由器，是根据路由表来确定的。在路由表中，记载有目的网络地址、下一步要转发的地址等信息。在利用 IP 协议进行通信的所有主机或路由器中，都有一个路由表。通常，一个路由表用于一个包的发送和中继。一个路由器负责将 IP 报头中接收端的 IP 地址的值与路由表中的 IP 地址进行比较，以确定下一个应该转发的主机或路由器。

路由表可以由网络管理员使用手工设定静态路由，也可以使用 RIP 和 OSPF 等路由协议生成动态路由。

实际上，在确定应该发送的一个 IP 地址之后，必须通过数据链路来发送一个包。当使用 Ethernet 发送一个包时，还必须指定一个主机或路由器的 MAC 地址。在根据一个 IP 地址检索 MAC 地址时，使用了 ARP 协议（Address Resolution Protocol，地址解析协议）和 ARP 表。ARP 协议具有本地性，即在同一个数据链路所连接的主机或路由器中，对于只知道 IP 地址而不知道 MAC 地址的主机，去检索其 MAC 地址的协议。将所检索到的 MAC 地址保存在一个临时的存储器中。在该 ARP 表中，记录着与 IP 地址相对应的 MAC 地址。该 ARP 表被保存在一台主机的存储器中，也称为 ARP 高速缓存。通常，用户可以根据需要修改 ARP 表的内容，即可以生成、删除和更新该表。

在发送一个 IP 包时，首先检索该 ARP 表，以确定要发送的主机或路由器的 MAC 地址。如果表中有需要的 MAC 地址，则将该 MAC 地址写到一个报头中，然

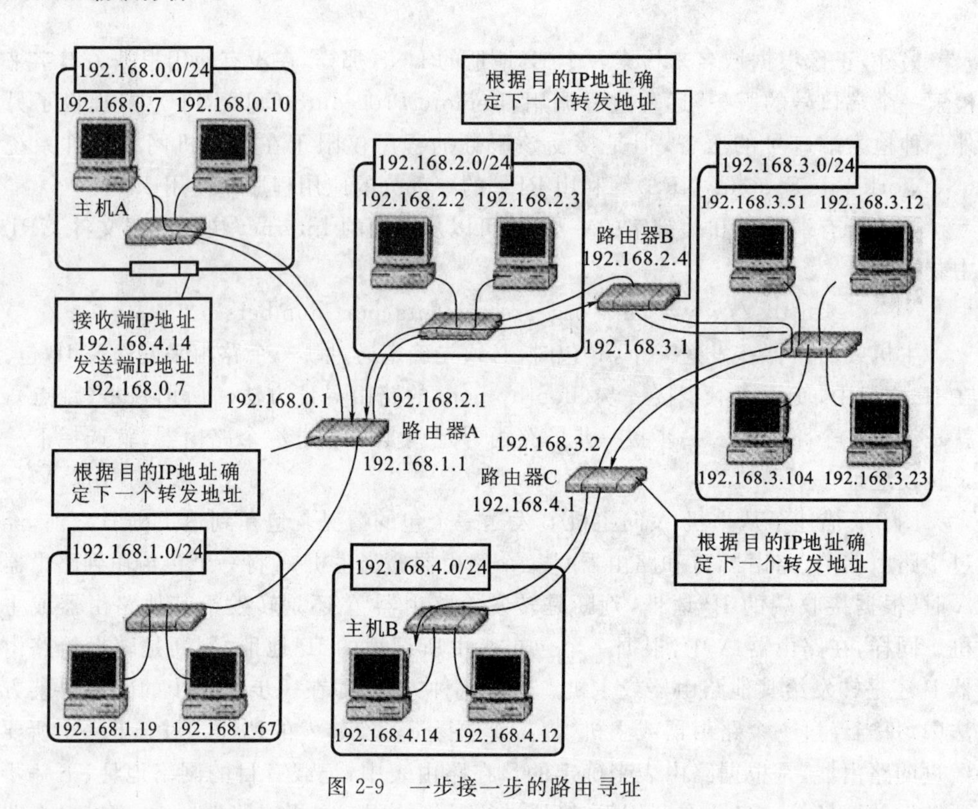

图 2-9　一步接一步的路由寻址

后再发送该包;如果表中没有需要的 MAC 地址,则执行 ARP 协议去查询该 MAC 地址。

2.3.2　协议栈的内部处理

关于各个协议分层的具体处理内容,可使用图 2-10 进行比较详细的说明。

在主机 A 的一个应用程序向主机 B 的一个应用程序发送报文时,主机 A 的应用程序首先做成通信报文,然后将该报文向主机 B 进行发送。但是一个应用程序不能直接向主机 B 的一个应用程序发送报文,而应交给嵌入到操作系统中的通信协议进行处理,即把欲发送的报文传递给操作系统的传输层模块,依靠它来进行实际的发送。

在传输层模块中,在应用程序运行的两端主机的内部进行必要的处理。具体来讲,应用程序需要进行与识别端口号有关的处理,以及为了防止应用程序的报文被破坏而进行的检验和计算处理等。但是在使用 TCP 协议时,为了提供较高的可靠性,需要进行连接的管理及包的顺序控制、重新发送控制等。这些连接表信息被保存在称为传输控制模块(Transmission Control Block,TCB)的存储区域内。在每个 TCP 连接上都需要准备一个 TCB,在通信状态的管理和控制中使用。TCP 协议的控制所

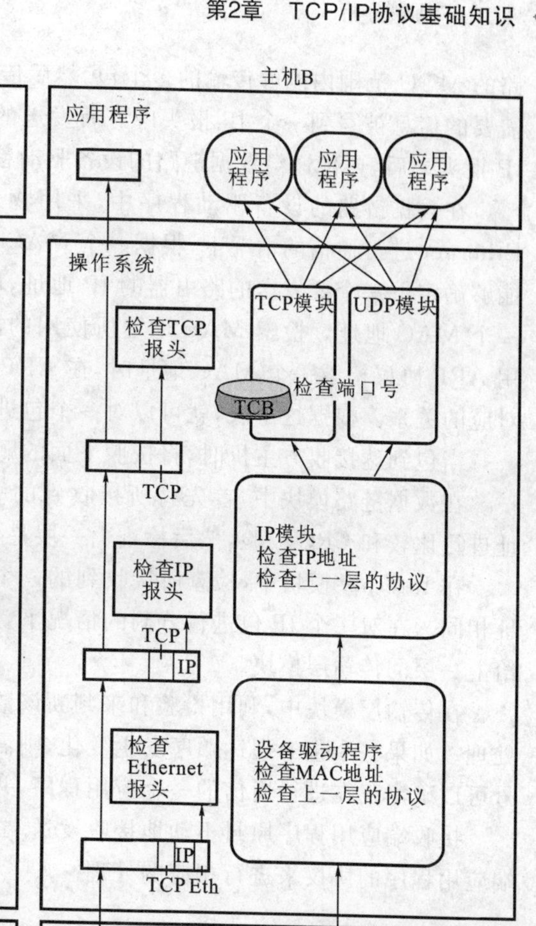

图 2-10 协议栈内部处理过程

需要的信息被写入了传输层的一个报头中,并且将其附加到一个包上。"传输层的报头"+"应用程序的报文"作为一个传输单位,传递给 Internet 模块。

在 Internet 模块中,通过使用计算机网络进行向目的主机发送包的处理。具体来讲,就是通过 IP 地址进行控制,将包发送到最终目的地。为了确定包的路由,使用了路由表(routing table)。在构成 TCP/IP 计算机网络的所有主机中,都有一个路由表。如果使用了路由表,那么通过目的主机的 IP 地址,就可以检索到下一个将要通过的路由器的 IP 地址。

首先检索该路由表,在确定了下一个转发的路由器或主机的 IP 地址之后,按照下面的方法调整数据链路能够发送的最大包的大小。每个数据链路都可以确定一个最大的负载尺寸,我们把这个负载的大小或尺寸称为最大传输单元(Maximum Transmission Unit,MTU)。在 IP 协议中,首先把要发送的一个包分割成在数据链路的MTU范围内能够传输的多个包，然后传递给数据链路模块。分割一个IP包所需要的信息被写到一个IP报头中。所发送的一个包使用一个Internet模块附加上IP报头之后，再传递给数据链路的设备驱动程序。

在数据链路的设备驱动程序中，采用物理传输介质进行通信的处理。在使用Ethernet进行通信的情况下，根据一个MAC地址来发送数据。在Internet模块中，能够确定下一个要发送的路由器的IP地址，所以还需要检索与该IP地址相对应的一个MAC地址。检索MAC地址所使用的协议就是前面介绍的ARP协议。当使用ARP协议检索一个MAC地址时，在ARP表中记录着MAC地址与IP地址一一对应的关系。根据这个表，就可以对一个包进行数据链路级的发送处理。

当包到达接收方主机时，将按照下面的顺序进行处理。

在数据链路模块中，首先将所接收到的一个包的MAC地址与自己的MAC地址进行比较和CRC校验，然后检查上一层是什么协议，再传递给上层的模块。

在Internet模块中，检查所接收到的一个包的目的IP地址是否与自己的IP地址相同。在对一个IP包进行分割的情况下，还需要进行复原处理，之后再将其传递给上一层的传输层模块。

在传输层模块中，利用检验和来判断该数据是否损坏，并进行有无丢失包的检查处理。如果一个包的到达顺序发生变化，则需要进行调整处理。另外，根据一个端口号可以确定正在进行通信的一个应用程序，并将报文传递给该应用程序。

接收端应用程序原封不动地接收发送端应用程序所发送的报文，然后按照接收端应用程序的协议来进行相应的处理。

2.3.3 套接字

实际上，协议栈是非常复杂的。在应用程序和传输层模块之间，存在着一个接口模块。具有代表性的接口模块是BSD系统（美国加州大学伯克利分校开发的一个UNIX版本）的一个套接字（socket）。在实际安装时，更详细的内容取决于具体的操作系统。下面通过图2-11说明有关套接字的一些概念。

在大多数操作系统中，用户程序和系统程序是在不同的存储器保护方式下运行的。在操作系统启动时，这些程序通常存储在一个存储器中。通常人们将进程管理和存储器管理部分称为核程序（kernel）。核程序在核方式或监控方式下运行。在该方式下，存储器的保护功能不起作用，可以访问计算机的所有资源。与此相反，如果应用程序在存储器保护方式下运行，那么对计算机资源的访问将受到一定的限制。在访问不允许访问的存储空间上的地址时，则无法进行程序的继续运行。在UNIX系统中，将这种情况表示为“segmentation fault”（段故障），这时应停止该程序的执行。

在存储器保护方式下运行一个应用程序的理由如下：即使应用程序进行了一些

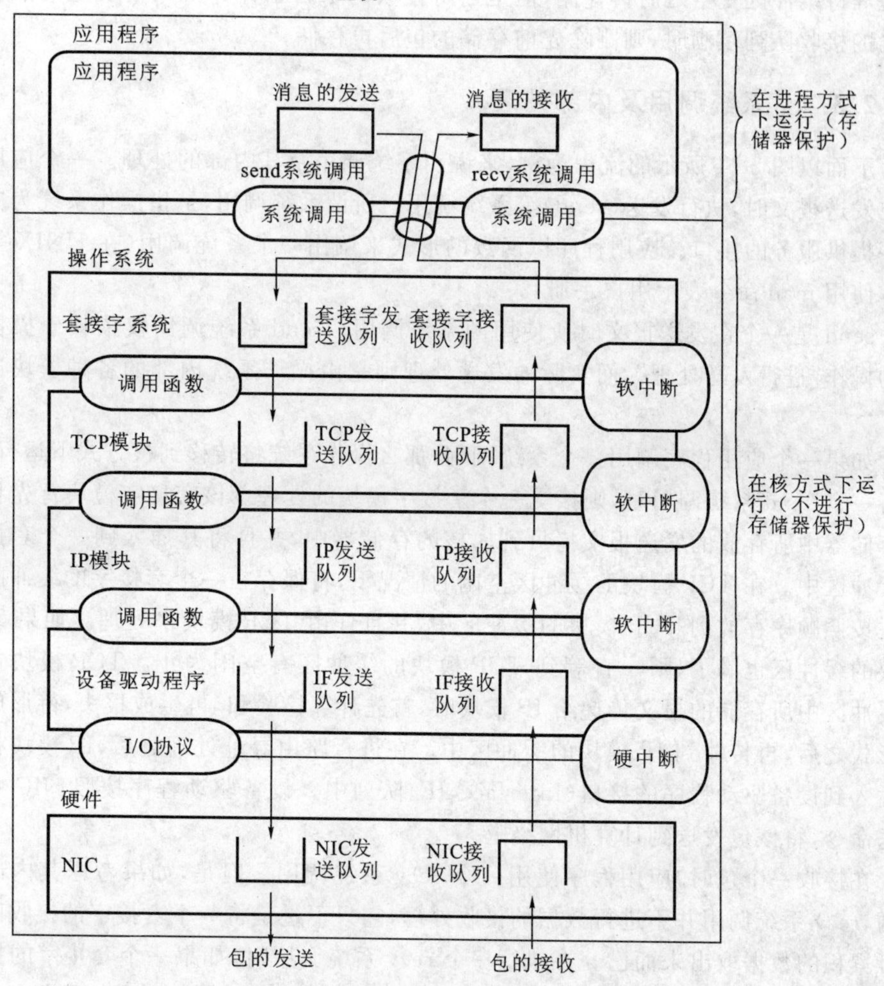

图 2-11 套接字

非法处理，但对整个系统来讲，也不会造成什么影响。也就是说，如果应用程序进行了非法处理，则只是终止该异常应用程序，对系统中其他的应用程序或对操作系统的运行并没有什么影响。但是，如果操作系统本身进行非法处理，则对整个系统都有一定的影响，甚至有时必须重新启动计算机。

如图 2-11 所示，各个模块都具有存储包或报文的一个缓冲区。所谓缓冲区，是指临时保存数据的存储器区域。所谓队列（等待队列），是指使用先进先出（First In First Out，FIFO）方法来控制缓冲区的一种形式，是将保存在队列中的数据按照保存的先后顺序取出来。一个缓冲区的大小是有限的，所以对保存的字节数或包数也是有一定限制的。当一个缓冲区存储不下数据时，可以使用下面的两种方法进行处理：一种方法是等待缓冲区变空之后再存储，另一种方法是将先前存储的包删除。通常都是等待缓冲区变空之后再存储，但是当所接收的来自于计算机网络发送的数据将NIC的接收队列填满时，则删除先前存储的包后再存储。

2.3.4 系统调用及内部处理

下面以图2-11所示的流程为例，来说明系统调用及其内部的处理。一个应用程序在发送报文时，执行发送(send)等系统调用。所谓系统调用，是指操作系统为应用程序提供服务的接口。应用程序以函数的形式来调用一个系统调用(在UNIX等中经常使用man命令表示用户手册)。

send是一个在发送报文时所使用的系统调用。send系统调用仅依赖于操作系统的操作“进行发送处理”，而实际的发送处理则是由操作系统内部的各种模块进行的。

如果一个应用程序调用一个系统调用，那么操作系统将转移到核方式下运行，在执行一个send系统调用时，则接受一个套接字模块的处理。该套接字模块首先将用户存储器中所存放的发送报文拷贝到内核的存储器中，并且将其插入到一个套接字的缓冲区中。在TCP模块的缓冲区空闲的情况下，将保存在一个套接字的缓冲区的报文按照顺序存放到TCP模块的缓冲区中，并且任由TCP模块来处理。如果TCP模块的缓冲区也满了，则一直等到TCP模块的缓冲区有空闲为止。TCP模块在将该缓冲区中所存储的报文传递给IP模块时，首先计算检验和，再生成报头，待形成包的形式之后，再传输到IP模块的缓冲区中。在进行路由寻址处理之后，IP模块将该包插入到设备驱动程序的接口(Interface,IF)队列中。设备驱动程序按照NIC中的发送命令，将该包发送到计算机网络上。

在接收一个包时，应用程序使用一个recv系统调用。但是，如果考虑其内部的结构，recv系统调用并不进行数据的接收处理，它只不过是将一个套接字的接收队列中所累积的数据取出来而已。在执行一个recv系统调用时，如果一个套接字的接收队列中没有要接收的数据，那么在接收到数据之前，停止该程序的执行。通常人们将这种情况称为“阻塞”(block)。如果一个套接字的接收队列中有要接收的数据，则返回到recv系统调用进行相应的处理，即将数据从操作系统内部的一个套接字的接收队列拷贝到一个应用程序的接收队列中。

一个应用程序不仅在执行recv系统调用之后才接收包，而是无论操作系统是否存在，都要进行包的接收处理。如果有一个已经到达的包，则将该包拷贝到应用程序的缓冲区中；如果没有到达的包，则在接收到一个包之前，在调用recv系统调用的地方停止相应的处理。另外，当主机中不断有包到来时，如果应用程序不执行recv系统调用，则操作系统内部的缓冲区将变得满起来，有可能会发生溢出。当缓冲区满时，即使有包到达，也不能再接收了，因为在这种情况下会发生“包的漏取”，亦即发生包的丢失。

关于数据的接收处理，下面按照顺序来加以说明。数据的接收处理由中断来启动。如果 NIC 接收到一个包，则产生硬中断，将一个包已经到达的事实传递给操作系统。在 IBM PC 等兼容机中，将这种中断称为中断请求（Interrupt Request，IRQ）。

如果发生一个中断，则停止当前所进行的处理，转去执行由中断所指定的处理。在使用 TCP/IP 协议进行通信的情况下，NIC 在接收到一个包时产生中断，并利用设备驱动程序来处理。如果设备驱动程序的处理结束，则将所接收的包存储到上一层的 IP 的缓冲区中，执行软中断后再终止设备驱动程序的处理。此时，如果上一层的 IP 的缓冲区已满，则不拷贝这些包，而是删除它们。

如果将数据存储到套接字的缓冲区中，应用程序就能够接收到该数据。如果执行了一个 recv 系统调用，则进行 recv 系统调用的处理，将接收到的报文存储到应用程序的缓冲区中。在没有执行 recv 系统调用的情况下，所接收到的数据原封不动地存储在缓冲区中，等待 recv 系统调用的执行。

在上述的处理中，最重要的是一个缓冲区的大小是有限度的，如果一个缓冲区变满，则必须停止处理。另外，在将一个包放入存储器中，或将一个包从存储器中取出时，要尽可能地减少存储器拷贝的次数，这是因为放入或取出一个队列时需要一定的处理时间。

如图 2-12 所示，在操作系统内部的套结字、TCP 协议、IP 协议之间，并不进行存储器的拷贝处理，而是根据相应的指针将一个包放入一个队列中，或者从队列中取出一个包（实际上，是将 IP 或 TCP 的报头存储在一个存储器块中）。

2.3.5　原始 IP 和数据链路访问

在某些通信中，不使用 TCP 或 UDP，而是直接利用 IP 协议和数据链路，把通过套接字直接操作 IP 报头的环境称为原始 IP（raw IP），如图 2-13 所示。

如果使用 Raw IP，则不需要传输层的处理，而是直接利用 IP 协议，例如使用一个 ping 命令来发送一个 ICMP 请求，或使用 OSPF 的路由寻址协议。

在直接进行 Ethernet 等的数据链路处理时，能够使用操作系统的固有功能。

在使用 Linux 系统时，一个套接字中准备了一个称为 PACKET 的接口，通过这个接口能够直接进行 Ethernet 等数据链路帧的发送和接收处理。

在使用 FreeBSD 系统时，不能把数据链路当做直接套接字来处理，取而代之的是被称为 BSD 包过滤器（BSD Packet Filter，BPF）的接口。在 FreeBSD 系统中，根据所使用的 BPF，能够监控在 Ethernet 中传输的包，也能够发送数据报。

2.3.6　多任务处理

在一台服务器中，可能有多个来自于一台或多台客户机的请求。例如，在集中访问一台 Web 服务器时，1 s 内可能会有数百个必须要处理的请求。在处理多个请求

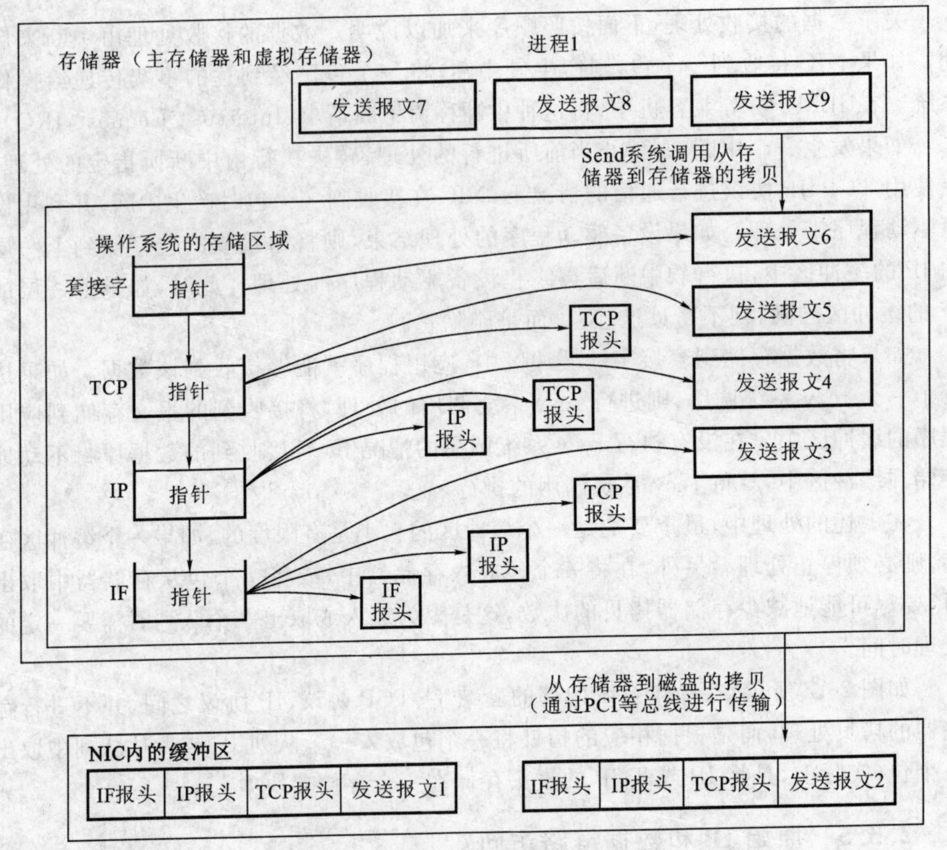

图 2-12　缓冲区管理和存储器拷贝

时，一台服务器可以采用下面的处理形式：

（1）将各个请求存入到一个队列（等待队列）中，一个接一个地按照顺序分别进行处理。

（2）由多个进程同时进行处理。

（3）由多个套接字进行处理。

（4）由一个进程或套接字进行多重处理（使用一个 select 系统调用）。

图 2-14 所示为一个描述上述各种处理形式的概念图。

（1）即使有多个来自于客户机的处理请求，能够处理的请求也只有一个，只有处理完一个之后，才能接着处理下一个。在多个请求同时到来时，首先将各个请求存入队列中，然后由一个进程按照顺序一个一个地进行处理。在一个一个地进行处理的时间比较长的情况下，如果同时到达多个请求，则需要等待较长的时间。

（2）每当接收到一个处理请求时，就生成一个新的进程，对该请求给予单独的应答处理，这样多个进程就能够同时处理多个请求。通常，对于一个处理请求，由一个进程负责进行处理。在比较长的一段时间内，处理能够向着继续处理的方向发展。

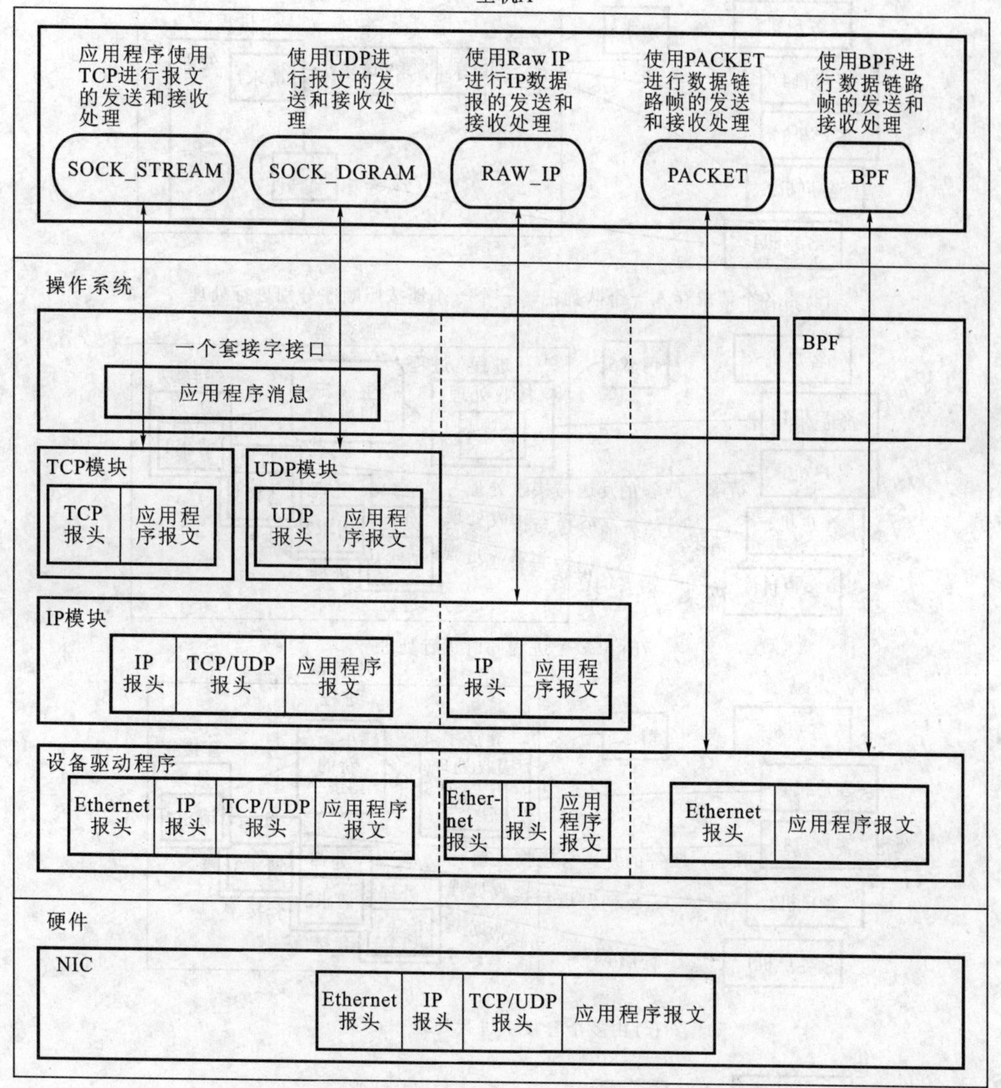

图 2-13 套接字和 Raw IP，PACKET，BPF

（3）每当接收到一个处理请求，就生成一个新的套接字，对该请求给予单独的应答处理。套接字是在一个进程中能够并行执行的程序形式，但并行处理的部分对存储器区域并不进行保护。因此，如果在一个套接字中发生异常操作，则有可能造成全体进程的误操作。

与此相反，在(2)的形式中，因为进行存储器保护的个别进程能够进行并行处理，所以提高了稳定性。但是，与套接字的切换相比，进程的切换处理速度比较慢，所以在进程切换比较频繁的情况下，处理的性能就会降低。如果是(3)的形式，则与进程

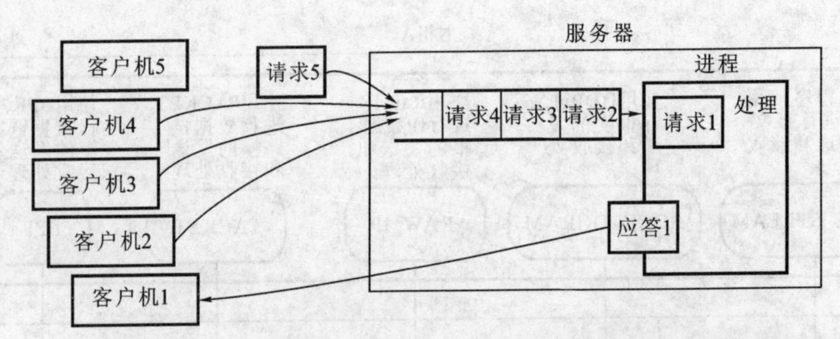

(a) 将各个请求存入一个队列中，一个一个地按照顺序分别进行处理

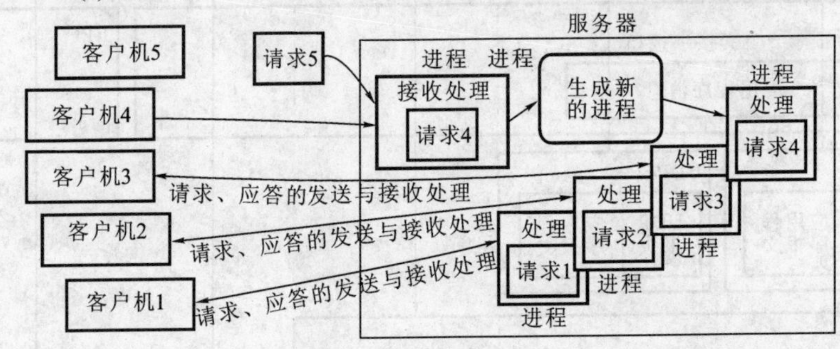

(b) 由多个进程同时进行处理

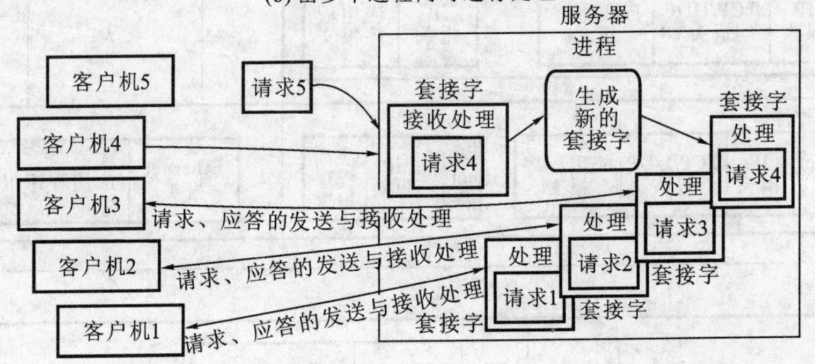

(c) 由多个套接字进行处理

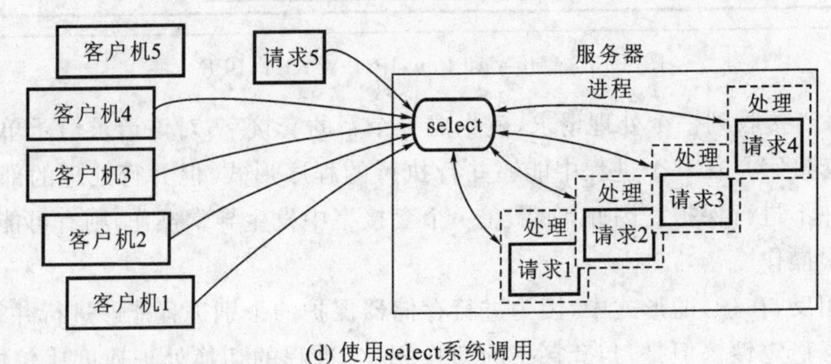

(d) 使用select系统调用

图 2-14　多重处理

的切换相比，套接字切换处理的时间比较短，所以在短时间内即使有大量的请求到达，在某种程度上也能够抑制处理能力降低的问题。

(4) 使用 select 系统调用时，在同一个进程或套接字中，一边对接收到的报文进行区分，一边进行处理。这种方法与各种各样的请求都没有什么关系，相当于来自同一个客户机的请求已经与一台服务器建立多个连接之后，发送处理请求的情况。

习　题

1. 简述 TCP/IP 计算机网络的结构。
2. TCP/IP 计算机网络中完成控制通信的软件有哪些？
3. 简述 TCP/IP 协议栈内部的处理过程。

第3章 数据链路层协议

3.1 数据链路层的定义

数据链路层是OSI参考模型中的第二层，介于物理层和网络层之间，为网络层提供服务。数据链路层的作用是加强对物理层传输原始比特流的功能，将物理层提供的可能出错的物理连接改造成为逻辑上无差错的数据链路，即使之对网络层表现为一条无差错的链路。数据链路层的基本功能是向网络层提供透明的和可靠的数据传输服务。透明是指对该层上传输的数据的内容、格式及编码没有限制，也没有必要解释信息结构的意义；可靠是指使用户免去对信息丢失、信息干扰及顺序不正确等的担心。

数据链路层最基本的服务是将源机网络层传来的数据可靠地传输到相邻节点的目标机网络层。为达到这一目的，数据链路层必须具备一系列相应的功能，主要包括：① 如何将数据组合成数据块（在数据链路层中，将这种数据块称为帧。帧是数据链路层的传送单位）；② 如何控制帧在物理信道上的传输，包括如何处理传输差错、如何调节发送速度以使其与接收方相匹配；③ 在两个网络实体之间提供数据链路通路的建立、维持和释放管理。

从图3-1中可以看出，在TCP/IP协议栈中，链路层主要有三个目的：

(1) 为IP模块发送和接收IP数据报。

(2) 为ARP模块发送ARP请求和接收ARP应答。

(3) 为RARP模块发送RARP请求和接收RARP应答。

TCP/IP支持多种不同的链路层协议，这取决于网络所使用的硬件，如以太网、令牌环网、FDDI（光纤分布式数据接口）及RS-232串行链路等。

3.2 以太网Ethernet

以太网（Ethernet）是当前应用最普遍的一种局域网技术，IEEE制定的IEEE 802.3标准给出了以太网的技术标准，规定了包括物理层的连线、电信号和介质访问

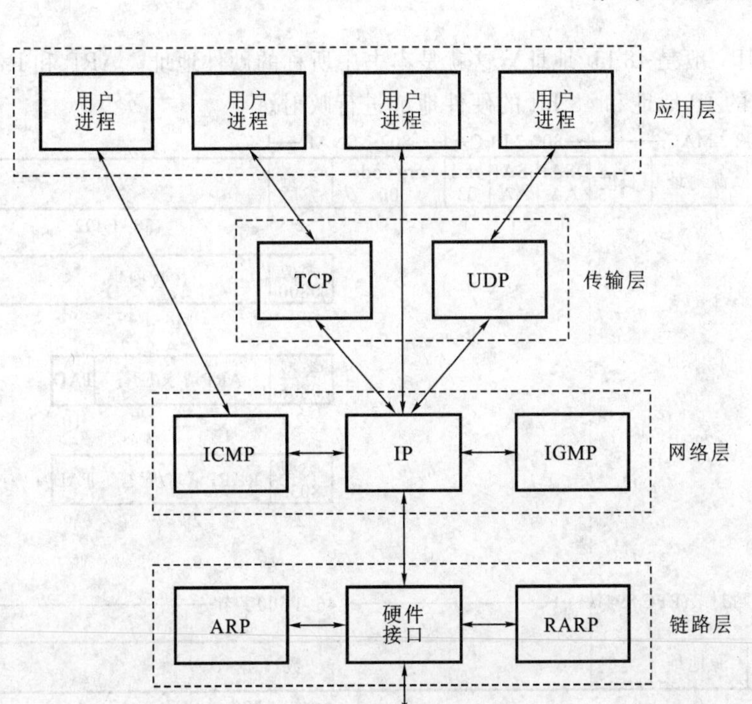

图 3-1　TCP/IP 协议栈中不同层次的协议

层协议等内容。以太网的标准拓扑结构为总线型拓扑，但目前的快速以太网(100BASE-T 和 1000BASE-T 标准)为了最大限度地减少冲突，提高网络速度和使用效率，使用交换机(switch)来进行网络连接和组织，这样以太网的拓扑结构就成了星型，但是在逻辑上以太网仍然使用总线型拓扑和 CSMA/CD(Carrier Sense Multiple Access/Collision Detection，带冲突检测的载波监听多路访问)的总线争用技术。

以太网基于网络上无线电系统多个节点发送信息的想法来实现，每个节点必须取得电缆或者信道才能传送信息，有时也叫做以太(这个名字来源于 19 世纪的物理学家假设的电磁辐射媒体——光以太，后来的研究证明光以太不存在)。每个节点有全球唯一的 48 位地址，也就是制造商分配给网卡的 MAC 地址，以保证以太网上的所有系统能互相鉴别。由于以太网十分普遍，许多制造商把以太网卡直接集成到计算机主板上。

3.2.1　以太网的帧格式

以太网有 IEEE 802.3(RFC 1042)和 Ethernet v2(RFC 894)两种不同形式的封装格式，如图 3-2 所示。

两种帧格式都采用 48 bit(6 字节)的目的地址和源地址(802.3 允许使用 16 bit

的地址,但一般是 48 bit 地址),这就是本书中所称的硬件地址。ARP 和 RARP 协议对 32 bit 的 IP 地址和 48 bit 的硬件地址进行映射。

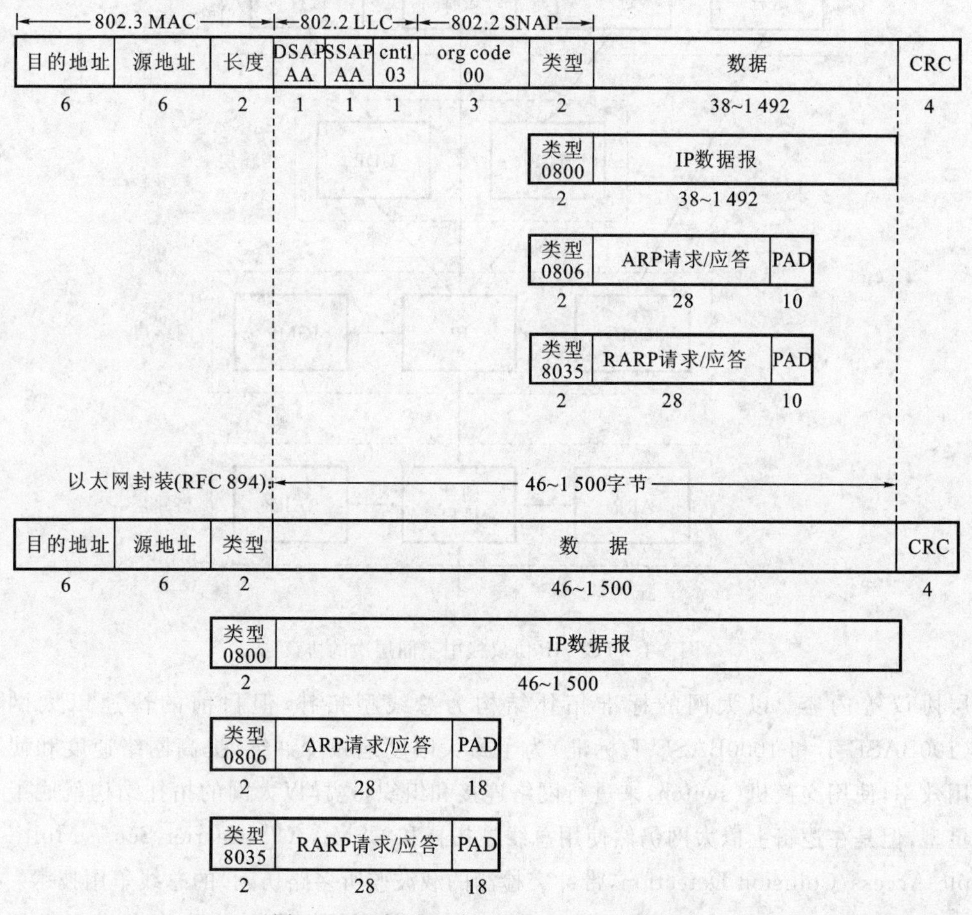

图 3-2 以太网 v2 与 IEEE 802.3 的帧格式

接下来的 2 个字节在两种帧格式中互不相同。在 802.3 标准定义的帧格式中,长度字段是指它后续数据的字节长度,但不包括 CRC 检验码。以太网的类型字段定义了后续数据的类型。在 802.3 标准定义的帧格式中,类型字段由后续的子网访问协议(Sub-network Access Protocol,SNAP)的首部给出。幸运的是,802.3 定义的有效长度值与以太网的有效类型值无一相同,这样就可以对两种格式的帧进行区分。

类型域一览表的 URL:

(1) http://www.cavebear.com/cavebear/Ethernet。

(2) ftp://ftp.cavebear.com/pub/Ethernet_codes。

(3) http://www.iana.org/assignments/Ethernet_numbers。

主要的 Ethernet 类型域的分配表见表 3-1。

表 3-1　主要的 Ethernet 类型域的分配表

协议类型号	协　议
0000-05DC	IEEE 802.3 长度域(0～1 500)
0101-01FF	实验用
0800	IPv4
0806	ARP
8035	RARP
8037	IPX
805B	多用途消息传输协议 VMTP Versatile
809B	AppleTalk
80F3	AppleTalk 的地址解析协议 AARP
814C	SNMP over Ethernet
8191	NetBIOS/NetBEUI
817D	XTP
86DD	IPv6
8863	PPPoE 发现阶段
8864	PPPoE 会话阶段
9000	Lookback(配置 TEST 协议)

在以太网帧格式中,类型字段之后就是数据;而在 802.3 帧格式中,跟随在后面的是 3 字节的 802.2 LLC 和 5 字节的 802.2 SNAP。目的服务访问点(Destination Service Access Point,DSAP)和源服务访问点(Source Service Access Point, SSAP)的值都设为 0xaa,cntl 字段的值设为 3,随后的 3 个字节 org code 都置为 0,再接下来的 2 个字节类型字段和以太网帧格式相同(其他类型字段值参见 RFC 1340)。

CRC 字段是用于检查帧内差错的循环冗余码检验(检验和),也被称为帧检验序列(Frame Check Sequence,FCS)。

802.3 标准定义的帧和以太网的帧都有最小长度要求,802.3 标准规定数据部分不能少于 38 字节,而对于以太网,则要求最少为 46 字节。为了保证这一点,必须在数据长度不足时插入填充(PAD)字节。在开始观察线路上的分组时会遇到这种最小长度的情况。

3.2.2　CSMA/CD 共享介质访问

带冲突检测的载波监听多路访问(CSMA/CD)技术规定了多台主机共享一个通道的方法。这项技术最早出现在 20 世纪 60 年代夏威夷大学开发的 ALOHAnet 中,使用无线电波为载体。当某台主机要发送信息时,必须遵守以下规则。

(1) 开始：如果线路空闲，则启动传输，否则转到第(4)步。

(2) 发送：如果检测到冲突，则继续发送数据直到达到最小报文时间(保证所有其他转发器和终端检测到冲突)，再转到第(4)步。

(3) 成功传输：更高层的网络协议报告发送成功，退出传输模式。

(4) 线路忙：等待，直到线路空闲。

(5) 线路进入空闲状态：等待一个随机的时间，转到第(1)步，除非超过最大尝试传输次数。

(6) 超过最大尝试传输次数：向更高层的网络协议报告发送失败，退出传输模式。

就像在没有主持人的座谈会中，所有的参加者都通过一个共同的媒介(空气)来相互交谈，每个参加者在讲话前都礼貌地等待别人把话讲完。如果两个客人同时开始讲话，那么他们都停下来，分别随机等待一段时间再开始讲话。这时，如果两个参加者等待的时间不同，冲突就不会出现。如果传输失败超过一次，将采用退避指数增长时间的方法来实现。退避的时间通过截断二进制指数退避(truncated binary exponential back-off)算法计算。

最初的以太网是采用同轴电缆来连接各个设备的，主机通过一个叫做附加单元接口(Attachment Unit Interface，AUI)的收发器连接到电缆上。一根简单网线对一个小型网络来说还是很可靠的，但对大型网络来说某处线路的故障或某个连接器的故障都会造成以太网某个或多个网段的不稳定。

因为所有的通信信号都在共用线路上传输，即使信息只是发给其中的一个目的主机(destination)，发送的信息也会被该局域网内所有其他主机接收。在正常情况下，网络接口卡会过滤掉不是发送给自己的信息，目的地址属于下面三种情况之一时才接收，即目的地址与自己的 MAC 地址一致、目的地址是一个全 1 的广播地址、目的地址是组播地址且自己属于该组。如果网卡处于混杂模式(promiscuous mode)，则不过滤信息。这种“一个说，大家听”的特点是共享介质以太网在安全上的弱点，因为以太网上的一个节点可以选择是否监听线路上传输的所有信息。共享电缆也意味着共享带宽，所以在某些情况下以太网的速度可能会比较慢。

3.2.3 以太网的类型

除了以上提到的不同帧类型以外，各类以太网的差别仅仅在于速度和配线。因此，总的来说，同样的网络协议栈软件可以运行在大多数以太网上。

除了正式的标准外，许多厂商因为一些特殊的原因，比如为了支持更长距离的光纤传输，制定了一些专用的标准。

很多以太网卡和交换设备都支持多速度，设备之间通过自动协商设置最佳的连接速度和双工方式。如果协商失败，多速度设备就会探测另一方使用的速度，但是默认为半双工方式。10/100 以太网端口支持 10BASE-T 和 100BASE-TX；10/100/

1000以太网支持10BASE-T,100BASE-TX和1000BASE-T。

1）早期以太网

施乐以太网——最初的3 Mbit/s以太网,有两个版本:版本一和版本二。版本二的帧格式现在还在普遍使用。

10BROAD36——已经过时,一个早期的支持长距离以太网的标准,运行在同轴电缆上,使用了一种类似于线缆调制解调器系统的宽带调制技术。

1BASE5——也叫做星型局域网,速度是1 Mbit/s,双绞线的第一次使用就在这里。

2）10 Mbit/s以太网

10BASE-5（也叫粗缆）——最早实现10 Mbit/s的以太网,早期的IEEE标准,使用单根50 Ω阻抗RG-8同轴电缆,最大距离500 m。接收端通过所谓的“插入式分接头”插入电缆的内芯和屏蔽层,在电缆终结处使用N型连接器,在电缆两端需要配置终结器。由于早期大量布设,10BASE-5到现在还有一些系统在使用,但这一标准实际上已经被废弃。

10BASE-2（也叫细缆）——50 Ω阻抗RG-58同轴电缆,最大距离185 m,连接所有的计算机,每台计算机使用T型适配器连接到带有BNC连接器的网卡上,线路两端需要配置终结器。10BASE-2在很长时间一直是10 M网的主流。

StarLAN——第一个双绞线上实现的以太网标准,速度是10 Mbit/s,后来发展成10BASE-T。

10BASE-T——使用3类双绞线或者5类双绞线的4根线(2对绞线),最大距离100 m,用以太网集线器或以太网交换机连接所有节点。

FOIRL——光纤中继器链路,为光纤以太网原始版本。

10BASE-F——10 Mbit/s以太网光纤标准的通称,最大距离2 km,只有10BASE-FL应用比较广泛。

10BASE-FL——FOIRL标准的一种升级。

10BASE-FB——用于连接多个Hub或者交换机的骨干网技术,已废弃。

10BASE-FP——无中继被动星型网,从未得到应用。

3）快速以太网(100 Mbit/s)

100BASE-T——下面三个100 Mbit/s双绞线标准的通称,最大传输距离100 m。

100BASE-TX——类似于星型结构的10BASE-T,使用2对电缆,但是需要5类双绞线以达到100 Mbit/s。

100BASE-T4——使用3类双绞线,使用4对线,由于5类线的普及已经废弃,支持半双工。

100BASE-T2——无产品,使用3类双绞线,支持单双工和全双工,使用2对线,功能等效于100BASE-TX,但支持旧电缆。

100BASE-FX——使用多模光纤，最远支持 400 m，半双工连接（保证冲突检测），最大传输距离 2 km，全双工。

100Base-VG——只有惠普支持，VG(Voice Grade)最早出现在市场上，需要 4 对 3 类电缆。

4）千兆以太网

1000BASE-T——1 Gbit/s，超 5 类双绞线或 6 类双绞线。

1000BASE-SX——1 Gbit/s，多模光纤(小于 550 m)。

1000BASE-LX——1 Gbit/s，多模光纤(小于 550 m)，需要长距离使用时用单模光纤(10 km)。

1000BASE-LH——1 Gbit/s，单模光纤(小于 100 km)，属于长距离传输方案。

1000BASE-CX——铜缆上达到 1 Gbit/s 的短距离(小于 25 m)方案，早于 1000BASE-T，已废弃。

5）万兆以太网

新的万兆以太网标准包含 7 种不同的介质类型，适用于局域网、城域网和广域网。当前使用附加标准 IEEE 802.3ae 加以说明，将来会并入 IEEE 802.3 标准。

10GBASE-CX4——短距离铜缆方案，用于 InfiniBand 4x 连接器和 CX4 电缆，最大长度 15 m。

10GBASE-SR——用于短距离多模光纤，根据电缆类型传输距离能达到 26～82 m，使用新型 2 GHz 多模光纤可以达到 300 m。

10GBASE-LX4——使用波分复用，支持多模光纤，传输距离 240～300 m，单模光纤超过 10 km。

10GBASE-LR 和 10GBASE-ER——通过单模光纤分别支持 10 km 和 40 km。

10GBASE-SW，10GBASE-LW 和 10GBASE-EW——用于广域网 PHY，OC-192/STM-64 同步光纤网/SDH 设备，物理层分别对应 10GBASE-SR，10GBASE-LR 和 10GBASE-ER，因此使用相同光纤，支持距离也一致。

10GBASE-T——使用非屏蔽双绞线。

万兆以太网是很新的标准，需要时间检验哪些更适合商用。

3.3 串行链路 IP——SLIP

串行链路 IP(SLIP)用于运行 TCP/IP 的点对点串行连接。SLIP 通常专门用于串行连接，有时候也用于拨号，使用的线路速度一般介于 1 200 bit/s 和 19.2 kbit/s 之间。SLIP 允许主机和路由器混合连接通信(主机—主机、主机—路由器、路由器—路由器都是 SLIP 网络通用的配置)，因此非常有用。

SLIP 的全称是 Serial Line IP，它是一种在串行链路上对 IP 数据报进行封装的简单形式，在 RFC 1055 中有详细描述。SLIP 适用于家庭中每台计算机几乎都有的 RS-232 串行端口和高速调制解调器接入 Internet 的情况。

下面的规则描述了 SLIP 协议定义的帧格式：

(1) IP 数据报以一个称为 END(0xc0)的特殊字符结束，同时为了防止数据报到来之前的线路噪声被当成数据报内容，大多数数据报的开始处也传一个 END 字符(如果有线路噪声，那么 END 字符将结束这份错误的报文，这样当前的报文就得以正确传输，而前一个错误报文交给上层后会发现其内容毫无意义而被丢弃)。

(2) 如果 IP 报文中某个字符为 END，那么就要连续传输两个字节 0xdb 和 0xdc 来取代它。0xdb 这个特殊字符被称为 SLIP 的 ESC 字符，但是它的值与 ASCII 码的 ESC 字符(0x1b)不同。

(3) 如果 IP 报文中某个字符为 SLIP 的 ESC 字符，则要连续传输两个字节 0xdb 和 0xdd 来取代它。

图 3-3 中的例子就是含有一个 END 字符和一个 ESC 字符的 IP 报文。在这个例子中，串行链路上传输的总字节数是原 IP 报文长度再加 4 个字节。

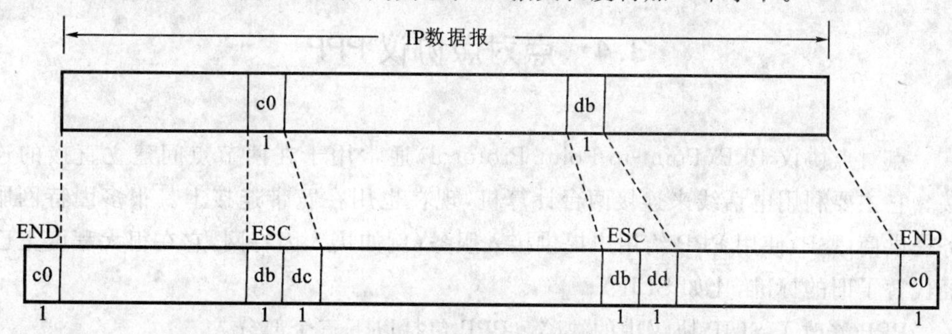

图 3-3 SLIP 报文的封装

SLIP 是一种简单的帧封装方法，还存在一些缺陷。

(1) 每一端必须知道对方的 IP 地址。如果不知道对方的 IP 地址，就无法把本端的 IP 地址通知给对方，也就无法进行通信。

(2) 数据帧中没有类型字段(类似于以太网中的类型字段)。如果一条串行链路用于 SLIP，那么它不能同时使用其他协议。

(3) SLIP 没有在数据帧中加上检验和(类似于以太网中的 CRC 字段)。如果 SLIP 传输的报文受线路噪声的影响而发生错误，则只能通过上层协议来发现(另一种方法是新型的调制解调器可以检测并纠正错误报文)。这样，上层协议提供某种形式的 CRC 就显得很重要。在第 5 章和第 9 章中，将看到 IP 首部和 TCP 首部及其数据始终都有检验和；在第 8 章中，将看到 UDP 首部及其数据的检验和是可选的。

尽管存在这些缺点，SLIP 仍然是一种广泛使用的协议。SLIP 的历史要追溯到

1984年,Rick Adams第一次在4.2 BSD系统中实现了SLIP。尽管它本身的描述是一种非标准的协议,但是随着调制解调器速度和可靠性的提高,SLIP越来越流行。现在它的许多产品可以公开获得,而且很多厂家都支持这种协议。

由于串行链路的速度通常较低(19 200 bit/s或更低),而且通信经常是交互式的(如Telnet和Rlogin,二者都使用TCP),因此在SLIP线路上有许多小的TCP分组进行交换。为了传送1个字节的数据,需要20个字节的IP首部和20个字节的TCP首部,总数超过40个字节。

鉴于上述这些性能上的缺陷,人们提出了一种被称为CSLIP(即压缩SLIP)的新协议,它在RFC 1144中被详细描述。CSLIP一般能把上面的40个字节压缩到3或5个字节。它能在CSLIP的每一端维持多达16个TCP连接,并且知道其中每个连接的首部中的某些字段一般不会发生变化。而那些发生变化的字段,大多数只是一些小的数字和。这些被压缩的首部大大地缩短了交互响应时间。

现在大多数的SLIP产品都支持CSLIP。

3.4 点对点协议PPP

点对点协议PPP(Point-to-Point Protocol)通常用于在两节点间建立直接的连接。它主要利用电话线来连接两台计算机,现在也用在宽带连接上。很多因特网服务提供商(ISP)使用PPP给用户提供接入服务(例如接入因特网,它在很大程度上已经代替了旧的标准,比如SLIP)。

PPP修改了SLIP协议中的缺陷。PPP包括以下三个部分:

(1) 在串行链路上封装IP数据报的方法。PPP既支持数据为8位和无奇偶检验的异步模式(如大多数计算机上都普遍存在的串行接口),也支持面向比特的同步链接。

(2) 建立、配置及测试数据链路的链路控制协议(Link Control Protocol,LCP)。它允许通信双方进行协商,以确定不同的选项。

(3) 针对不同网络层协议的网络控制协议(Network Control Protocol,NCP)体系。当前RFC定义的网络层有IP、OSI网络层、DECnet及AppleTalk等。例如,IP NCP允许双方商定是否对报文首部进行压缩,类似于CSLIP。

RFC 1548描述了报文封装的方法和链路控制协议,RFC 1332描述了针对IP的网络控制协议。

PPP数据帧的格式看上去很像ISO的HDLC(高层数据链路控制)协议。图3-4所示为PPP数据帧的格式。

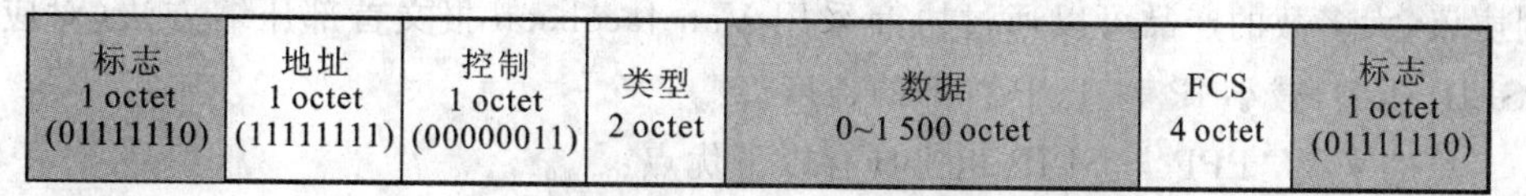

标志 1 octet (01111110)	地址 1 octet (11111111)	控制 1 octet (00000011)	类型 2 octet	数据 0~1 500 octet	FCS 4 octet	标志 1 octet (01111110)

图 3-4 PPP 数据帧的格式(在标准设定的情况下)

每一个帧都以标志字符 0x7e 开始和结束。开始的 0x7e 紧接着一个地址字节，值始终是 0xff,然后是一个值为 0x03 的控制字节。接下来是协议字段,类似于以太网中类型字段的功能。当它的值为 0x0021 时,表示信息字段是一个 IP 数据报;当它的值为 0xc021 时,表示信息字段是链路控制数据;当它的值为 0x8021 时,表示信息字段是网络控制数据。

CRC 字段(或 FCS,帧检验序列)是一个循环冗余检验码,用于检测数据帧中的错误。

由于标志字符的值是 0x7e,因此当该字符出现在信息字段中时,PPP 需要对它进行转义。

在同步链路中,该过程是通过一种称为比特填充(bit stuffing)的硬件技术来完成的。

在异步链路中,特殊字符 0x7d 用做转义字符。当它出现在 PPP 数据帧中时,紧接着的字符的第 6 个比特要取其补码,具体实现过程如下:

(1) 当遇到字符 0x7e 时,需连续传送两个字符 0x7d 和 0x5e,以实现标志字符的转义。

(2) 当遇到转义字符 0x7d 时,需连续传送两个字符 0x7d 和 0x5d,以实现转义字符的转义。

(3) 默认情况下,如果字符的值小于 0x20(比如,一个 ASCII 控制字符),一般都要进行转义。例如,遇到字符 0x01 时需连续传送 0x7d 和 0x21 两个字符(这时,第 6 个比特取补码后变为 1,而前面两种情况均把它变为 0)。

这样做是为了防止它们出现在双方主机的串行接口驱动程序或调制解调器中,因为有时它们会把这些控制字符解释成特殊的含义。另一种可能是用链路控制协议来指定是否需要对这 32 个字符中的某一些值进行转义。默认情况下是对所有的 32 个字符都进行转义。

与 SLIP 类似,由于 PPP 经常用于低速的串行链路,因此减少每一帧的字节数可以降低应用程序的交互时延。利用链路控制协议,大多数的产品通过协商可以省略标志符和地址字段,并且把协议字段由 2 个字节减少到 1 个字节。如果把 PPP 的帧格式与前面的 SLIP 的帧格式(见图 3-3)进行比较,会发现 PPP 只增加了 3 个额外的字节:1 个字节留给协议字段,另外 2 个留给 CRC 字段使用。另外,使用 IP 网络控制协议，大多数的产品可以通过协商采用 Van Jacobson 报文首部压缩方法（对应于CSLIP 压缩）减小 IP 和 TCP 首部的长度。

总的来说，PPP 与 SLIP 相比具有以下优点：

(1) PPP 支持在单根串行链路上运行多种协议，不仅限于 IP 协议。

(2) 每一个帧都有循环冗余检验。

(3) 通信双方可以进行 IP 地址的动态协商（使用 IP 网络控制协议）。

(4) 与 CSLIP 类似，对 TCP 和 IP 报文首部进行压缩。

(5) 链路控制协议可以对多个数据链路选项进行设置。

为这些优点付出的代价是在每一个帧的首部增加 3 个字节，当建立链路时要发送几个帧协商数据，以便实现更为复杂的应用。

尽管 PPP 比 SLIP 具有更多的优点，但是现在的 SLIP 用户仍然比 PPP 用户多。随着产品的增加，厂家也开始逐渐支持 PPP，因此最终 PPP 会取代 SLIP。

3.5 PPPoE

PPPoE（PPP over Ethernet）协议是在以太网络中转播 PPP 帧信息的技术。通常 PPP 是在通过电话线路及 ISDN 拨号接到 ISP 时使用的。该协议具有用户认证及通知 IP 地址的功能。在 ADSL 中，PPPoE 用来连接 ADSL Modem 与家庭中的个人电脑或者路由器。

Modem 接入技术面临着一些相互矛盾的目标，既要通过同一个用户前置接入设备连接远程的多个用户主机，又要提供类似拨号一样的接入控制、计费等功能，而且要尽可能地减少用户的配置操作。

PPPoE 的目标就是解决上述问题，通过把经济的局域网技术——以太网和点对点协议的可扩展性及管理控制功能结合在一起，网络服务提供商和电信运营商便可利用可靠和熟悉的技术来加速部署高速互联网业务。它可使服务提供商通过数字用户线、电缆调制解调器或无线连接等方式，提供支持多用户的宽带接入服务时更加简便易行，同时也简化了最终用户在选择这些服务时的配置操作。

3.5.1 PPPoE 的特点

PPPoE 就是在标准 PPP 报文的前面加上以太网的报头，使得 PPPoE 可以通过简单桥接接入设备连接远端接入设备，并可以利用以太网的共享性连接多个用户主机。在这个模型下，每个用户主机利用自身的 PPP 堆栈，用户使用熟悉的界面，接入控制、计费等都可以针对每个用户来进行。

3.5.2 PPPoE 的优点

(1) 安装与操作方式类似于以往的拨号网络模式,方便用户使用。

(2) 用户处的 XDSL 调制解调器无须任何配置。

(3) 允许多个用户共享一个高速数据接入链路。

(4) 适应小型企业和远程办公的要求。

(5) 终端用户可同时接入多个 ISP。这种动态服务选择的功能可以使 ISP 容易创建和提供新的业务。

(6) 兼容目前所有的 XDSL Modem 和 DSLAM。

(7) 可与 ISP 的接入结构相融合。

3.5.3 PPPoE 的帧格式

PPPoE 的帧格式如图 3-5 所示。

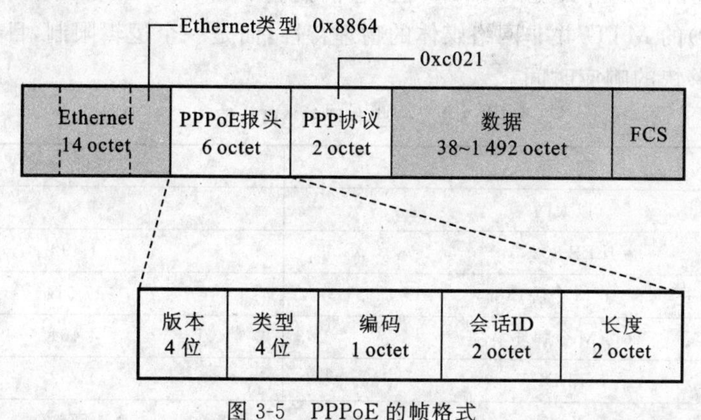

图 3-5 PPPoE 的帧格式

3.5.4 PPPoE 的实现过程

建立一个以太网上点对点协议的会话包括两个阶段。

(1) 发现(Discovery)阶段。

在发现过程中,用户主机以广播方式寻找可以连接的所有接入设备,获得其以太网 MAC 地址。然后选择需要连接的用户主机,并最后获得所要建立的 PPP 会话的 SESSION_ID。在发现过程中,节点间是客户端—服务器关系,一个用户主机(客户端)最终要发现一个接入设备(服务器)。在网络拓扑中,一般有不止一个的接入设备可以通信,发现阶段允许用户主机发现所有的接入设备,并从中选择一个。当发现阶段结束时,用户主机和接入设备之间都获得了可供以太网上建立 PPP 连接的全部信息。发现阶段保持无连接状态直到一个 PPP 会话的建立。一旦 PPP 连接建立,则用户主机和接入设备都必须为 PPP 虚拟端口分配资源。

(2) PPP 会话阶段。

用户主机与在发现阶段确定的接入设备进行 PPP 协商。该协商过程与标准的 PPP 协商没有任何区别,在 PPP 会话阶段节点间是对等关系。

3.6 最大传输单元 MTU

以太网和 802.3 对数据帧的长度都有一个限制,其最大值分别是 1 500 字节和 1 492字节。链路层的这个特性称为 MTU,即最大传输单元。不同类型网络的数据帧长度大多数都有一个上限。如果 IP 层有一个数据报要传,而且数据帧的长度比链路层的 MTU 还大,那么 IP 层就需要进行分片(fragmentation),即把数据报分成若干片,这样每一片就都小于 MTU。

表 3-2 列出了一些典型的 MTU 值,它们摘自 RFC 1191。点对点的链路层(如 SLIP 和 PPP)的 MTU 并非网络媒体的物理特性,而是一个逻辑限制,目的是为交互使用提供足够快的响应时间。

表 3-2 一些典型的 MTU 值

网络	MTU/字节
以太网	1 500
IEEE 802.3	1 492
16 M 令牌环	17 914
4 M 令牌环	4 464
FDDI	4 352
X.25	576
点对点(低时延)	296

当同一个网络上的两台主机互相进行通信时,该网络的 MTU 是非常重要的。但是如果两台主机之间的通信要通过多个网络,每个网络的链路层可能有不同的 MTU,那么这时重要的不是两台主机所在网络的 MTU 的值,而是两台主机通信路径中的最小 MTU,称为路径 MTU(Path MTU,PMTU)。

两台主机之间的 PMTU 不一定是个常数,它取决于当时所选择的路径,而且路由选择也不一定是对称的(从 A 到 B 的路由可能与从 B 到 A 的路由不同),因此,PMTU 在两个方向上不一定是一致的。

RFC 1191 描述了 PMTU 的发现机制,即确定路径 MTU 的方法。ICMP 的不可到达错误采用的就是这种方法,traceroute 程序也是用这种方法来确定到达目的节点的 PMTU 的。

习 题

1. 简述要对计算机网络进行分层的原因及分层的一般原则。
2. 在 TCP/IP 协议栈中，链路层的三个主要目的是什么？
3. 比较以太网和 IEEE 802.3 的封装格式以及 SLIP 和 PPP 的封装格式。
4. 数据链路协议几乎总是把 CRC 放在尾部，而不是放在头部，为什么？

第 4 章　ARP 和 RARP

ARP,全称 Address Resolution Protocol,中文名为地址解析协议,用来完成 IP 地址到 MAC 地址的转换。RARP,全称 Reverse Address Resolution Protocol,中文名为逆向地址解析协议,用来完成 MAC 地址到 IP 地址的转换。ARP 和 RARP 协议涉及网络层的地址和数据链路层的地址,中文书籍一般倾向于把这两个协议划分到网络层,有些外文书籍倾向于把这两个协议划分到数据链路层,确切地说,它们介于数据链路层和网络层之间,是跨层工作的协议。

4.1　ARP 的工作原理

下面通过一个例子来说明 ARP 是如何工作的。例如 ftp bsdi,会进行图 4-1 所示的步骤。

(1) 应用程序 FTP 客户端调用函数 gethostbyname 把主机名(bsdi)转换成对应的 32 位 IP 地址,这个函数在 DNS(域名系统)中称为解析器。这个转换过程或者使用 DNS,或者在较小网络中使用一个静态的主机文件(/etc/hosts)。

(2) FTP 客户端请求 TCP,用得到的 IP 地址建立连接。

(3) TCP 发送一个连接请求到远端的主机,即用上述 IP 地址发送一份 IP 数据报。

(4) 如果目的主机在本地网络上(如以太网、令牌环网或点对点链接的另一端),那么 IP 数据报可以直接送到目的主机上;如果目的主机在一个远程网络上,那么就通过 IP 选路函数来确定位于本地网络上的下一站路由器地址,并让它转发 IP 数据报。在这两种情况下,IP 数据报都被送到位于本地网络上的一台主机或路由器上。

(5) 假定是以太网上,那么发送端主机必须把 32 位的 IP 地址变换成 48 位的以太网地址。从逻辑 Internet 地址到对应的物理硬件地址需要进行翻译,这就是 ARP 的功能。

(6) ARP 发送一份称作 ARP 请求的以太网数据帧给以太网上的每台主机,这个过程称为广播,如图 4-1 中的虚线所示。ARP 请求数据帧中包含目的主机的 IP 地址(主机名为 bsdi),其意思是“如果你是这个 IP 地址的拥有者,请回答你的硬件地

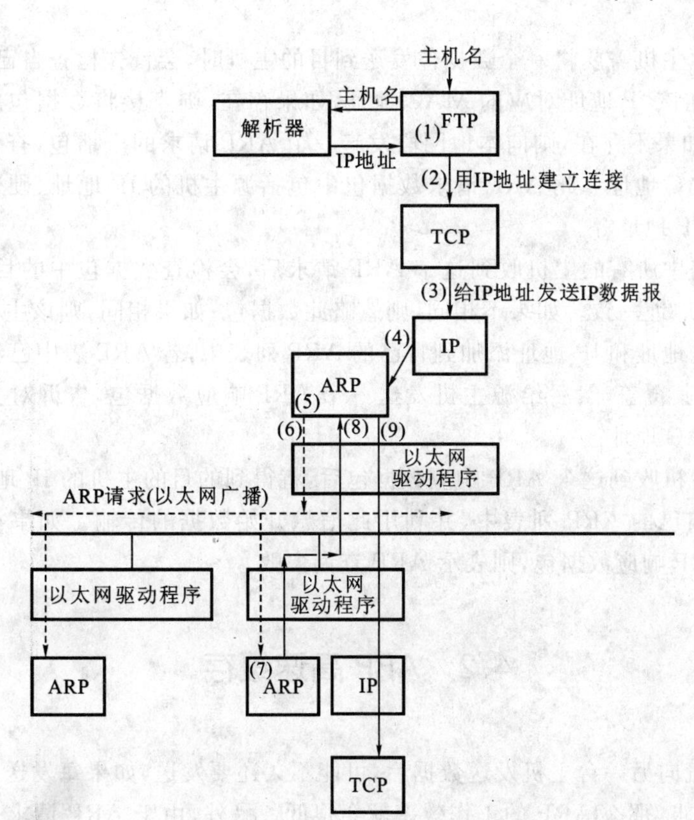

图 4-1 当用户输入命令“ftp 主机名”时 ARP 的操作

址”。

(7) 目的主机的 ARP 协议收到这份广播报文后，识别出这是发送端在询问它的 IP 地址，于是发送一个 ARP 应答，包含 IP 地址及对应的硬件地址。

(8) 收到 ARP 应答后，使 ARP 进行请求—应答交换的 IP 数据报现在就可以传送了。

(9) 使用得到的硬件地址封装数据帧，发送 IP 数据报到目的主机。

在 ARP 背后有一个基本概念，就是网络接口有一个硬件地址(一个 48 位的值，标识不同的以太网或令牌环网络接口)。在硬件层次上进行的数据帧交换必须有正确的接口地址。TCP/IP 有自己的地址，即 32 位的 IP 地址。知道主机的 IP 地址并不能让内核发送数据给主机，内核(如以太网驱动程序)必须知道目的主机的硬件地址才能发送数据。ARP 的功能是在 32 位的 IP 地址和采用不同网络技术的硬件地址之间提供动态映射。

根据图 4-1 中的例子，可以看到 ARP 的工作原理如下：

(1) 每台主机都会在自己的 ARP 缓冲区中建立一个 ARP 列表，以表示 IP 地址和 MAC 地址的对应关系。

(2) 当源主机需要将一个数据包发送到目的主机时，会首先检查自己的 ARP 列表中是否存在该 IP 地址对应的 MAC 地址，如果存在，则直接将数据包发送到这个 MAC 地址；如果不存在，则向本地网段发起一个 ARP 请求的广播包，查询此目的主机对应的 MAC 地址。此 ARP 请求数据包中包括源主机的 IP 地址、硬件地址以及目的主机的 IP 地址等。

(3) 网络中所有的主机收到这个 ARP 请求后，会检查数据包中的目的 IP 是否和自己的 IP 地址一致。如果不相同，则忽略此数据包；如果相同，则该主机首先将源主机的 MAC 地址和 IP 地址添加到自己的 ARP 列表中，若 ARP 表中已经存在该 IP 的信息，则将其覆盖，然后给源主机发送一个 ARP 响应数据包，告诉对方自己是它要查找的 MAC 地址。

(4) 源主机收到这个 ARP 响应数据包后，将得到的目的主机的 IP 地址和 MAC 地址添加到自己的 ARP 列表中，并利用此信息开始数据的传输。如果源主机一直没有收到 ARP 响应数据包，则表示 ARP 查询失败。

4.2 ARP 高速缓存

一台主机向另一台主机发送数据后，可能不久还要发送，如果每发送一次就进行一次 ARP 请求，那么 ARP 的工作效率就会很低。另外，由于 ARP 请求是以广播方式发送的，频繁使用 ARP 请求会造成网络拥挤，影响正常工作。解决该问题的关键是使用 ARP 高速缓存技术。

缓存中存放了最近使用的 IP 地址到硬件地址之间的映射记录，可以使用 arp 命令来检查和修改 ARP 高速缓存中的表项。相关命令为：

arp-s inet_addr eth_addr[if_addr]

arp-d inet_addr[if_addr]

arp-a [inet_addr] [-N if_addr]

-a　显示当前的 ARP 缓存信息，可以指定网络地址。

-g　跟-a 一样。

-d　删除由 inet_addr 指定的主机记录。可以使用 * 来删除所有主机。

-s　添加主机，并将网络地址跟物理地址相对应。这一项是永久生效的。

inet_addr　是网络地址。

eth_addr　是物理地址。

if_addr　If present, this specifies the Internet address of the interface whose address translation table should be modified. If not present, the first applicable interface will be used.

例：

C:\>arp-a（显示当前所有的表项）

Interface: 10.111.142.71 on Interface 0x1000003

Internet Address Physical Address Type

10.111.142.1 00-01-f4-0c-8e-3b dynamic //物理地址一般为48位即6个字节

10.111.142.112 52-54-ab-21-6a-0e dynamic

10.111.142.253 52-54-ab-1b-6b-0a dynamic

C:\>arp-a 10.111.142.71(只显示其中一项)

No ARP Entries Found

C:\>arp-a 10.111.142.1(只显示其中一项)

Interface: 10.111.142.71 on Interface 0x1000003

Internet Address Physical Address Type

10.111.142.1 00-01-f4-0c-8e-3b dynamic

C:\>arp-s 157.55.85.212 00-aa-00-62-c6-09

（添加静态ARP缓存，可以再打入arp-a验证是否已经加入。）

ARP高效运行的原因是每台主机上都有一个ARP高速缓存，这个高速缓存存放了最近Internet地址到硬件地址之间的映射记录。高速缓存中每一项的生存时间一般为20 min，从被创建时开始算起。

4.3 ARP的包格式

ARP和RARP使用相同的报头结构，用于以太网的ARP请求或应答分组格式如图4-2所示。

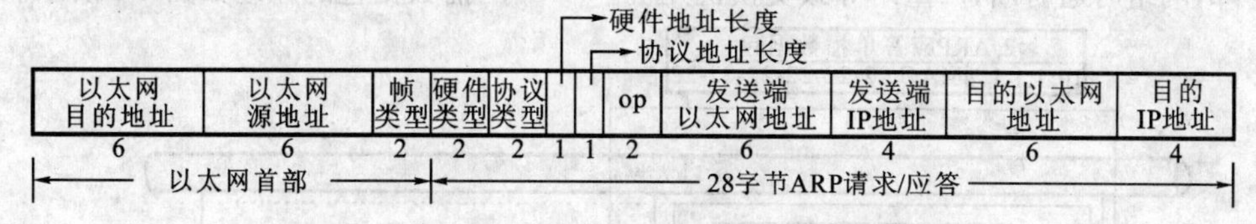

图4-2 用于以太网的ARP请求或应答分组格式

以太网报头中的前两个字段是以太网的源地址和目的地址。在ARP和RARP请求包中，目的地址为全1(广播地址)，电缆上的所有以太网接口都要接收广播的数据帧。

两个字节长的以太网帧类型表示后面数据的类型。对ARP请求或应答来说，该字段的值为0x0806。

硬件类型字段表示硬件地址的类型，它的值为1即表示以太网地址。

协议类型字段表示要映射的协议地址类型，它的值为 0x0800，即表示 IP 地址。它的值与包含 IP 数据报的以太网数据帧中的类型字段的值相同是有意设计的。

接下来的两个 1 字节的字段即硬件地址长度和协议地址长度，分别指出硬件地址和协议地址的长度，以字节为单位。对以太网上 IP 地址的 ARP 请求或应答来说，它们的值分别为 6 和 4。

操作字段指出了四种操作类型，它们分别是 ARP 请求(值为 1)、ARP 应答(值为 2)、RARP 请求(值为 3)和 RARP 应答(值为 4)。这个字段是必需的，因为 ARP 请求和 ARP 应答的帧类型字段值是相同的。

接下来的四个字段是发送端以太网地址(请求方的硬件地址)、发送端 IP 地址(请求方的 IP 地址)、目的以太网地址(需要得到的硬件地址，在请求包中为全 0)和目的 IP 地址(需要请求转换的 IP 地址)。注意，这里有一些重复信息，在以太网的数据帧报头和 ARP 请求数据帧中都有发送端的硬件地址。

当系统收到一个 ARP 请求时，比较自己的 IP 地址与目的 IP 地址，如果一致，则把自己的硬件地址填进目的以太网地址，然后用两个目的端地址分别替换两个发送端地址，并把操作字段置为 2，最后把它发送回去；如果不一致，则丢掉该请求包。

4.4 ARP 攻击

ARP 的攻击主要有两种，即 ARP 广播和 ARP 欺骗。

4.4.1 ARP 广播

利用 ARP 广播式请求这一特点，可以伪造大量的 ARP 请求数据包，轮番查询网内计算机的 ARP 信息，从而引起网络堵塞和交换机处理性能下降，导致上网速度下降，网络时通时断，严重时导致交换机死机。ARP 广播数据包的原理如图 4-3 所示。

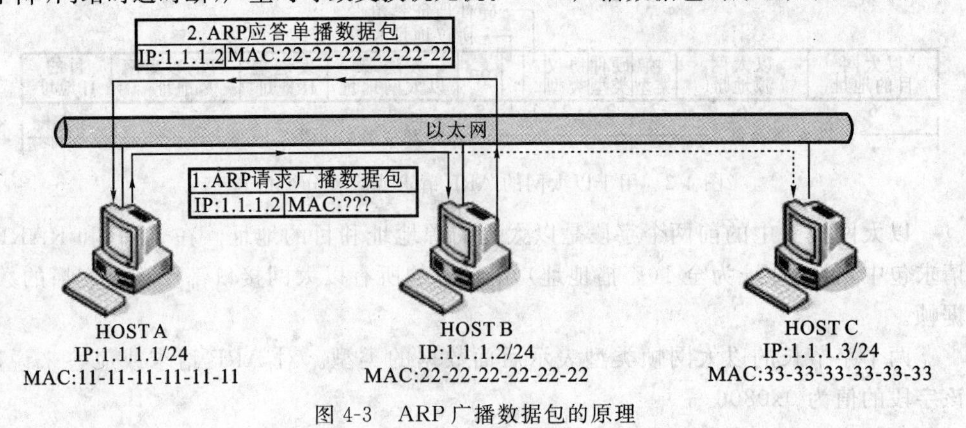

图 4-3　ARP 广播数据包的原理

4.4.2 ARP 欺骗

ARP 协议并不只在发送了 ARP 请求后才接收 ARP 应答，只要计算机接收到 ARP 应答数据包，就会对本地的 ARP 缓存进行更新，将应答中的 IP 和 MAC 地址存储在 ARP 缓存中。欺骗又分为两种：第一种是对网络内的计算机进行欺骗，如果中了这种攻击方式的病毒，计算机就会发送伪造的网关 ARP 信息，导致网络内的计算机的 ARP 表项中产生假的网关 ARP 信息，用户发往网关的数据包无法到达网关，从而无法上网；第二种是对网络内的网关设备进行欺骗，如果中了这种攻击方式的病毒，计算机就会向网关发送伪造的 ARP 信息，导致网关的 ARP 表项中产生大量假的 ARP 信息，从而拒绝转发正常的计算机发送来的数据包，使网络内的计算机无法上网。ARP 欺骗的原理如图 4-4 所示。

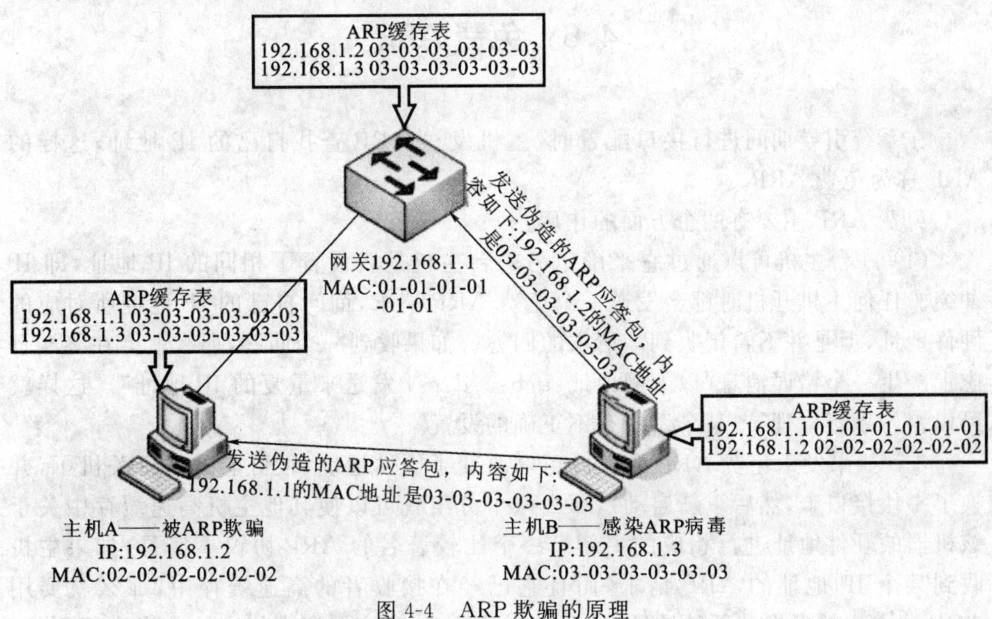

图 4-4 ARP 欺骗的原理

4.5 ARP 攻击的防御

4.5.1 对 ARP 广播的防御及根治

ARP 广播利用的是发送大量的广播信息导致网络不正常，因此可以利用交换机的广播风暴抑制功能来抑制广播的流量，从而使危害降到最低。

如果要根治，必须利用抓包软件进行数据包的捕获，从而找到病毒源，将其与网络断开，处理完毕再将其接入网络。另外，在配置交换机时，如果端口是 trunk 口，则一定要把允许通过的 VLAN 配置好，否则所有的交换机上联口都会受到广播的影响。

4.5.2 对 ARP 欺骗的防御

欺骗网络内计算机的 ARP 欺骗可以利用“arp-s”命令绑定网关的 ARP 信息，还可以利用 ARP 防火墙软件；欺骗网关的 ARP 欺骗只能在网关上静态绑定下连所有计算机的 ARP 信息。

另外，ARP 防火墙既可以防止网关的 ARP 信息被欺骗，也可以抑制计算机向外发送大量的 ARP 广播信息。如果网络内的 ARP 攻击严重，则可以建议用户安装 ARP 防火墙。

4.6 免费 ARP

在系统引导期间进行接口配置时，主机发送 ARP 查找自己的 IP 地址，这样的 ARP 称为免费 ARP。

免费 ARP 主要有两个方面的作用：

(1) 一台主机可以通过它来确定另一台主机是否设置了相同的 IP 地址，即 IP 冲突。任何主机开机时都会发送一个免费 ARP 请求，询问自己的 IP 地址所对应的硬件地址，但是并不希望收到该请求的回答。如果收到一个回答，那么就会在终端日志上产生一个错误消息“以太网地址：a：b：c：d：e：f 发送来重复的 IP 地址”。这样就可以警告系统管理员，某个系统有不正确的设置。

(2) 如果发送免费 ARP 的主机正好改变了硬件地址(很可能是主机关机了，并换了一块接口卡，然后重新启动)，那么这个分组就可以使其他主机高速缓存中关于该机器的硬件地址进行相应的更新。一个比较著名的 ARP 协议事实是，如果主机收到某个 IP 地址的 ARP 请求，而且它已经在接收者的高速缓存中，那么就要用 ARP 请求中的发送端硬件地址(如以太网地址)对高速缓存中相应的内容进行更新。主机接收到任何 ARP 请求都要完成这个操作。ARP 请求是在网上广播的，因此每次发送 ARP 请求时，网络上的所有主机都要这样做。

另外一个应用例子是，通过发送含有备份硬件地址和故障服务器的 IP 地址的免费 ARP 请求，使备份文件服务器可以顺利地接替故障服务器进行工作。这使得所有目的地为故障服务器的报文都被送到备份服务器那里，客户程序不用关心原来的服务器是否出了故障。但有些人却反对这种做法，因为这取决于所有不同类型的客户端是否有正确的 ARP 协议实现。一些实例表明，客户端 ARP 协议的实现有与规范不一致的情况，如 SunOS 4.1.3 和 4.4 BSD 在引导时都发送免费 ARP，但是 SVR4 却没有这样做。

4.7 RARP

具有本地磁盘的系统引导时，一般都是从磁盘上的配置文件中读取 IP 地址。但是对于无盘系统，如 X 终端或无盘工作站，则需要采用其他方法来获得 IP 地址。

网络上的每个系统都具有唯一的硬件地址，它是由网络接口生产厂家配置的。无盘系统的 RARP 实现过程是从接口卡上读取唯一的硬件地址，然后发送一份 RARP 请求（一个在网络上广播的数据帧），请求某台主机响应该无盘系统的 IP 地址（在 RARP 应答中）。

逆向地址解析协议（RARP）允许局域网的物理机器从网关服务器的 RARP 表或者缓存上请求其 IP 地址。网络管理员在局域网网关路由器里创建一个表以映射物理地址（MAC）和与其对应的 IP 地址。当设置一台新的机器时，其 RARP 客户机程序需要向路由器上的 RARP 服务器请求相应的 IP 地址。假设在路由表中已经设置了一个记录，那么 RARP 服务器将会返回 IP 地址给机器，此机器就会存储起来以便日后使用。

RARP 可以用于以太网、光纤分布数据接口及令牌环 LAN。

RARP 的基本思想是：无盘工作站启动时，首先从其接口卡中读取系统的硬件地址，然后发送 RARP 请求报文，其中的目标 MAC 地址字段放入本系统的 MAC 地址。RARP 请求报文同样封装在一个广播帧中。网络中有一个 RARP 服务器，它将网上所有的 MAC 地址-IP 地址对保存在一个磁盘文件中，每当收到一个 RARP 请求，服务器就检索该磁盘文件，找到匹配的 IP 地址，然后用一个 RARP 应答报文返回无盘工作站。RARP 应答报文通常封装在一个单地址帧中。RARP 服务器中的 MAC 地址-IP 地址映射关系必须由系统管理员提供。

RARP 协议依靠广播机制来实现，为了使 RARP 服务器能接收到请求，使用了一个目的地址为全 1 的广播帧。但是路由器不会对广播帧进行转发，所以 RARP 协议只能在一个网络范围内有效，这就意味着每个网络都需要一个 RARP 服务器。为了解决这个问题，又推出了 BOOTP 协议。BOOTP 协议使用 UDP 报文，可以被路由器转发。

综上所述，RARP 的工作原理如下：

（1）主机发送一个本地的 RARP 广播，在此广播包中声明自己的 MAC 地址，并且请求收到此请求的 RARP 服务器分配一个 IP 地址。

（2）本地网段上的 RARP 服务器收到此请求后，检查其 RARP 列表，查找 MAC 地址对应的 IP 地址。

（3）如果存在，RARP 服务器就给源主机发送一个响应数据包，并将此 IP 地址提供给对方主机使用。

(4) 如果不存在,则 RARP 服务器对此不做任何响应。

(5) 如果源主机收到 RARP 服务器的响应信息,就利用得到的 IP 地址进行通信;如果一直没有收到 RARP 服务器的响应信息,则表示初始化失败。

习 题

1. 简述 ARP 的工作原理。
2. 简述 ARP 命令及各参数的含义。
3. ARP 的攻击主要有哪些？简述其主要原理。

第5章　网际互联协议 IP

5.1　IP 地址

目前使用的网际协议 IP 是第四版本，称为 IPv4，以后会广泛使用 128 位的 IPv6。

5.1.1　IP 地址的分类

目前，IP 地址分为五类，即 A，B，C，D，E 类。其中，A，B，C 三类称为基本类，是用来分配给主机的地址；D 类地址用于多播；E 类地址用来做研究，目前一直未用。规定 A 类地址网络号为 1 字节，主机号为 3 字节，且第 1 位必须为 0；B 类地址网络号和主机号都为 2 字节，且前 2 位必须为 10；C 类地址网络号为 3 字节，主机号为 1 字节，且前 3 位必须为 110；D 类地址前 4 位为 1110，其余 28 位为多播地址；E 类地址前 5 位为 11110，后 27 位保留，作为将来研究使用。

由于规定了可分配的 IP 地址网络号和主机号都不能为全 0 和全 1，并且规定了 A 类地址中网络号为 01111111 的部分也不能分配给主机（留作回环测试用），所以可得到各类可分配的 IP 地址的网络号范围，如表 5-1 所示。

表 5-1　各类可分配的 IP 地址的网络号范围

地址类	二进制表示的网络号范围	十进制表示的网络号范围
A	00000001～01111110	1～126
B	10000000～10111111	128～191
C	11000000～11011111	192～223
D	11100000～11101111	224～239

由于可分配的 IP 地址主机号不能为全 0 和全 1，所以各类 IP 地址中可分配的主机号范围和最大的主机数量如表 5-2 所示。

表 5-2　各类 IP 地址中可分配的主机号范围和最大的主机数量

地址类	主机号范围	主机数量
A	0.0.1～255.255.254	$2^{24}-2=16\ 777\ 214$
B	0.1～255.254	$2^{16}-2=65\ 534$
C	1～254	$2^{8}-2=254$

5.1.2 特殊 IP 地址

IP 地址空间中的某些地址已经为特殊目的而保留，且不允许分配给任何主机。这些地址包括五类，分别是本机地址、网络地址、直接广播地址、有限广播地址和回送地址。

1）本机地址

网络号和主机号全为 0，即 0.0.0.0。计算机启动时能自动获得它的 IP 地址，但启动协议也要使用 IP 来通信。当使用这个启动协议时，计算机不可能支持一个正确的 IP 源地址，为了处理这一情况，用 0.0.0.0 指本计算机，作为启动地址。

2）网络地址

网络号为特定，主机号部分为全 0，用来表示一个网络，而不是连接到该网络的主机。该地址不能在 IP 包中出现，只能出现在路由表中。如 128.1.0.0 表示一个 B 类网络 128.1，201.3.1.0 表示一个 C 类网络 201.3.1。

3）直接广播地址

网络号为特定，主机号部分为全 1。该地址作为目的地址时表示发给一个网络中的所有主机，在传输过程中只有单个包通过互联网到达目的路由器，然后由目的路由器送达该网络中的所有主机。如目的地址为 138.1.255.255 的包是发给一个 B 类网络 138.1 中的所有主机的。

4）有限广播地址

255.255.255.255 表示在本网络中的一次广播。该地址作为目的地址时表示发给源站点所在网络中的所有主机，当这个数据包传到默认网关时，路由器并不对该包进行路由。

5）回送地址

127.*.*.*，用于测试网络应用程序。当一个应用程序发送数据给另一个应用程序时，数据向下穿过协议栈到达 IP 软件，然后 IP 软件再把数据向上通过协议栈返回第二个程序。因此，程序员可以很快地在一台计算机上测试程序逻辑，而无须两台计算机，也无须通过网络发送包。根据习惯，经常使用主机号 1，所以常见的回送地址是 127.0.0.1。

这五类特殊 IP 地址的总结如表 5-3 所示。

表 5-3 特殊 IP 地址小结

地址类型	网络号	主机号	用 途
本 机	全 0	全 0	启动时使用
网 络	网 络	全 0	标识一个网络

续表

地址类型	网络号	主机号	用 途
直接广播	网 络	全 1	在特定网络上广播
有限广播	全 1	全 1	在本地网络上广播
回 送	127	任 意	协议栈测试

5.1.3 保留IP地址

保留 IP 地址也称为私有 IP 地址。为了解决 IP 地址缺乏的问题，IANA 在 RFC 1918 中规定：保留一些 IP 地址空间，用于私有网内，但不能在公共网内出现。为了满足不同规模的网络需要，A，B，C 三类 IP 地址中都留有一些保留 IP 地址，具体如下。

(1) A 类：10.0.0.0/8。

(2) B 类：172.16～31.0.0/16。

(3) C 类：192.168.0.0/24。

由于保留 IP 地址不能在公共网内出现，所以使用保留 IP 地址的计算机必须通过一个拥有公有 IP 地址的网关转换为公有 IP 地址才能与其他网络通信。

5.1.4 子网掩码

子网掩码主要用于说明如何进行子网的划分和超网的构建。子网掩码是一个 32 位的二进制数，包含两个域：网络域和主机域。网络域对应 IP 地址中的网络号部分，主机域对应 IP 地址中的主机号部分。把网络域部分置为全 1、主机域部分置为全 0，用点分十进制来表示，这就是子网掩码。子网掩码的形式如图 5-1 所示。

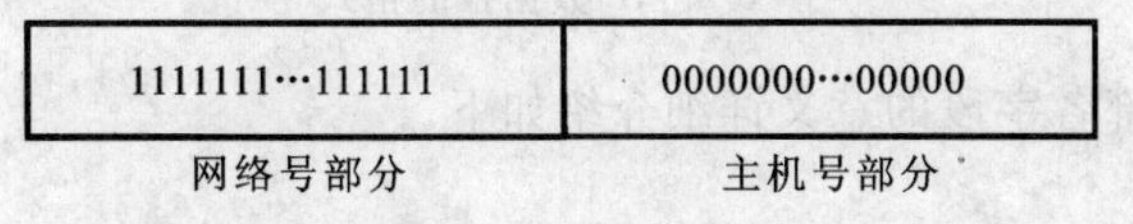

图 5-1 子网掩码

5.2 IP报文格式

IP 是 TCP/IP 协议簇中最为核心的协议，所有的 TCP，UDP，ICMP 及 IGMP 数据都以 IP 数据报格式传输。

IP 提供不可靠、无连接的数据报传送服务。不可靠是指 IP 不能保证 IP 数据报能成功地到达目的地，IP 仅提供最好的传输服务，当发生某种错误时，如果某个路由器暂时用完了缓冲区，则 IP 有一个简单的错误处理算法，即丢弃该数据报，然后发送

ICMP 消息报给信源端。可靠性必须由上层协议(如 TCP)来提供。

无连接是指 IP 并不维护任何关于后续数据报的状态信息,每个数据报的处理都相互独立,这也说明 IP 数据报可以不按发送顺序接收。如果一个信源向相同的信宿发送两个连续的数据报(先是 A,后是 B),且每个数据报都是独立进行路由选择的,则可能选择不同的路线,因此 B 可能在 A 到达之前先到达。

IP 数据报的格式如图 5-2 所示。一个 IP 数据报由首部和数据两部分组成。其中,首部又包括两部分,前一部分是 20 字节的固定首部,是所有 IP 数据报必须具有的;后一部分是可选字段,包括选项和填充。

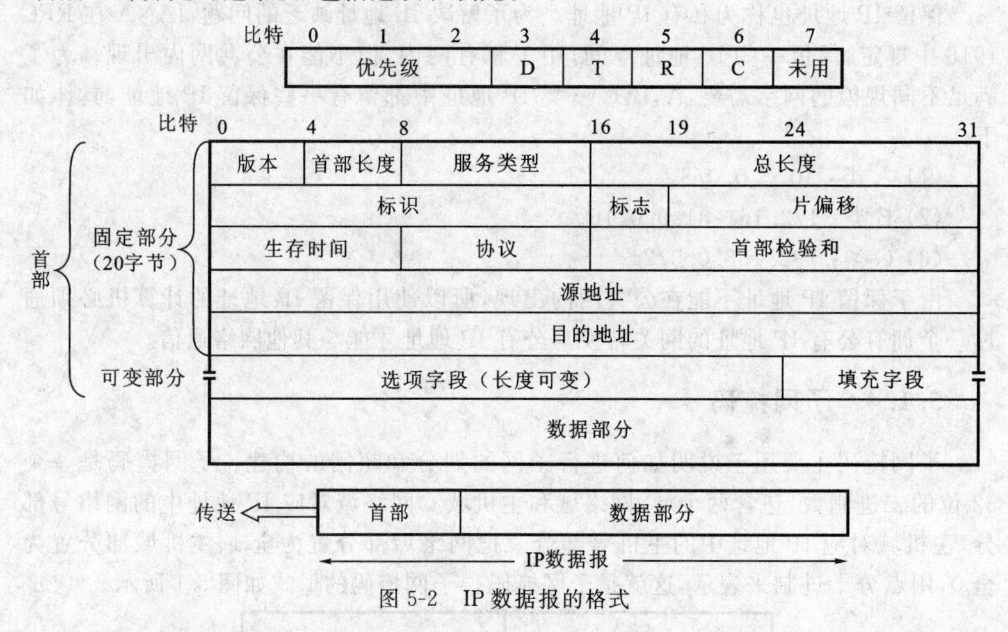

图 5-2 IP 数据报的格式

IP 数据报首部各字段的意义详细介绍如下。

1) 版本

4 位,指 IP 协议的版本号。不同版本的 IP 协议封装的 IP 数据报的格式是不一样的,所以通信双方要使用同一版本的 IP 协议。目前广泛使用的是第 4 版本的 IP 协议,版本号为 4(即 IPv4),该字段的值是 0100。

2) 首部长度

4 位。由于 IP 数据报首部中的可选字段长度是不固定的,从而使得 IP 数据报的首部长度不固定,所以需要一个字段来描述 IP 数据报的首部长度。首部长度的单位为 4 字节,表示 IP 数据报的首部一共有多少个 4 字节。由于 4 位二进制可表示的最大数值是 15,因此 IP 数据报首部长度的最大值是 60 字节,也就是说可选字段部分的长度范围在 0～40 字节之间。当 IP 分组的首部长度不是 4 字节的整数倍时,必须利用最后一个填充字段填充“0”,以保证 IP 首部永远是 4 字节的整数倍。

3）服务类型 ToS(Type of Service)

8位。如果想获得更好的服务，就要根据需要对服务类型字段进行相应的设置。服务类型字段的含义如图5-2最上面部分所示。

（1）前3位表示优先级，它可使数据报具有8个优先级中的一个，且数值越大，优先级越高。

（2）第4位是D(Delay：时延)位，如果要求有更低的时延，把D位设置为1。

（3）第5位是T(Throughput：吞吐量)位，如果要求有更高的吞吐量，把T位设置为1。

（4）第6位是R(Reliability：可靠性)位，如果要求有更高的可靠性，把R位设置为1。

（5）第7位是C(Cost：花销)位，如果要求选择代价最小的路由，把C位设置为1。

（6）第8位目前尚未使用，设置为0。

虽然服务类型字段已定义了很多年，但是以前并没有多少人使用，直到最近当需要将实时多媒体信息在因特网上传送时，服务类型字段才重新引起大家的重视。表5-4列出了对不同应用建议的ToS值。

表5-4　对不同应用建议的ToS值

应用程序		最小时延	最大吞吐量	最高可靠性	最小费用	16进制值
Telnet/Rlogin		1	0	0	0	0X10
FTP	控制	1	0	0	0	0X10
	数据	0	1	0	0	0X08
TFTP		1	0	0	0	0X10
SMTP	命令	1	0	0	0	0X10
	数据	0	1	0	0	0X08
DNS	UDP查询	1	0	0	0	0X10
	TCP查询	0	0	0	0	0X00
ICMP	差错、查询	0	0	0	0	0X00
	任何IGP	0	0	1	0	0X04
SNMP		0	0	1	0	0X04
BOOTP		0	0	0	0	0X00
NNTP		0	0	0	1	0X02

4）总长度

16位，指IP数据报的首部和数据的总长度，单位为字节。总长度字段为16位，所以IP数据报的最大长度为$2^{16}-1=65\,535$字节。

IP层下面是数据链路层。每一种数据链路层都具有特定的帧格式和要求的帧长度，帧中数据字段的最大长度称为最大传输单元MTU（Maximum Transfer Unit）。当一个IP数据报被封装成链路层的帧时，此数据报的总长度（即首部加上数据部分）一定不能超过表5-5给出的链路层协议的MTU值。

表5-5　常用的链路层协议的MTU值

网　络	MTU/字节
以太网	1 500
IEEE 802.3	1 492
16 M令牌环	17 914
4 M令牌环	4 464
FDDI	4 352
X.25	576
点对点（低时延）	296

虽然使用尽可能长的数据报会使传输效率提高，但是由于以太网的普遍应用，实际上使用的数据报长度很少有超过1 500字节的，而且有时数据报长度还被限制在576字节。当数据报长度超过网络所容许的最大传送单元MTU时，就必须将过长的数据报进行分片后才能在网络中传输。这时，数据报首部中的“总长度”字段不是指未分片前的数据报长度，而是指分片后每片的首部长度与数据长度的总和。

5）标识

16位，是一个数据报的标识号，相当于一个人的身份证号，由一个计数器产生。当IP协议发送数据报时，就将这个计数器的当前值复制到标识字段中。在传输过程中，当数据报的长度超过要经过的网络所能传输的MTU时，必须分片，这个标识字段的值就被复制到所有的数据报片的标识字段中，在到达目的地后，所有标识字段一样的数据报再被组装为一个数据报，从而使分片后的各数据报片最后能正确地重装成为原来的数据报。

6）标志

3位，目前只有前2位有意义，最后1位还没有定义。

(1) 标志字段中的最低位为MF(More Fragment)。MF＝1表示该数据报后面还有分片，也就是说本数据报不是最后一个分片；MF＝0表示该数据报是最后一个分片。

(2) 标志字段中间的一位记为DF(Don’t Fragment)。DF＝1表示不能分片，只有当DF＝0时才允许分片。

7）片偏移

13位，表示较长的分组在分片后，某片在原分组中的相对位置。片偏移的单位是8个字节,也就是说,相对于原IP数据报中的数据字段的起点,该片是从多少个8字节开始的。下面通过一个例子来看数据报是如何分片的。

例如:一IP数据报的数据部分为4 800字节,假设只使用固定首部,要使这个数据报通过一个以太网进行传输,以太网的MTU是1 500字节,数据报肯定要分片,需要分片为长度不超过1 500字节的数据报片。因固定首部长为20字节,因此每个数据报片的数据长度不能超过1 480个字节,于是要分为4个数据报片,其数据部分的长度分别为1 480,1 480,1 480和360字节,片偏移分别是0,185,370和555。原始数据报首部被复制到各数据报片的首部,但必须修改有关字段的值,如总长度、标志、片偏移和首部检验和。这4个数据报片的标识字段的值是一样的,这些具有相同标识的数据报片在目的地就可以根据片偏移的大小重装成原来的数据报。

8) 生存时间

8位。生存时间字段记为TTL(Time To Live),即IP数据报在网络中的寿命,其单位原为秒,但现已将TTL改为"数据报在网络中可通过的路由器数的最大值"。每经过一个路由器,TTL就减1,当TTL为0时,如果还没到达目的地,则丢弃该数据报。

9) 协议

8位。协议字段指出此数据报携带的数据是使用何种协议封装的,以便使目的主机的IP层知道应将数据部分上交给高层的哪个协议处理。常用的一些协议和相应的协议字段值见表5-6。

表5-6 常用的协议和相应的协议字段值

协议名	UDP	TCP	TP4	ICMP	IGMP	BGP	EGP	IGP	OSPF
协议字段值	17	6	29	1	2	3	8	9	89

10) 首部检验和

16位。此字段只检验数据报的首部,不包括数据部分。这是因为数据报每经过一个节点,节点处理机都要重新计算一下首部检验和。如果首部正确,就查路由表并路由该数据报,否则丢弃该数据报。如果将数据部分一起检验,那么计算的工作量就太大了。

为了减小计算检验和的工作量,节省检验时间,IP首部检验和不采用CRC检验而采用下面的简单计算方法:在发送端,先将检验和字段置0,再将IP数据报首部划分为许多16位组,然后对16位组进行二进制加法,将得到的和的反码写入检验和字段。路由器或接收端收到数据报后,将首部的所有16位组进行二进制加法,如果和为全1,则认为正确,保留这个数据报;否则认为首部出错,将此数据报丢弃。

11) 源地址

4字节,发送端的IP地址。

12）目的地址

4 字节，接收端的 IP 地址。

13）可选部分

0～40 字节，包括选项字段和填充字段。选项字段用来支持排错、测量以及安全等措施，内容丰富。选项字段的长度取决于所选择的项目。有些选项只需要 1 个字节，只包括 1 个字节的选项代码；有些选项需要多个字节，这些选项一个个地拼接起来，中间不需要分隔符。如果选项部分的长度不是 4 字节的整数倍，则最后用全 0 的填充字段补成 4 字节的整数倍。

增加首部的可变部分是为了增加 IP 数据报的功能，但这同时也使得 IP 数据报的首部长度成为可变的，这无疑增加了每一个路由器处理数据报的开销。实际上这些选项很少被使用，新的 IP 版本 IPv6 就将 IP 数据报的首部长度做成固定的，因此这里不再讨论这些选项的细节。

5.3 IP 路由

路由就是在网络之间转发数据包的过程，对基于 TCP/IP 协议的网络来说，路由是部分网际协议与其他网络协议服务的结合使用，提供在基于 TCP/IP 协议的大型网络中单独网段上的主机之间互相通信的能力。

IP 是 TCP/IP 协议的“邮局”，负责对 IP 数据进行分检和传递。每个传入或传出的数据包叫做一个 IP 数据报。IP 数据报包含两个 IP 地址：发送主机的源地址和接收主机的目标地址。与硬件地址不同，数据报内部的 IP 地址在 TCP/IP 网络间传递时保持不变。路由是 IP 的主要功能，通过使用 Internet 层的 IP，IP 数据报在每台主机上进行交换和处理。

在 IP 层的上面，源主机上的传输服务用 TCP 段或 UDP 消息的形式向 IP 层传送源数据。IP 层使用在网络上传递数据的源和目标的地址信息装配 IP 数据报，然后 IP 层将数据报向下传送到网络接口层。在这一层，数据链路服务将 IP 数据报转换成在物理网络的特定媒体上传输的帧。这个过程在目标主机上按相反的顺序进行。每个 IP 数据报都包含源和目标 IP 地址，每台主机上的 IP 层服务检查每个数据报的目标地址，再将这个地址与本地维护的路由表相比较，然后确定下一步的转发操作。IP 路由器连接到能够互相转发数据包的两个或更多个 IP 网段上。

TCP/IP 网段由 IP 路由器互相连接。IP 路由器是从一个网段向其他网段传送 IP 数据报的设备，这个传送过程叫做 IP 路由。IP 路由器将两个或更多个物理上相互分离的 IP 网段连接起来。所有的 IP 路由器都有两个基本特征：

（1）IP 路由器是多宿主主机。多宿主主机就是用两个或更多网络接口连接每个物理上分隔的网段的网络主机。

(2) IP 路由器可以转发其他 TCP/IP 主机发送的数据包。

IP 路由器与其他多宿主主机有一个重要的差别:IP 路由器必须能对其他 IP 网络主机转发基于 IP 的网间通信。可以使用多种硬件和软件产品来实现 IP 路由器。基于硬盒的路由器,即运行专门软件的硬件设备,是很普遍的。另外,可以使用基于路由和远程访问服务之类的软件(如在 Windows 2000 Server 的计算机上运行)的路由方案。

不管使用哪种类型的 IP 路由器,所有的 IP 路由都依靠路由表在网段之间通信。

TCP/IP 主机使用路由表维护有关其他 IP 网络及 IP 主机的信息,路由表为每个本地主机提供关于如何与远程网络和主机通信的所需信息,因此,路由表是很重要的。

对于 IP 网络上的每台计算机,可以使用与本地计算机通信所有计算机或网络的项目来维护路由表,但通常这是不实际的,因此可改用默认网关(IP 路由器)。当计算机准备发送 IP 数据报时,它将自己的 IP 地址和接收者的目标 IP 地址插入到 IP 报头,然后计算机检查目标 IP 地址,将它与本地维护的 IP 路由表相比较,根据比较结果执行相应操作。该计算机执行以下三种操作之一:

(1) 将数据报向上传到本地主机 IP 之上的协议层。

(2) 经过其中一个连接的网络接口转发数据报。

(3) 丢弃数据报。

IP 在路由表中搜索与目标 IP 地址最匹配的路由,从最精确的路由到最不精确的路由,并按以下顺序排列:

(1) 与目标 IP 地址匹配的路由(主机路由)。

(2) 与目标 IP 地址的网络 ID 匹配的路由(网络路由)。

(3) 默认路由。

如果没有找到匹配的路由,则 IP 丢弃该数据报。

5.4　IP 选路

选路是 IP 最重要的功能之一。图 5-3 所示为 IP 层处理过程的简单流程。从该图可以看出,更新路由表有三种方式:① 用 route 命令配置静态路由;② 由路由守护程序动态更新路由;③ 由 ICMP 重定向更新路由。

路由守护程序通常是一个用户进程。在 UNIX 系统中,大多数路由守护程序都是路由程序和网关程序。在某个给定主机上运行何种路由协议,如何在相邻路由器上交换选路信息,以及选路协议是如何工作的,所有这些问题都是非常复杂的。下文将简单讨论动态选路协议，如路由信息协议 RIP 和开放最短通路优先协议 OSPF。

图 5-3 所示的路由表经常被 IP 访问（在一个繁忙的主机上，1 s 内可能要访问几百次），但是它被路由守护程序更新的频率却要低得多（大约 30 s 一次）。当接收到 ICMP 重定向报文时，路由表也要被更新。

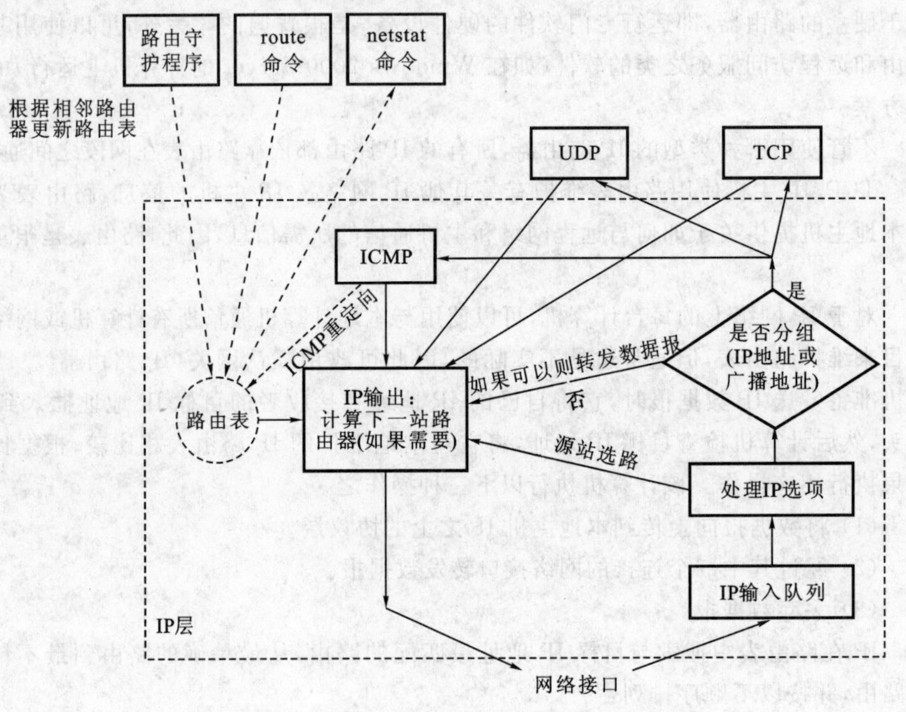

图 5-3 IP 层工作流程

5.4.1 选路的原理

开始讨论 IP 选路之前，首先要理解内核是如何维护路由表的。路由表中包含的信息决定了 IP 层所做的所有决策。

下面列出了 IP 搜索路由表的几个步骤：

(1) 搜索匹配的主机地址。

(2) 搜索匹配的网络地址。

(3) 搜索默认表项（默认表项一般在路由表中被指定为一个网络表项，其网络号为 0）。

匹配主机地址步骤始终发生在匹配网络地址步骤之前。

IP 层进行的选路实际上是一种选路机制，它搜索路由表并决定向哪个网络接口发送分组。这不同于选路策略，选路策略只是一组决定把哪些路由放入路由表的规则。IP 执行选路机制，而路由守护程序一般提供选路策略。

从概念上说，IP 路由选择是简单的，特别是对主机来说，如果目的主机与源主机直接相连（如点对点链路）或都在一个共享网络上，那么 IP 数据报就直接送到目的主机上；否则，主机把数据报发往默认的路由器上，由路由器来转发该数据报。大多数的主机都采用这种简单机制。

在本节将讨论更一般的情况，即 IP 层既可以配置成路由器的功能，也可以配置成主机的功能。目前的大多数多用户系统都包括几乎所有的 UNIX 系统，都可以配置成一个路由器，我们可以为 IP 层指定主机和路由器都可以使用的简单路由算法，但其本质的区别在于主机从不把数据报从一个接口转发到另一个接口，而路由器则要转发数据报。内含路由器功能（即有路由表）的主机应该从不转发数据报，除非它被设置成那样。

在一般的机制中，IP 可以从 TCP，UDP，ICMP 和 IGMP 接收数据报（即在本地生成的数据报）并进行发送，或者从一个网络接口接收数据报（待转发的数据报）并进行发送。IP 层在内存中有一个路由表，当收到一份数据报并进行发送时，它都要对该表搜索一次。当数据报来自某个网络接口时，IP 首先检查目的 IP 地址是否为本机的 IP 地址之一或者 IP 广播地址或组播地址。如果确实是这样，数据报就被送到由 IP 首部协议字段所指定的协议模块进行处理；如果数据报的目的不是这些地址，那么若 IP 层被设置为路由器的功能，就对数据报进行转发，否则就将数据报丢弃。

路由表中的每一项都包含下列信息：

（1）目的 IP 地址。它既可以是一个完整的主机地址，也可以是一个网络地址，由该表项中的标志字段来指定（如下所述）。主机地址有一个非 0 的主机号，用于指定某一特定的主机；网络地址中的主机号为 0，用于指定网络中的所有主机（如以太网、令牌环网等）。

（2）下一站（或下一跳）路由器（next-hop router）的 IP 地址，或者有直接连接的网络 IP 地址。下一站路由器是指一个在直接相连网络上的路由器，通过它可以转发数据报。下一站路由器不一定是最终的目的地，但是它可以把传送给它的数据报转发到最终目的主机。

（3）标志。其中一个标志指明目的 IP 地址是网络地址还是主机地址，另一个标志指明下一站路由器是真正的下一站路由器还是一个直接相连的接口。

（4）为数据报的传输指定一个网络接口。

IP 路由选择是逐跳（hop by hop）进行的。从路由表的信息可以看出，IP 并不知道到达任何目的主机的完整路径（除了那些与主机直接相连的目的主机），所有的 IP 路由选择只为数据报传输提供下一站路由器的 IP 地址。它假定下一站路由器比发送数据报的主机更接近目的，而且下一站路由器与该主机是直接相连的。

IP 路由选择主要完成以下的功能：

（1）寻找能与目的 IP 地址完全匹配的表项（网络号和主机号都要匹配）。如果找到，则把报文发送给该表项指定的下一站路由器或直接连接的网络接口(取决于标志字段的值)。

(2) 寻找能与目的网络号相匹配的表项。如果找到，则把报文发送给该表项指定的下一站路由器或直接连接的网络接口(取决于标志字段的值)。目的网络上的所有主机都可以通过这个表项来处置。例如，一个以太网上的所有主机都是通过这种表项进行寻径的，这种搜索网络的匹配方法必须考虑可能的子网掩码。

(3) 寻找标为"默认"(default)的表项。如果找到，则把报文发送给该表项指定的下一站路由器。

如果上面这些步骤都没有成功，那么该数据报就不能被传送。如果不能传送的数据报来自本机，那么一般会向生成数据报的应用程序返回一个"主机不可达"或"网络不可达"的错误。完整主机地址匹配在网络号匹配之前执行，只有当它们都失败后才选择默认路由。默认路由及下一站路由器发送的ICMP间接报文(如果为数据报选择了错误的默认路由就有可能产生这样的报文)是IP路由选择机制中功能强大的特性。

为一个网络指定一个路由器而不必为每个主机指定一个路由器，这是IP路由选择机制的另一个基本特性，这样做可以极大地缩小路由表的规模。

首先考虑一个简单的例子：主机bsdi有一个IP数据报要发送给主机sun，双方都在同一个以太网上，数据报的传输过程如图5-4所示。

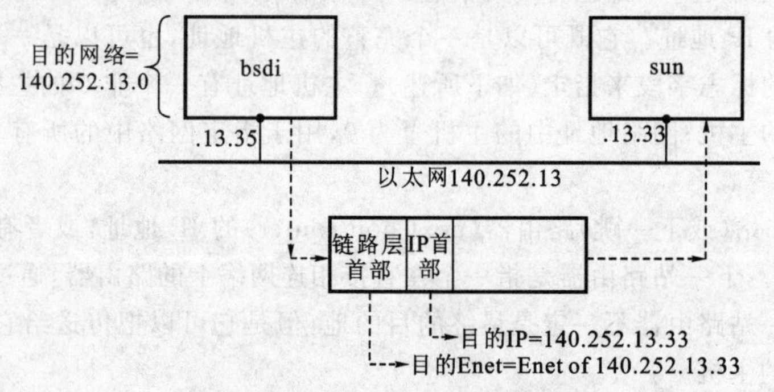

图5-4　数据报从bsdi到sun的传输

当IP从某个上层收到这份数据报后，就搜索路由表，发现目的IP地址(140.252.13.33)在一个直接相连的网络上(以太网140.252.13.0)，也就在表中找到匹配网络地址。

数据报被送到以太网驱动程序，然后作为一个以太网数据帧被送到sun主机上。IP数据报中的目的地址是sun的IP地址(140.252.13.33)，而在链路层首部中的目的地址是48位的sun主机的以太网接口地址。这个48位的以太网地址是用ARP协议获得的。

现在来看另一个例子：图5-5中，主机bsdi有一份IP数据报要传到ftp.uu.net

主机上，它的 IP 地址是 192.48.96.9，经过的前三个路由器如图中所示。

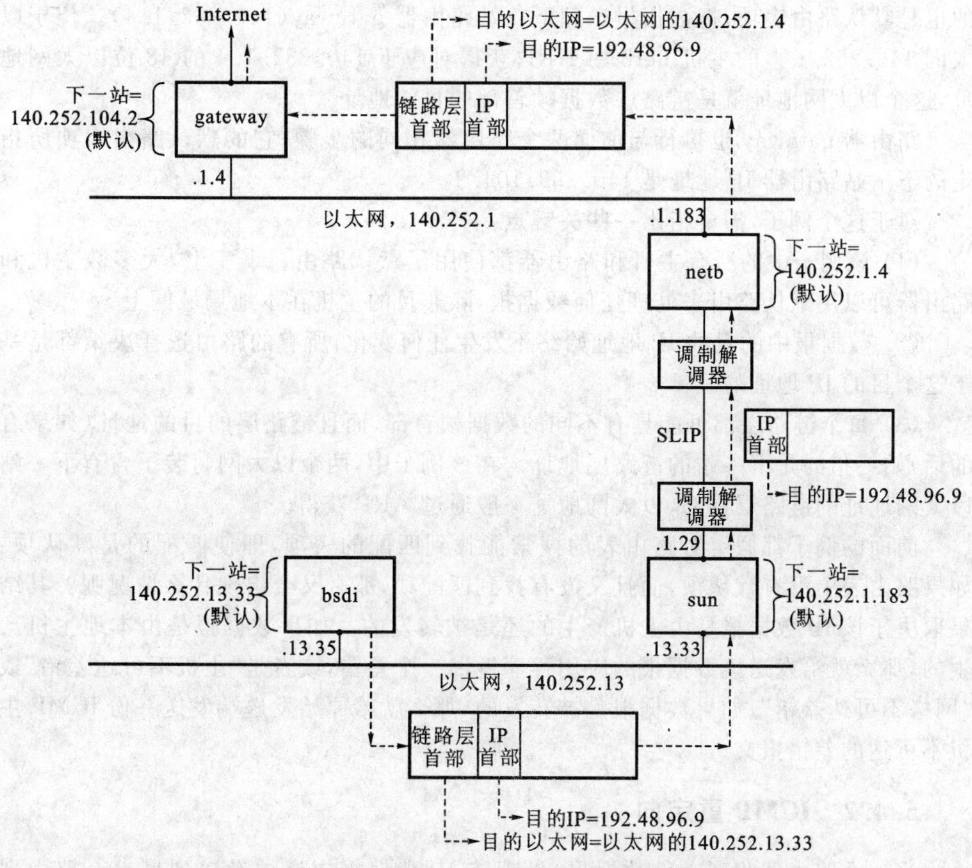

图 5-5 从 bsdi 到 ftp.uu.net(192.18.96.9)的初始路径

首先，主机 bsdi 搜索路由表，但是没有找到与主机地址或网络地址相匹配的表项，因此只能用默认的表项，把数据报传给下一站路由器，即主机 sun。当数据报从 bsdi 被传到 sun 主机上以后，目的 IP 地址是最终的信宿机地址(192.48.96.9)，但是链路层地址却是 sun 主机的以太网接口地址。这与图 5-4 不同，在图 5-4 中所示的数据报中目的 IP 地址和目的链路层地址指的都是相同的主机(sun)。

当 sun 收到数据报后，发现数据报的目的 IP 地址并不是本机的任一地址，而 sun 已被设置成具有路由器的功能，因此它把数据报进行转发。经过搜索路由表，选用了默认路由表项。根据 sun 的默认路由表项，把数据报转发到下一站路由器 netb(该路由器的地址是 140.252.1.183)。数据报是经过点对点 SLIP 链路被传送的，采用了最小封装格式。这里，我们没有给出像以太网链路层数据帧那样的首部，因为在 SLIP 链路中没有那样的首部。

当 netb 收到数据报后，执行与 sun 主机相同的步骤。数据报的目的地址不是本机地址，而 netb 也被设置成具有路由器的功能，于是它也对该数据报进行转发，采用的也是默认路由表项，把数据报送到下一站路由器 gateway(140.252.1.4)。位于以太网 140.252.1 上的主机 netb 用 ARP 获得对应于 140.252.1.4 的 48 位以太网地址，这个以太网地址就是链路层数据帧首部的目的地址。

路由器 gateway 也执行与前面两个路由器相同的步骤，它的默认路由表项所指定的下一站路由器 IP 地址是 140.252.104.2。

对于这个例子，需要指出一些关键点：

(1) 该例子中的所有主机和路由器都使用了默认路由。事实上，大多数主机和路由器可以用默认路由来处理任何数据报，除非目的主机在本地局域网上。

(2) 数据报中的目的 IP 地址始终不发生任何变化，所有的路由选择决策都是基于这个目的 IP 地址的。

(3) 每个链路层都可能具有不同的数据帧首部，而且链路层的目的地址(如果有的话)始终指的是下一站的链路层地址。在该例子中，两个以太网封装了含有下一站以太网地址的链路层首部，以太网地址一般通过 ARP 获得。

前面的例子都假定对路由表的搜索能找到匹配的表项，即使匹配的是默认项。如果路由表中没有默认项，而且又没有找到匹配项，那么又会出现什么情况呢？其结果取决于该 IP 数据报是由主机产生的还是被转发的。如果数据报是由本地主机产生的，那么就给发送该数据报的应用程序返回一个差错，或者是“主机不可达差错”或“网络不可达差错”；如果数据报是被转发的，那么就给原始发送端发送一份 ICMP 主机不可达的差错报文。

5.4.2 ICMP 重定向

当一个路由器收到一份数据报，发现该 IP 数据报应该被发送到另一个路由器时，收到数据报的路由器就要发送 ICMP 重定向差错报文给 IP 数据报的发送端。这在概念上是很简单的，正如图 5-6 所示的那样。只有在主机可以选择路由器发送分组的情况下，才可能看到 ICMP 重定向差错报文。

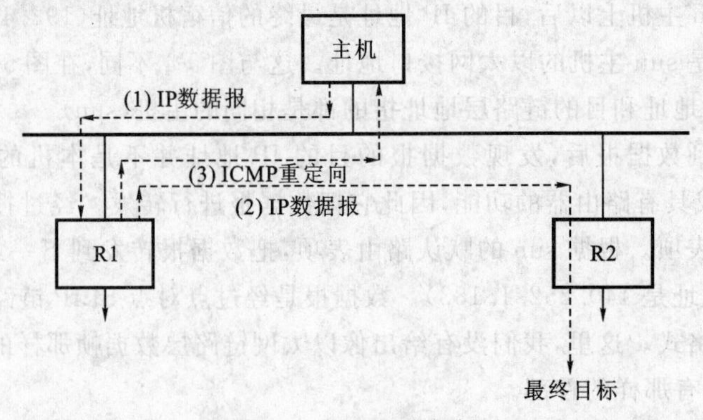

图 5-6 ICMP 重定向

(1) 假定主机发送一份 IP 数据报给 R1。这种选路决策经常发生,因为 R1 是该主机的默认路由。

(2) R1 收到数据报并且检查它的路由表,发现 R2 是发送该数据报的下一站。当它把数据报发送给 R2 时,R1 检测到它正在发送的接口与数据报到达的接口(即主机和两个路由器所在的 LAN)是相同的,这样就为路由器发送重定向报文给原始发送端提供了线索。

(3) R1 发送一份 ICMP 重定向报文给主机,告诉它以后把这样的数据报发送给 R2 而不是 R1。

(4) 主机收到 ICMP 重定向报文后修改路由表。

重定向一般用来让具有很少选路信息的主机逐渐建立起更完善的路由表。主机启动时路由表中可以只有一个默认表项(在图 5-6 中为 R1 或 R2)。一旦默认路由发生差错,默认路由器将通知它进行重定向,并允许主机对路由表进行相应的改动。ICMP 重定向允许 TCP/IP 主机在进行选路时不需要具备智能特性,而是把所有的智能特性放在路由器端。显然,在该例子中,R1 和 R2 必须知道有关相连网络的更多拓扑结构的信息,但是连在 LAN 上的所有主机在启动时只需一个默认路由,需通过接收重定向报文来逐步学习。

ICMP 重定向报文的格式如图 5-7 所示。

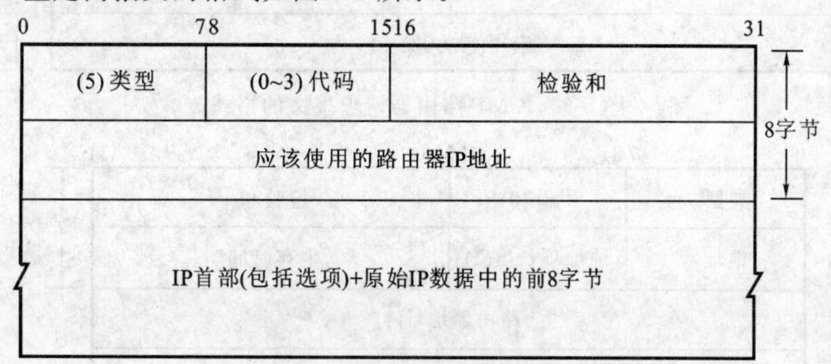

图 5-7　ICMP 重定向报文

有四种不同类型的重定向报文,它们有不同的代码值,如图 5-8 所示。

代码	描述
0	网络重定向
1	主机重定向
2	服务类型和网络重定向
3	服务类型和主机重定向

图 5-8　ICMP 重定向报文的不同代码值

ICMP 重定向报文的接收者必须查看三个 IP 地址:

(1) 导致重定向的 IP 地址(即 ICMP 重定向报文的数据位于 IP 数据报的首部)。

(2) 发送重定向报文的路由器的 IP 地址(包含重定向信息的 IP 数据报中的源地址)。

(3) 应该采用的路由器的 IP 地址(在 ICMP 报文中的 4～7 字节)。

关于 ICMP 重定向报文有很多规则。首先,重定向报文只能由路由器生成,不能由主机生成。其次,重定向报文是为主机而不是为路由器所使用的。第三,如果路由器启用了动态选路协议,则 ICMP 重定向就自动取消。

5.4.3 ICMP 路由器发现报文

在前面已提到过初始化路由表的方法有两种:一种是在配置文件中指定静态路由,这种方法经常用来设置默认路由;一种是利用 ICMP 路由器通告和请求报文。

一般认为主机在引导以后要先广播或多播传送一份路由器请求报文,一台或更多台路由器响应一份路由器通告报文。另外,路由器定期地广播或多播传送它们的路由器通告报文,允许每个正在监听的主机或路由器相应地更新它们的路由表。

RFC 1256 确定了这两种 ICMP 报文的格式。ICMP 路由器请求报文的格式如图 5-9 所示,ICMP 路由器通告报文的格式如图 5-10 所示。

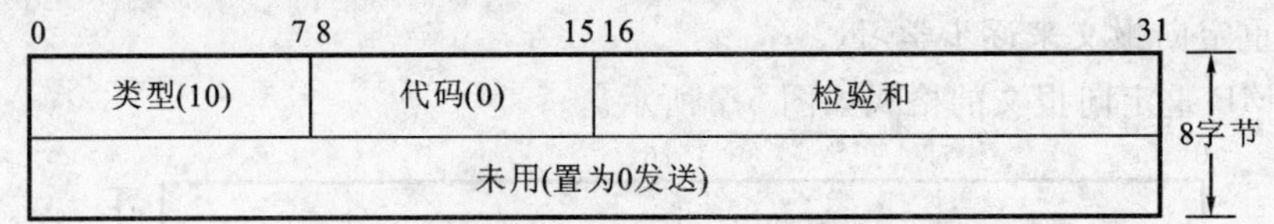

图 5-9　ICMP 路由器请求报文的格式

0　　　　7	8　　　　15	16　　　　　　31
类型(9)	代码(0)	检验和
地址数	地址项长度(2)	生存时间
路由器地址[1]		
优先级[1]		
路由器地址[2]		
优先级[2]		
...		

(前两行共 8字节)

图 5-10　ICMP 路由器通告报文的格式

IP 地址必须是发送路由器的某个地址。优先级是一个有符号的 32 位整数,指出该 IP 地址作为默认路由器地址的优先等级,这是与子网上的其他路由器相比较而言的。优先级的值越大,说明优先级越高。优先级为 0x80000000 说明对应的地址不能作为默认路由器地址使用,尽管它也包含在通告报文中。优先级的默认值一般为 0。

1）路由器操作

当路由器启动时，它定期在所有广播或多播传送接口上发送通告报文。准确地说，这些通告报文不是定期发送的，而是随机发送的，以减小与子网上其他路由器发生冲突的概率。一般两次通告报文发送的时间间隔为450 s或600 s。一份给定的通告报文默认生命周期是30 min。使用生命周期域的另一个时机是当路由器上的某个接口被关闭时。在这种情况下，路由器可以在该接口上发送最后一份通告报文，并把生命周期值设为0。

除了定期发送主动提供的通告报文外，路由器还要监听来自主机的请求报文，并发送路由器通告报文以响应这些请求报文。如果子网上有多个路由器，则由系统管理员为每个路由器设置优先等级。例如，主默认路由器要比备份路由器具有更高的优先级。

2）主机操作

主机在引导期间一般发送三份路由器请求报文，每3 s发送一次。一旦接收到一个有效的通告报文，就停止发送请求报文。

主机也监听来自相邻路由器的请求报文。这些通告报文可以改变主机的默认路由器。另外，如果没有接收到来自当前默认路由器的通告报文，那么默认路由器会超时。只要有一般的默认路由器，该路由器就会每隔10 min发送通告报文，报文的生命周期是30 min。这说明即使错过一份或两份通告报文，主机的默认表项也是不会超时的。

3）实现

路由器发现报文一般由用户进程（守护程序）创建和处理，例如在图5-3中就有另一个修改路由表的程序，它只增加或删除默认表项，守护程序必须把它配置成一台路由器或主机来使用。

这两种ICMP报文是新加的，不是所有的系统都支持它们。尽管RFC建议尽可能用IP多播传送，但是路由器发现还可以利用广播报文来实现。

5.5　动态路由协议

5.5.1　引言

顾名思义，动态路由协议是一些动态生成（或学习到）路由信息的协议。在计算机网络互联技术领域，可以如下定义路由：路由是指导IP报文发送的一些路径信息。动态路由协议是网络设备如路由器（router）学习网络中路由信息的方法之一，这些协议使路由器能动态地随着网络拓扑中产生的变化（如某些路径的失效或新路由的产生等)更新其保存的路由表,使网络中的路由器在较短的时间内无需网络管理员介入而自动地维持一致的路由信息,使整个网络达到路由收敛状态,从而保持网络的快速收敛和高可用性。

路由器学习路由信息、生成并维护路由表的方法包括直连(direct)路由、静态(static)路由和动态(dynamic)路由。直连路由是由链路层协议发现的,一般指去往路由器的接口地址所在网段的路径,该路径信息不需要网络管理员维护,也不需要路由器通过某种算法进行计算获得,只要该接口处于活动(active)状态,路由器就会把通向该网段的路由信息填写到路由表中。直连路由无法使路由器获取与其不直接相连的路由信息。静态路由是由网络规划者根据网络拓扑,使用命令在路由器上配置的路由信息。这些静态路由信息用于指导报文的发送。静态路由方式也不需要路由器进行计算,但是它完全依赖于网络规划者,当网络规模较大或网络拓扑经常发生改变时,网络管理员需要做的工作将非常复杂且容易产生错误。动态路由的方式使路由器能够按照特定的算法自动计算新的路由信息,适应网络拓扑结构的变化。

动态选路协议用于路由器间的通信。本节主要讨论 RIP,OSPF 和 BGP。

5.5.2 动态选路

动态路由是基于路由协议(routing protocol)实现的。路由协议定义了路由器与其他路由器通信时的一些规则。也就是说,路由协议规定了路由是如何来学习路由,是用什么标准来选择路由以及路由信息的行为等。

动态路由协议就像路由器之间用来交流的语言,通过它,路由器之间可以共享网络连接信息和状态信息。动态路由协议不局限于路径的选择和路由表的更新,当到达目的网络最优的路径出现问题时,动态路由协议可以在剩下的可用路径中选择下一个最优的路径进行代替。每一种动态路由协议都有它自己的路由算法。算法是解决问题的一系列的步骤,一个路由选择算法至少要具备以下几个必要的步骤:

(1) 向其他路由器传递路由信息。

(2) 接收其他路由器的路由信息。

(3) 根据收到的路由信息计算出到每个目的网络的最优路径,并由此生成路由表。

(4) 根据网络拓扑的变化及时做出反应,调整路由生成新的路由表,同时把拓扑变化以路由信息的形式向其他的路由器宣告。

当到达同一个网段有两条或两条以上的不同路径时,动态路由协议会选择一条最优的路径传输数据。路由协议是如何度量路径的优劣呢?例如,路由器 R1 可以选择从 R3 到达网段 192.168.0.0,也可以选择经过 R2 和 R3 到达网段 192.168.0.0,这时就需要路由协议使用一个合适的度量值来决定哪条路径是最优的。不同的路由协议使用不同的度量,有时还使用多个度量。常用的度量有:

(1) 跳数。

跳数(hop count)度量可以简单地记录路由器的跳数。例如,R1 要到达网段 192.168.0.0,如果选择跳数作为度量值来衡量链路的优劣,那么就会选择跳数较少的路径进行转发数据,即 R1—R3—192.168.0.0。

但是如果 R1—R3 之间的链路带宽只有 19.2 kbit/s,而 R1—R2—R3—192.168.0.0 的路径带宽却是 2 Mbit/s,那么认真考虑一下,R1—R3 真的是最优的路径吗?

(2) 带宽。

带宽(bandwidth)度量将会选择高带宽的路径,而不是低带宽的路径。如果用带宽作为度量值,那么应选择的路径是 R1—R2—R3—192.168.0.0。

然而带宽本身可能也不是一个好的度量值。假设有一条 12 Mbit/s 的链路被其他的流量过多地占用,那么与一个 128 kbit/s 的空闲链路相比到底哪个更好呢?与一条高带宽但时延也很大的链路相比又如何呢?

(3) 负载。

负载(load)度量反映了占用沿途链路的流量大小。较优的路径应该是负载最低的路径。与跳数和带宽不同,路径上的负载会发生很多的变化,因而度量也会随之发生变化。如果度量变化过于频繁,则路由摆动(最优的路径经常发生变化)可能经常发生。路由摆动会对路由器的 CPU、数据链路的带宽和全网稳定性产生负面的影响。

(4) 时延。

时延(delay)度量数据包经过一条路径所花费的时间。使用时延作为度量的路由选择协议将会选择最低时延作为最优的路径。有多种的方法可以度量时延。时延度量不仅要考虑链路的时延,而且要考虑路由的处理时延和队列时延等因素,但路由的时延可能根本无法度量。因此,时延可能是沿途各个接口所定义的静态时延的总和,其中每个独立的时延量都是基于连接接口的链路类型而估算得到的。

(5) 可靠性。

可靠性(reliability)度量用来度量链路在某种情况下发生故障的可能性。可靠性可以是变化的或是固定的。链路发生故障的次数或特定时间间隔内收到的错误的次数都是可靠性度量的例子。固定可靠性度量是基于管理员确定的一条链路的已知量,可靠性最高的路径将被优先选择。

(6) 成本。

成本(cost)是用来描述路由优劣的一个通用的术语。最小成本(最高成本)仅仅指的是路由选择协议基于自己特定的度量路径的一种看法。网络管理员可以对成本进行手动的定义。

(7) 收敛。

动态路由选择协议必须包含一系列的过程,这些过程用于路由器通过本地直连网络接收并处理来自其他路由器的同类信息,中继从其他路由器接收到的信息。此外,路由选择协议还需要定义决定最优路径的度量。对路由选择协议来说,另外一个标准是互联网上所有路由器的路由表中的可达信息必须是一致的。使所有路由表都达到一致状态的过程叫做收敛(convergence)。全网实现信息共享以及所有路由器计算最优路径所花费的时间总和是收敛时间。

相邻路由器之间进行通信,以告知对方每个路由器当前所连接的网络,这时就出现了动态选路。路由器之间必须采用选路协议进行通信,这样的选路协议有很多种。路由器上有一个进程称为路由守护程序(routing daemon),它运行选路协议,并与相邻的一些路由器进行通信。路由守护程序根据它从相邻路由器接收到的信息更新内核中的路由表。

动态选路并不改变内核在IP层的选路方式。这种选路方式称为选路机制(routing mechanism),其内核搜索路由表,查找主机路由、网络路由以及默认路由的方式并没有改变,仅仅是放置到路由表中的信息改变了——当路由随时间变化时,路由是由路由守护程序动态地增加或删除,而不是来自于引导程序文件中的route命令。

正如前面所描述的那样,路由守护程序将选路策略(routing policy)加入到系统中,选择路由并加入到内核的路由表中。如果守护程序发现前往同一信宿存在多条路由,那么它(以某种方法)将选择最佳路由并加入内核路由表中。如果路由守护程序发现一条链路已经断开(可能是路由器崩溃或电话线路不好),则它可以删除受影响的路由或增加另一条路由以绕过该问题。

在Internet这样的系统中,目前采用了许多不同的选路协议。Internet是以自治系统(Autonomous System,AS)的方式组织的,每个自治系统通常由单个实体管理。常常将一个公司或大学校园定义为一个自治系统。NSFNET的Internet骨干网形成一个自治系统,这是因为骨干网中的所有路由器都在单个的管理控制之下。

每个自治系统都可以选择该自治系统中各个路由器之间的选路协议。这种协议称为内部网关协议(Interior Gateway Protocol,IGP)或域内选路协议(Intradomain Routing Protocol)。最常用的IGP是选路信息协议RIP。一种新的IGP是开放最短路径优先(Open Shortest Path First,OSPF)协议,它意在取代RIP。另一种是1986年在原来NSFNET骨干网上使用的较早的IGP协议——HELLO,现在已经不用了。

新的RFC[Almquist 1993]规定,实现任何动态选路协议的路由器必须同时支持OSPF和RIP,还可以支持其他IGP协议。

外部网关协议(Exterior Gateway Protocol,EGP)或域内选路协议的分隔选路协议用于不同自治系统之间的路由器。改进的 EGP 有着一个与它名称相同的协议。新 EGP 是在当前 NSFNET 骨干网和一些连接到骨干网的区域性网络上使用的边界网关协议(Border Gateway Protocol,BGP)。BGP 意在取代 EGP。

5.5.3　路由信息协议(RIP)

1) 报文格式

RIP 报文包含在 UDP 数据报中,如图 5-11 所示。

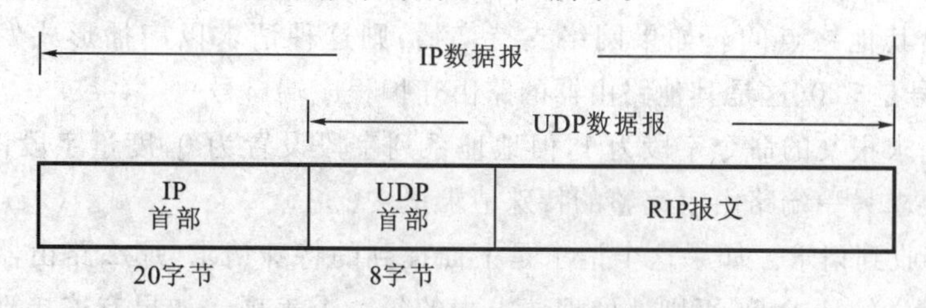

图 5-11　封装在 UDP 数据报中的 RIP 报文

图 5-12 给出了使用 IP 地址时的 RIP V1 的报文格式。

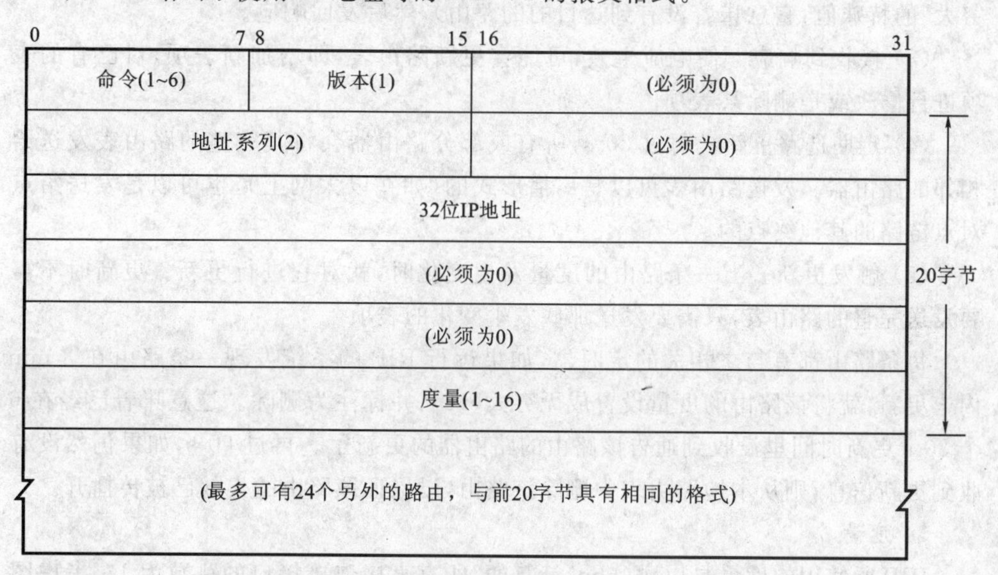

图 5-12　RIP V1 的报文格式

命令字段为 1 表示请求,2 表示应答。还有两个舍弃不用的命令(3 和 4)及两个非正式的命令(轮询 5 和轮询表项 6)。请求表示要求其他系统发送其全部或部分路由表,应答则包含发送者全部或部分路由表。

版本字段在 RIP V1 中为 1,而第 2 版 RIP 将此字段设置为 2。

紧跟在后面的 20 字节指定地址族(address family)(对 IP 地址来说,其值是 2)、

IP 地址以及相应的度量。在本节的后面可以看出，RIP 的度量是以跳计数的。

采用这种 20 字节格式的 RIP 报文可以通告多达 25 条路由。上限 25 用来保证 RIP 报文的总长度为 20×25+4=504，小于 512 字节。由于每个报文最多携带 25 个路由，因此为了发送整个路由表，经常需要多个报文。

2) 正常运行

(1) 初始化。启动一个路由守护程序时，它先判断启动了哪些接口，并在每个接口上发送一个请求报文，要求其他路由器发送完整的路由表。在点对点链路中，该请求是发送给其他终点的。如果网络支持广播，则这种请求以广播形式发送。目的 UDP 端口号是 520(这是其他路由器的路由守护程序端口号)。

这种请求报文的命令字段为 1，但地址系列字段设置为 0，度量字段设置为 16。这是一种要求另一端路由表完整的特殊请求报文。

(2) 接收到请求。如果这个请求是上面提到的特殊请求，那么路由器就将完整的路由表发送给请求者，否则就处理请求中的每一个表项。如果有连接到指明地址的路由，则将度量设置成相应的值，否则将度量设置为 16(度量为 16 是一种称为"无穷大"的特殊值，它意味着没有到达目的的路由)，然后发回响应。

(3) 接收到响应。使响应生效，可能会更新路由表，即增加新表项、对已有的表项进行修改或是删除某表项。

(4) 定期选路更新。每过 30 s，所有或部分路由器会将其完整的路由表发送给相邻的路由器。发送路由表可以是广播形式的(如在以太网上)，也可以是发送给点对点链路的其他终点的。

(5) 触发更新。当一条路由的度量发生变化时，就对它进行更新。更新时不需要发送完整的路由表，只需要发送那些发生变化的表项。

每条路由都有与之相关的定时器，如果运行 RIP 的系统发现一条路由在 3 min 内未更新，就将该路由的度量设置成无穷大(16)，并标注为删除。这意味着已经在 6 个 30 s 更新时间里没收到通告该路由的路由器的更新了。再过 60 s，如果仍然没有收到更新信息，则从本地路由表中删除该路由，以保证该路由的失效已被传播开。

3) 度量

RIP 所使用的度量是以跳(hop)计算的，所有直接连接接口的跳数为 1。考虑图 5-13 所示的路由器和网络，画出的 4 条虚线是广播 RIP 报文。

路由器 R1 通过发送广播到 N1 通告它与 N2 之间的跳数是 1(发送给 N1 的广播中通告它与 N1 之间的路由是无用的)，同时也通过发送广播到 N2 通告它与 N1 之间的跳数为 1。同样，R2 通告它与 N2 的跳数为 1，与 N3 的跳数为 1。

如果相邻路由器通告它与其他网络路由的跳数为 1，那么它与那个网络的度量就是 2，这是因为为了发送报文到该网络，必须经过那个路由器。在该例子中，R2 到

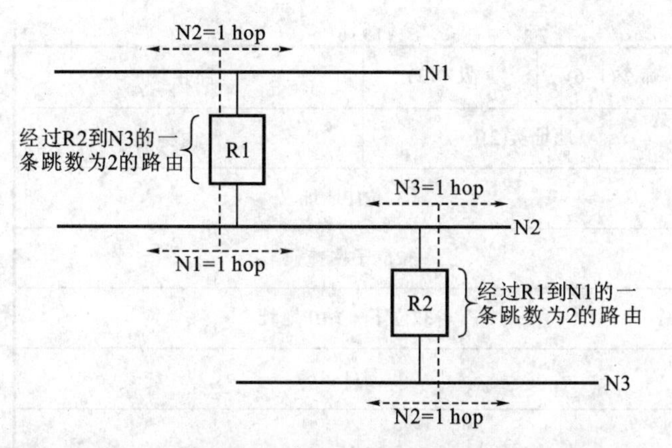

图 5-13 路由器和网络示例

N1 的度量是 2,与 R1 到 N3 的度量一样。

由于每个路由器都发送其路由表给邻站,因此可以判断在同一个自治系统(AS)内到每个网络的路由。如果在该 AS 内从一个路由器到一个网络有多条路由,那么路由器将选择跳数最小的路由,而忽略其他路由。跳数的最大值是 15,这意味着 RIP 只能用在主机间最大跳数值为 15 的 AS 内,度量为 16 表示无路由到达该 IP 地址。

4) 问题

这种方法看起来很简单,但它有一些缺陷。

首先,RIP V1 没有子网地址的概念。例如,如果标准的 B 类地址中 16 位的主机号不为 0,那么 RIP 无法区分非零部分是一个子网号还是一个主机地址。

其次,在路由器或链路发生故障后,需要很长的一段时间(通常需要几分钟)才能稳定下来。在这段时间里,可能会发生路由环路。在实现 RIP 时,必须采用很多微妙的措施来防止路由环路的出现,并使其尽快建立。RFC 1058[Hedrick 1988a]中指出了很多实现 RIP 的细节。

采用跳数作为路由度量忽略了其他一些应该考虑的因素,同时度量最大值为 15 限制了可以使用 RIP 的网络规模的大小。

5) RIP V2

RFC 1388 [Malkin 1993a]中对 RIP 定义进行了扩充,通常称其结果为 RIP V2。这些扩充并不改变协议本身,而是利用 RIP 字段中的一些标注为"必须为 0"的字段来传递一些额外的信息。如果 RIP 忽略这些必须为 0 的字段,那么 RIP 和 RIP V2 可以互操作。

图 5-14 重新给出了由 RIP V2 定义的报文格式。对 RIP V2 来说,其版本字段为 2。

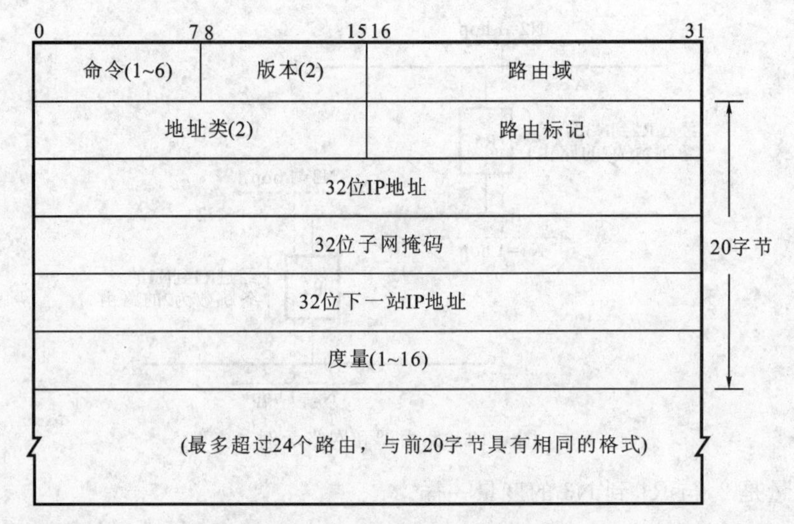

图 5-14　RIP V2 的报文格式

选路域(routing domain)是一个选路守护程序的标识符,它指出了这个数据报的所有者。在一个 UNIX 实现中,它可以是选路守护程序的进程号。该域允许管理者在单个路由器上运行多个 RIP 实例,每个实例在一个选路域内运行。

选路标记(routing tag)是为了支持外部网关协议而存在的,它携带着一个 EGP 和 BGP 的自治系统号。

每个表项的子网掩码应用于相应的 IP 地址上。

下一站 IP 地址指明发往目的 IP 地址的报文发往哪里。该字段为 0 意味着发往目的地址的报文应该发给发送 RIP 报文的系统。

RIP V2 提供了一种简单的鉴别机制,指定 RIP 报文的前 20 字节表项地址系列为 0xffff,路由标记为 2,表项中的其余 16 字节包含一个明文口令。

RIP V2 除了支持广播外,还支持多播,这可以减少不收听 RIP V2 报文的主机的负载。

5.5.4　开放最短路径优先协议(OSPF)

1）概述

近几年来,随着计算机网络应用的蓬勃发展,新的网络产品和网络技术得到了进一步的发展,这些又使计算机网络规模的扩展成为可能。

OSPF(Open Shortest Path First)是一种广泛使用的路由协议。采用 OSPF 协议的自治系统,经过合理的规划可以有效地扩展计算机网络的规模。

OSPF 是除 RIP 外的另一个内部网关协议,它克服了 RIP 的所有限制。与采用距离向量的 RIP 协议不同的是,OSPF 是一个链路状态协议。RIP 发送的报文包含一个距离向量(跳数),每个路由器都根据它所接收到邻站的这些距离向量来更新自己的路由表。在一个链路状态协议中,路由器并不与其邻站交换距离信息,而是每个路由器主动地测试与其邻站相连链路的状态,并将这些信息发送给它的其他邻站,而邻站将这些信息在自治系统中传播出去。每个路由器接收这些链路状态信息,并建立起完整的路由表。

从实际角度来看,二者的不同点是链路状态协议总是比距离向量协议收敛得更快。收敛的意思是在路由发生变化后,例如在路由器关闭或链路出故障后,可以稳定下来。

OSPF 和 RIP(以及其他选路协议)的不同点在于,OSPF 直接使用 IP 数据报进行传输,也就是说,它并不使用 UDP 或 TCP。对于 IP 首部的协议字段,OSPF 有其自己的值。

另外,作为一种链路状态协议,OSPF 相较于 RIP 具体以下优点:

(1) 可以对每个 IP 服务类型计算各自的路由集。这意味着对于任何目的,都可以有多个路由表表项,且每个表项对应着一个 IP 服务类型。

(2) 给每个接口指派一个无维数的费用。可以通过吞吐率、往返时间、可靠性或其他性能来进行指派,也可以给每个 IP 服务类型指派一个单独的费用。

(3) 当同一个目的地址存在着多个相同费用的路由时,OSPF 在这些路由上平均分配流量,我们称之为流量平衡。

(4) 支持子网,子网掩码与每个通告路由相连,这样就允许将一个任何类型的 IP 地址分割成多个不同大小的子网(称之为变长子网)。到一个主机的路由是通过全 1 的子网掩码进行通告的,默认路由是以 IP 地址为 0.0.0.0、子网掩码为全 0 进行通告的。

(5) 路由器之间的点对点链路不需要每端都有一个 IP 地址(我们称之为无编号网络),这样可以节省 IP 地址这一非常紧缺的资源。

(6) 采用了一种简单的鉴别机制。可以采用类似于 RIP V2 机制的方法指定一个明文口令。

(7) 采用多播,而不是广播形式,以减少不参与 OSPF 的系统负载。随着越来越多厂商的支持,在很多网络中 OSPF 将逐步取代 RIP。

OSPF 全称为开放最短路径优先。“开放”表明它是一个公开的协议,由标准协议组织制定,各厂商都可以得到协议的细节。“最短路径优先”是指该协议在进行路由计算时执行的算法。OSPF 是目前内部网关协议中使用最广泛、性能最优的一个协议,它具有以下特点:

(1) 可适应大规模的网络。

(2) 路由变化收敛速度快。

(3) 无路由回环。

(4) 支持变长子网掩码(VLSM)。

(5) 支持等值路由。

(6) 支持区域划分。

(7) 提供路由分级管理。

(8) 支持验证。

(9) 支持以组播地址发送协议报文。

采用OSPF协议的自治系统,经过合理的规划可支持超过1 000台路由器,这一性能是距离向量协议如RIP等无法比拟的。距离向量路由协议通过周期性地发送整张路由表来使网络中路由器的路由信息保持一致。这一机制浪费了网络带宽并引发了一系列问题,下面将对此进行简单的介绍。

路由变化收敛速度是衡量一个路由协议好坏的关键因素之一。在网络拓扑发生变化时,网络中的路由器能否在很短的时间内相互通告所产生的变化并进行路由的重新计算,是网络可用性的一个重要方面。

OSPF协议采用一些技术手段(如SPF算法、邻接关系等)避免了路由回环的产生。在网络中,路由回环的产生将导致网络带宽资源的极大耗费,甚至使网络不可用。OSPF协议从根本(算法本身)上避免了回环的产生。采用距离向量协议的RIP等协议,产生路由回环是不可避免的。为了完善这些协议,只能采取若干措施,在回环发生前降低其发生的概率,在回环发生后减小其影响的范围和时间。

在IP(IPv4)地址日益匮乏的今天,对一个路由协议来说,能否支持变长子网掩码(VLSM)来节省IP地址资源是非常重要的,而OSPF协议能够满足这一要求。

在采用OSPF协议的网络中,如果通过OSPF协议计算出到达同一目的地有两条以上代价(metric)相等的路由,该协议就可以将这些等值路由同时添加到路由表中。这样,在进行转发时就可以实现负载分担或负载均衡。

从支持区域划分和路由分级管理上看,OSPF协议适合在大规模的网络中使用。

从协议本身的安全性上看,OSPF协议使用验证机制,在邻接路由器间进行路由信息通告时可以指定密码,从而确定邻接路由器的合法性。

与广播方式相比,用组播地址来发送协议报文可以节省网络带宽资源。

从衡量路由协议性能的角度上看,OSPF协议确实是一个比较先进的动态路由协议,这也是它被广泛采用的主要原因。

2) OSPF报文

(1) OSPF协议报文。

OSPF使用五种类型的路由协议包,在各个路由器间进行交换信息,如表5-7所示。

表 5-7　OSPF 路由协议包的类型

包类型	目　的
Hello 协议包	发现和维护邻居
数据库描述	汇总数据库内容
链路状态请求	数据库下载
链路状态更新	数据库上载
链路状态确认	扩散确认

每种协议包都包含 24 字节的 OSPF 协议包的首部，如图 5-15 所示。

<table>
<tr><td>版本号</td><td>类型</td><td colspan="2">包长度</td></tr>
<tr><td colspan="4">路由器 ID</td></tr>
<tr><td colspan="4">区域 ID</td></tr>
<tr><td colspan="2">检验和</td><td colspan="2">AuType</td></tr>
<tr><td colspan="4">身份验证</td></tr>
<tr><td colspan="4">身份验证</td></tr>
</table>

图 5-15　OSPF 协议包的首部

Hello 协议用于寻找和维护路由器所连网络上的邻居关系。通过周期性地发出 Hello 包，可以确定和维护邻居路由器接口是否仍在起作用。Hello 包通常被发送到网络上的每个活动的路由器接口。在广播和非广播的多点访问的网络上，DR (Designated Router)和 BDR (Backup Designated Router)的选举也是通过 Hello 包来完成的。在不同的物理网络上，Hello 包的目的地址是不同的。在点对点和广播网络上，其目的地址是 All SPF Router(224. 0. 0. 5)；在虚链路上，其目的地址是单播，也就是从虚链路的源端直接发送到链路的另一端；而在点对多点的网络上，分离的 Hello 包分别被发送到相连的每一个邻居；在非广播的多点访问网络上，Hello 包的发送要看各个路由器的配置信息。

数据库描述包是类型为 2 的 OSPF 包。路由器在形成邻接过程中互相交换数据库描述包(它们描述链路状态数据库)。根据接口数和网络数，可能有不止一个数据库描述包来传输整个链路状态数据库。在交换的过程中，所涉及的路由器建立主从关系，主路由器发送包，而从路由器通过使用数据库描述(Database Description，DD)序列号认可接收到的包。接口 MTU 域指示通过该接口可发送的最大 IP 包长度，当通过虚链路发送包时，这个域设置为 0。选项域包含 3 位，用于显示路由器的能力。其中：I 位是 Init 位，是数据库序列中的第一个包，设置为 1；M 位设置为 1，表示在序列中还有更多的数据库描述包；MS 位是主从位，在数据库描述包交换期间，1 表示路由器是主路由器，0 表示路由器是从路由器。包的其余部分是一个或多个链路状态确认(Link State Acknowledgement,LSA),如图 5-16 所示。

Interface MTU	Options	00000	I	M	MS
DD Sequence Number					
An LSA Header					

图 5-16　数据库描述包格式

链路状态请求包是类型为 3 的 OSPF 包,其格式如图 5-17 所示。当两个路由器完成交换数据库描述包时,路由器可检测链路状态数据库是否过时。若过时,则路由器可请求新的数据库描述包。

LSA类型
链路状态ID
宣告路由器

图 5-17　链路状态请求包格式

链路状态更新包是类型为 4 的 OSPF 包,用于实现 LSA 的传播。链路状态更新包格式如图 5-18 所示。每个链路状态更新包包含一个或多个 LSA,而且每个包通过链路状态确认包来认可。

LSA的个数
LSA

图 5-18　链路状态更新包格式

链路状态确认包是类型为 5 的 OSPF 包,其格式中除了 OSPF 包的首部外,还包括 LSA 的首部。这些包发送到三个地址之一:多点传送地址(All DR Routers)、多点传送地址(All SPF Routers)或单点传送地址。

(2) OSPF 包承载的内容。

① 路由器链路状态宣告。

路由器为每个有活动 OSPF 接口的区域生成一个路由器 LSA,包含在路由器 LSA 中的信息是路由器接口在该区域中的状态,而 LSA 在整个区域传播。进入一个区域的所有路由器接口必须在一个路由器 LSA 中说明。链路状态 ID 域是路由器的 OSPF ID。VEB 位用于确定路由器可能有的链路类型。V 位用于显示路由器虚拟链路的端点。

链路 ID 标识路由器的接口所连接的对象。链路 ID 一般等于邻居路由器的链路状态 ID。链路数据域的内容取决于链路类型。如果路由器与存根区域连接,那么这个域将包含这个网络的 IP 地址掩码。对于其他类型的链路，这个域包含分配给该接口的 IP 地址。服务类型域通常设置为 0，最后的值是度量值，或链路的费用。

② 网络链路状态宣告。

网络 LSA 是类型为 2 的 LSA，是由支持两个或多个路由器的每个广播和 NBMA网络所生成的。网络 LSA 是由网络的 DR 创建的。这个 LSA 描述了连接到网络的所有路由器，包括 DR 本身。链路状态 ID 是 DR 到这个区域的接口的 IP 地址。

③ 汇总链路状态宣告。

类型 3 和类型 4 的 LSA 是汇总链路状态宣告。汇总 LSA 由区域边界路由器生成，用于说明区域的目标。3 型汇总 LSA 有 IP 地址目标，链路状态 ID 是 IP 的网络号。4 型汇总 LSA 以一个自治系统边界路由器为其目标，链路状态 ID 是 OSPF 路由器的 ID。链路状态 ID 是两种类型 LSA 包之间的唯一区别。

④ 外部自治系统链路状态宣告。

类型 5 是 AS-External LSA，用于说明自治系统外的网络。AS-External LSA 用于说明到外部网络的路由。链路状态 ID 域包含 IP 网络号或 0.0.0.0。如果它描述一个默认路由，则此时的掩码也是 0.0.0.0。

3）OSPF 协议的运行

(1) Hello 协议的运行。

Hello 协议的作用是发现和维护邻居关系、选举 DR 和 BDR。在广播型网络上，每个路由器周期性地广播 Hello 包(目的地址是 All SPF Router)，以便能被邻居发现。每个路由器的每个接口都有一个相关的接口数据结构，当 Hello 包里的特定参数(如 Area ID，Authentication，Network Mask，HelloInterval，RouterDeadInterval 和 Options Values)相匹配时，Hello 包才能被接收。Hello 包中包含着本路由器所希望选举的 DR 和 DR 的优先级、BDR 和 BDR 的优先级，还有本路由器通过交换 Hello 协议包所“看”到的其他路由器。从 Hello 包里得到的邻居被放在路由器的邻居列表里。当从接收到的 Hello 包里看到自己时，就建立了双向通信。只有建立双向通信的路由器才有可能建立连接(adjacency)关系。能否建立连接关系，还要看连接两个邻居的网络的类型。通过 Hello 协议包的交换，可以知道希望成为 DR 和 BDR 的路由器以及它们的优先级，那么接下来的工作就是选举 DR 和 BDR。

(2) DR 和 BDR 的产生。

在初始状态下，一个路由器的活动接口设置 DR 和 BDR 为 0.0.0.0，这意味着没有 DR 和 BDR 被选举出来。同时设置 Wait Timer，其值为 RouterDeadInterval，作用是如果在这段时间内没有收到有关 DR 和 BDR 的宣告，那么就宣告自己为 DR 或 BDR。经过 Hello 协议交换过程后，每个路由器都获得了希望成为 DR 和 BDR 的那些路由器的信息,然后按照下列步骤选举 DR 和 BDR。

① 在同一个路由器或多个路由器建立双向通信后,检查每个邻居 Hello 包里的优先级、DR 和 BDR 域,列出所有符合 DR 和 BDR 选举的路由器(它们的优先级要大于 0,接口状态要大于双向通信),并列出所有 DR 和 BDR。

② 从这些合格的路由器中建立一个没有宣称自己为 DR 的子集(因为宣称为 DR 的路由器不能选举成为 BDR)。

③ 如果在这个子集里有一个或多个邻居(包括它自己的接口)在 BDR 域宣称自己为 BDR,则选举具有最高优先级的路由器。如果优先级相同,则选择具有最高 Router ID 的那个路由器为 BDR。

④ 如果在这个子集里没有路由器宣称自己为 BDR,则在它的邻居路由器中选择具有最高优先级的路由器为 BDR。如果优先级相同,则选择具有最大 Router ID 的路由器为 BDR。

⑤ 在宣称自己为 DR 的路由器列表中,如果有一个或多个路由器宣称自己为 DR,则选择具有最高优先级的路由器为 DR。如果优先级相同,则选择具有最大 Router ID 的路由器为 DR。

⑥ 如果没有路由器宣称自己为 DR,则将最新选举的 BDR 作为 DR。

⑦ 如果是第①步选举某个路由器为 DR/BDR 或没有 DR/BDR 被选举,则要重复第②到⑥步,然后是第⑧步。

⑧ 将选举出来的路由器的端口状态进行相应的改变,DR 的端口状态为 DR,BDR 的端口状态为 BDR,否则为 DR other。

在多路访问网络中,DR 和 BDR 与该网络内所有其他的路由器建立邻接关系,这些邻接关系也是该网络内全部的邻接关系。

DR 和 BDR 的引入简化了网络的逻辑拓扑结构,将一个网状网络转变成一个星型网络,使协议包的扩散、计算变得简单,并有效避免了邻接关系震荡的发生。

(3) 链路状态数据库的同步。

在 OSPF 中,保持区域范围内的所有路由器的链路状态数据库同步极为重要。通过建立并保持邻接关系,OSPF 可使具有邻接关系的路由器的数据库同步,进而保证了区域范围内所有路由器数据库的同步。

数据库同步过程从建立邻接关系开始,在完全邻接关系建立时完成。当路由器的端口状态为 ExStart 时,路由器通过发送一个空的数据库描述包来协商“主从”关系及数据库描述包的序号,Router ID 大的为主,反之为从。

序号以主路由器产生的初始序号为基准,以后的每一次数据库描述包的发送,序号都要加 1。主路由器发送链路状态描述包(数据库描述包),从路由器接收链路状态描述包后检查自己的链路状态数据库,如果发现链路状态数据库里没有该项,则添加该项，并将该项加入链路状态请求列表，准备向主路由器请求新的链路状态，并向主路由器发送确认包。主路由器收到链路状态请求包后，发出链路状态更新包，进行链路状态的更新。从路由器收到链路状态更新包后，发出确认包进行确认，表示收到该更新包，否则主路由器在重发定时器的启动下进行重复发送。路由器通过向它的邻居路由器发送数据库描述包（每个数据库描述包由一组链路状态广播组成）来描述自己的数据库，邻居路由器接收该数据库描述包并返回确认消息。这两个路由器形成了一种“主从”关系，只有主路由器能够向从路由器发送数据库描述包，反之则不行。当所有的数据库请求包都被主路由器处理后，主从路由器就进入邻接完成状态。当 DR 与整个区域内所有的路由器都完成邻接关系后，整个区域中所有路由器的数据库也就同步了。

(4) 路由表的产生和查找。

当链路状态数据库达到同步以后，各个路由器就利用同步的数据库以自己为根节点来并行地计算最优树，从而形成本地的路由表。

当收到 IP 包需要查询路由表时，按照以下规则完成路由查找。

① 在路由表中选择相匹配的路由记录。相匹配的记录是指需转发的 IP 包的目的地址“落在”该匹配路由记录的目的地址范围内的记录（该匹配记录可能有多个）。例如，如果有路由表项为 172.16.64.0/18，172.16.64.0/24 和 172.16.64.0/27 供目的地址 172.16.64.205 选择，则选择最后一项，因为它是最匹配的一个。也就是说，要选择一个掩码最长的一个。缺省路由是最后要选择的，因为它的掩码最短。如果没有匹配的路由表项供选择，则由 ICMP 发送一个目标不可到达的控制报文，且该 IP 包将被丢弃。

② 如果有多个路径匹配，则根据路由的类型进行进一步的选择，其优先级依次为区域内的路径和区域间的路径。

③ 如果有类型和费用都相等的多条路径，则 OSPF 将同时利用它们。

④ 最后利用所寻找的路径来进行 IP 包的转发。

5.5.5 边界网关协议(BGP)

BGP 在 TCP/IP 网中实现域间路由。BGP 是一种外部网关协议（EGP），它在多个自治系统或域间执行路由，与其他 BGP 系统交换路由和可到达信息。

BGP 系统与其他 BGP 系统之间交换网络可到达信息包括数据到达这些网络所必须经过的自治系统 AS 中的所有路径。这些信息足以构造一幅自治系统连接图，可以根据该连接图删除选路环，制订选路策略。

首先要将一个自治系统中的 IP 数据报分成本地流量和通过流量。在自治系统中，本地流量是起始或终止于该自治系统的流量。也就是说，其信源 IP 地址或信宿

IP 地址所指定的主机位于该自治系统中。其他的流量称为通过流量。在 Internet 中使用 BGP 的一个目的就是减少通过流量。

可以将自治系统分为以下几种类型：

(1) 残桩自治系统(stub AS)，它与其他自治系统只有单个连接。stub AS 只有本地流量。

(2) 多接口自治系统(multihomed AS)，它与其他自治系统有多个连接，但拒绝传送通过流量。

(3) 转送自治系统(transit AS)，它与其他自治系统有多个连接，在一些策略准则之下可以传送本地流量和通过流量。

这样，可以将 Internet 的总拓扑结构看成是由一些残桩自治系统、多接口自治系统以及转送自治系统的任意互联。残桩自治系统和多接口自治系统不需要使用 BGP，它们通过运行 EGP(外部网关协议)在自治系统之间交换可到达信息。

BGP 允许使用基于策略的选路。自治系统管理员制订策略，并通过配置文件将策略指定给 BGP。制订策略并不是协议的一部分，但指定策略允许 BGP 在存在多个可选路径时实现路径选择，并控制信息的重发送。选路策略与政治、安全或经济因素有关。

BGP 与 RIP 和 OSPF 的不同之处在于 BGP 使用 TCP 作为其传输层协议，两个运行 BGP 的系统之间建立一条 TCP 连接，然后交换整个 BGP 路由表，之后在路由表发生变化时，再发送更新信号。

BGP 是一个距离向量协议，但是与(通告到目的地址跳数的)RIP 不同的是，BGP 列举了到每个目的地址的路由(自治系统到达目的地址的序列号)，这样就排除了一些距离向量协议的问题。BGP 采用 16 位数字表示自治系统标识。

BGP 通过定期发送 keepalive 报文给其邻站来检测 TCP 连接对端的链路或主机失败。两个报文之间的时间间隔建议为 30 s。应用层的 keepalive 报文与 TCP 的 keepalive 选项是独立的。

5.6 IP 广播与多播

单播(unicast)是对特定的主机进行数据传送，例如给某一个主机发送 IP 数据包。这时，数据链路层给出的数据报头中是非常具体的目的地址。目前具有路由功能的主机可以将单播数据定向转发，目的主机的网络接口可以过滤掉和自己 MAC 地址不一致的数据。

广播(broadcast)是主机针对某一个网络上的所有主机发送数据包。这个网络可能是一个网络,也可能是一个子网,还可能是所有的子网。广播所用的MAC地址为FF-FF-FF-FF-FF-FF,网络内的所有主机都会收到这个广播数据,网卡只要把MAC地址为FF-FF-FF-FF-FF-FF的数据交给内核就可以了。地址解析协议ARP和路由协议RIP是以广播的形式播发的。

多播(multicast)就是给一组特定的主机(多播组)发送数据,这样数据的播发范围会小一些。可以说广播是多播的特例。

广播和多播的性质是一样的,路由器会把数据放到局域网里,然后网卡对这些数据进行过滤,只接收自己打算要的数据,如自己感兴趣的多播数据、组播数据。当一个主机运行了一个处理某一个多播IP的进程时,这个进程会给网卡绑定一个虚拟的多播MAC地址,并给出一个多播IP。这样,网卡就会让带有这个多播MAC地址的数据进来,从而实现通信,而那些没有监听这些数据的主机就会把这些数据过滤掉。

IP多播使用了D类的IP地址,因此若IP地址的前四位为"1110",则认为是多播地址,剩下的28位为多播地址的分组号码。

IP多播地址的范围规定为从224.0.0.0开始到239.255.255.255结束,其中从224.0.0.0开始到224.0.0.255结束的地址不进行路由控制。这就是说,在路由控制信息中,这个地址范围相当于在一个地址段以上的计算机网络中发送数据,不需要路由控制的情况。例如在从224.0.0.0开始到224.0.0.255结束的地址范围内发送多播包,除了这个地址以外的全部计算机网络组的成员都可以收到这个包。为了表示一个特定的所属的组,人们使用了因特网群组管理协议(Internet Group Management Protocol,IGMP)。

多播数据不能用TCP传输,只能用UDP传输。关于多播的内容将在第7章详细介绍。

5.7　IP分片与重组

数据链路不同,最大传输单元(Maximum Transmission Unit,MTU)也不同。由于IP协议是数据链路的上一层,所以它必须不受数据链路的MTU大小的影响才能够加以利用。当IP数据报太大时,就要采用分片技术,以保证数据帧不大于要通过的网络的MTU。

5.7.1　IP数据报的分片和处理

IP协议除了具有路由寻址功能外,另一个重要的功能就是IP数据报的分片处理。每个数据链路层能够确定发送的一个帧的最大长度称为最大传输单元。在

Ethernet 中，MTU 为 1 500 字节；在 FDDI 中，MTU 为 4 352 字节；在 IP over ATM 中，MTU 为 9 180 字节。

如果要发送的 IP 数据报比数据链路层的 MTU 大，则无法发送该数据报。对于来自于上一层的 IP 协议，当要求发送的 IP 数据报比数据链路层的 MTU 大时，必须把该数据报分割成多个 IP 数据报才能发送。另外，在进行通信的各台主机之间，存在着 MTU 不同的数据链路；在发送的过程中，也有 MTU 缩小的情况发生。当出现上述情况时，在发送过程中必须有一台能够进行分片处理的路由器。

接收端主机必须对经过分片处理后的 IP 数据报进行还原处理。在中继路由器中，虽然路由器进行了分片处理，但并不进行还原处理。另外，经分片处理的 IP 数据报只有经过还原处理后才能还原成原来的 IP 数据报，才可以向上一层的模块传递数据。

这样做有许多理由。例如，经过分片处理的 IP 数据报不能保证都经过同一个路由，因此，在通信的过程中即使在等待某一个包，该包也有可能不到达接收端。如果在通信的过程中进行重组，则在通过其他路由器时还可能或者必须进行分片处理。考虑到这些复杂因素，可以知道在通信的过程中若要进行比较细的控制，会给路由器带来很大的负担。仅仅考虑到这一点，上述方法就不是高效率的。因此，可以看出，只有在终点的接收端主机中将经过分片处理的包进行重组才是比较合理的。

下面分析一个实例。因为 Ethernet 中的 MTU 为 1 500 字节，所以它不能发送一个帧为 4 324 字节的数据，因此，路由器需要将 IP 数据报分成 3 段之后再进行发送。在需要时，分片处理可以反复循环多次。分片处理是以 8 字节为单位进行的，如图 5-19 所示。

图 5-20 所示为一个在中继路由器中必须进行分片处理的例子。主机 A 和主机 B 通过路由器 A 连接在一起。主机 A 和路由器 A 之间的 MTU 为 4 352 字节，路由器 A 和主机 B 之间的 MTU 为 1 500 字节。下面来看一下主机 A 发送 2 000 字节的 IP 数据报的情况。

路由器 A 在发送这个包时，必须进行分片处理。在分片处理过程中，IP 报头的标识符(ID)和段移位量(FO)起着重要的作用。标识符(ID)是在发送 IP 数据报的发送端主机中所附加的号码，在到达目的主机之前该号码并不发生变化。在中继路由器 A 中，当分割 IP 数据报时，也原封不动地拷贝该值。段移位量(FO)表示分割前的数据的位置，但是在段移位量的域中，存储着能够被 8 整除的数值。这就是说，图 5-20中的第二个段位移量为 1 480÷8=185。

如果不是最后的段，则必须将具有更多段的标志(MF)设置为 1；如果是最后的段，则将 MF 设置为 0。

另外，在不进行分片时，将段移位量设置为 0，同时将具有更多段的标志设置为 0。

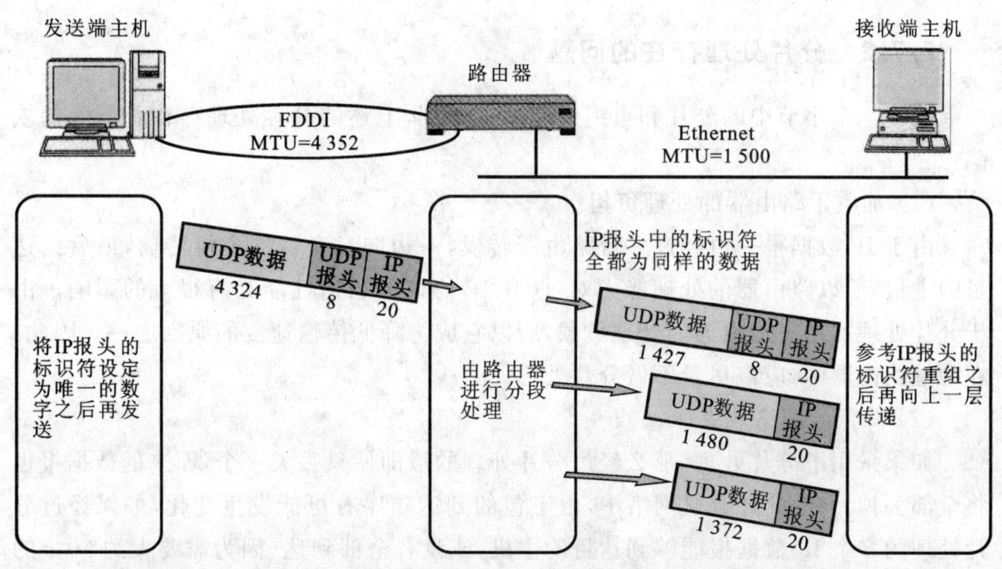

在IP报头中，包含分段以后的段的位置及该包后面紧跟着的分段的标志。使用这个标志，可以知道IP数据报采取了分段这个事实，以及分段的开始、中间和结束

图 5-19 IP 数据报的分片和重组处理
（数字为数据的长度，单位为 octet）

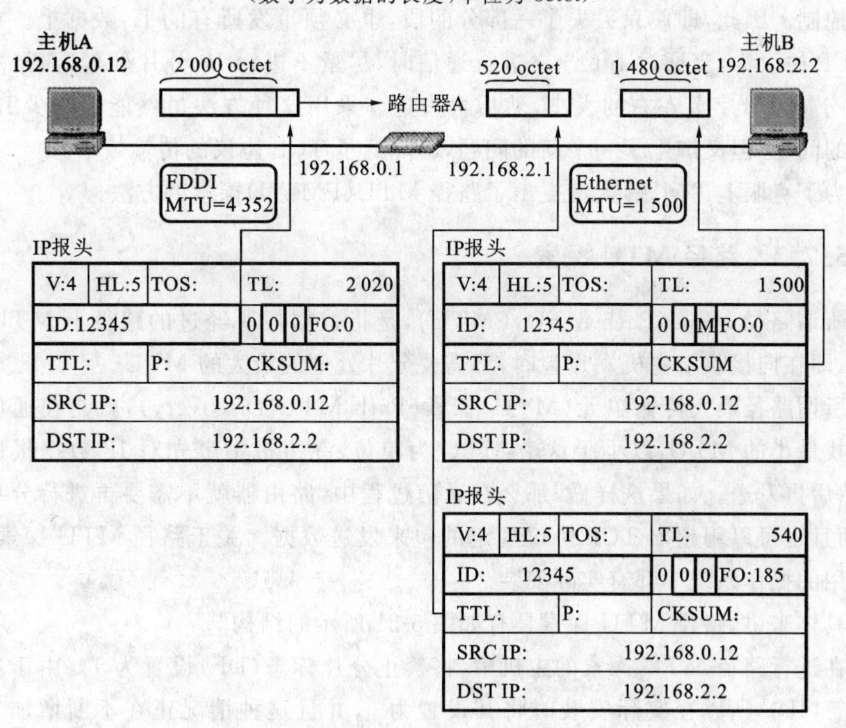

图 5-20 IP 协议的分片处理

5.7.2 分片处理存在的问题

从5.7.1小节中的分片和重组处理可以看到，上述的分片处理存在着下面的缺陷：

(1) 加重了路由器的处理负担。

由于IP数据报一边经过多台路由器转发，一边向一台目的主机传输，最后到达目的主机，所以路由器的处理能力对TCP/IP协议的通信性能具有很大的影响。由于分片处理加重了路由器的处理负载，所以它成为降低传输速度的原因之一。因此，在中继路由器中，应该尽量不做分片处理。

(2) 降低了网络效率。

如果采用了分片处理，那么经过分片处理的段即使只丢失一个，原来的数据报也将全部丢掉。在IP计算机网络中，由于包的到达顺序有可能发生变化，如果经过分片处理的多个IP数据报能够到达目的主机，或没有全部到达(因为需要大约30 s的组装时间)，则都将它们保存在缓冲区中。但是，如果等待了30 s后所有的包仍没有到达，则将这些已经到达的包全部删除。

在TCP协议中能够自动进行重发处理，但是需要在分片之前的IP数据报阶段进行控制。因此，即使只丢失了一部分的段，也必须重发所有的IP数据报。在以前的TCP协议中，当通过Internet进行通信时，尽量不进行IP分片处理，而是事先将IP包分成576字节左右的大小，然后再发送。采用这种方法虽然能够减少IP分片带来的问题，但又产生了一个新的问题，即降低了TCP协议的传输效率。

为了克服上述问题，人们提出了路径MTU(PMTU)探索的方法。

5.7.3 路径MTU探索

所谓路径MTU(Path MTU，PMTU)，是指数据报所经过的路径上MTU的最小值，即在向接收端主机发送包时，不需要分片处理的最大的MTU。

所谓路径最大传输单元(MTU)探索(Path MTU Discovery)，就是在通信线路上查找最小的MTU，以小于这个MTU为单位，在主机中事先对IP数据报进行分割，然后再发送。如果这样做，那么在通信过程中，路由器就不需要再进行分片处理了，而且也可以用超出TCP协议规定的包来发送数据。关于路径MTU探索，在目前使用的操作系统中都有实际安装。

具体来讲，路径MTU探索具有如图5-21所示的结构。

在进行路径MTU探索的主机中，将禁止分片标志(DF)设置为1。由于不使用标识符(ID)，所以在实际安装时将其设置为0，并且这种情况正在不断增加。如图5-21所示，如果从主机A发送2 000字节的包，那么不分片就不能向主机B发送。

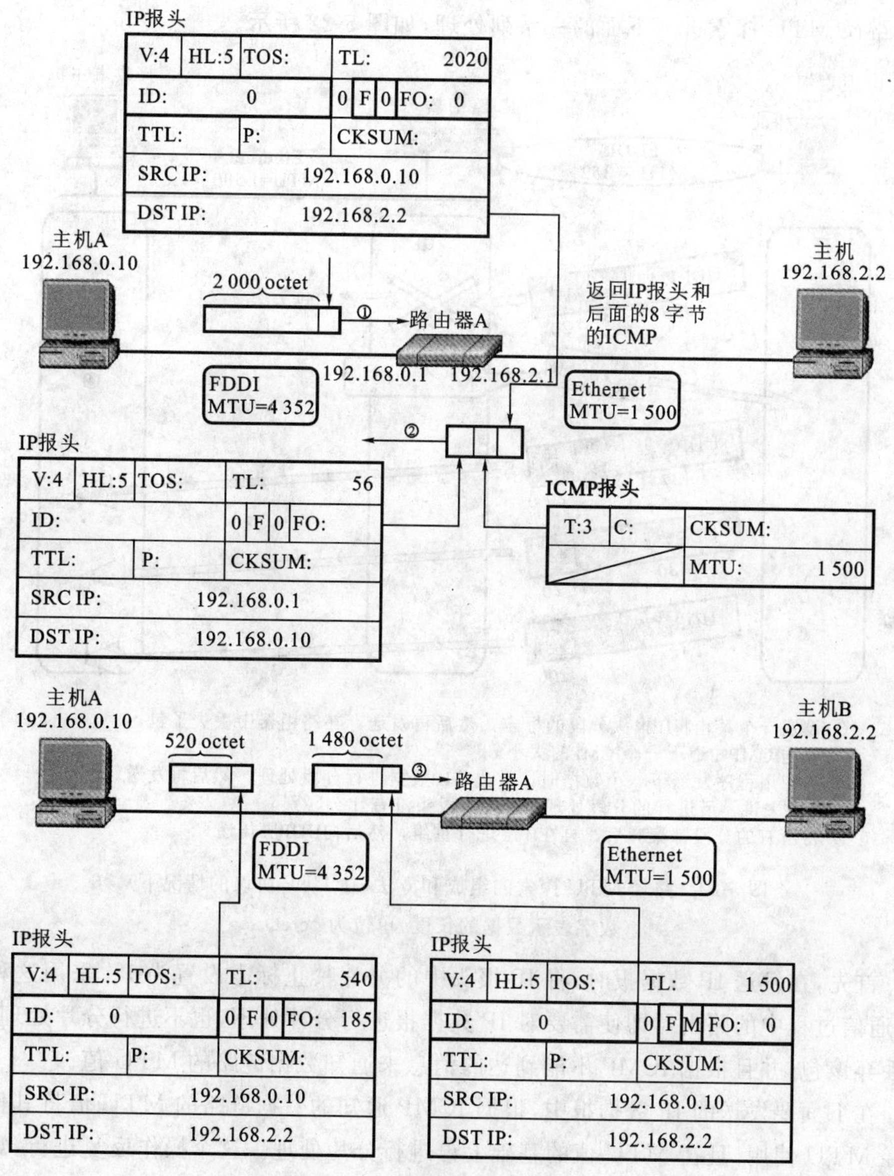

图 5-21 路径 MTU 探索

但是由于禁止分片的标志为1,所以不能进行分片。路由器 A 将①的包删除,从②向发送端主机 A 发送一个 ICMP 不能到达包。在 ICMP 包中,具有一个用于存储下一个 MTU 值的域。在图 5-21 所示的计算机网络中,因为 MTU 为 1 500 字节,所以将 1 500 字节存储在该域中。

接收到②的 ICMP 包的主机 A 将下一个要向主机 B 发送的包分割成小于等于 1 500 字节的段,然后再向主机 B 发送。

路径 MTU 探索进行下面的一系列处理，如图 5-22 所示。

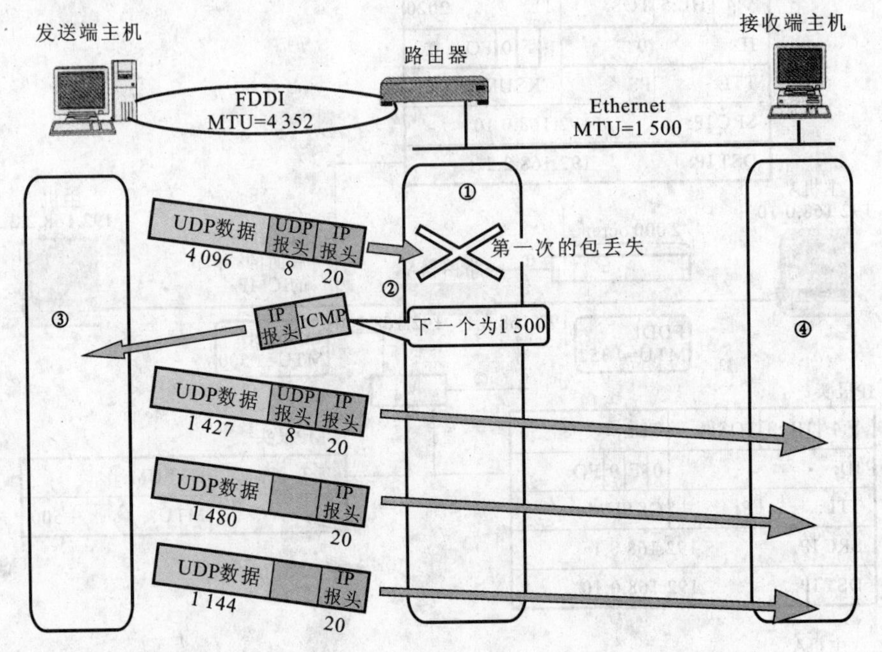

图 5-22 路径 MTU 探索的组成和方法(在 UDP 协议的情况下)

(数字表示数据的长度，单位为 octet)

首先，在发送 IP 数据报时，将 IP 报头中的分片禁止标志设置为 1。采用这种方法，通信过程中的路由器即使需要对 IP 数据报进行分片处理，也不进行分片处理，而是丢弃该包，并且根据 ICMP 不能到达的消息来通知数据链路的 MTU 值。

在下面要发送的 IP 数据报中，根据 ICMP 通知的数据链路的 MTU 值将其作为路径 MTU 使用，且在 MTU 值的基础上再进行分片处理。这个操作反复进行，如果 ICMP 未到达的消息不返回来，那么即可获得路径 MTU。关于路径 MTU 的值，最大约为高速缓存器的 1/10。如果连续使用这 1/10 所获得的 MTU 的值，那么经过 10 次之后，再基于该 MTU 值重新开始路径 MTU 探索。

另外，在 TCP 协议的情况下，先根据 MTU 的大小计算最大的段的长度值 (MSS)，基于这个数值再发送数据。因此，如果利用路径 MTU 探索，在 IP 协议层不需要再进行分片处理，如图 5-23 所示。

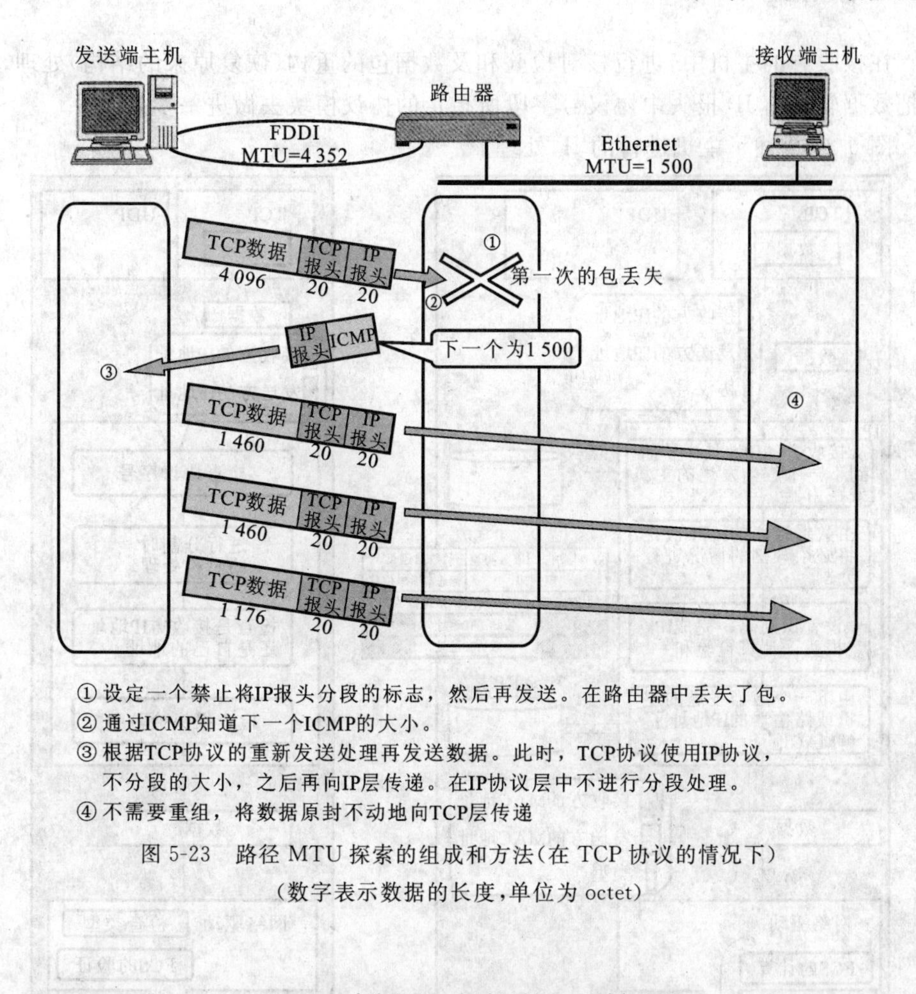

①设定一个禁止将IP报头分段的标志，然后再发送。在路由器中丢失了包。
②通过ICMP知道下一个ICMP的大小。
③根据TCP协议的重新发送处理再发送数据。此时，TCP协议使用IP协议，不分段的大小，之后再向IP层传递。在IP协议层中不进行分段处理。
④不需要重组，将数据原封不动地向TCP层传递

图 5-23 路径 MTU 探索的组成和方法(在 TCP 协议的情况下)

(数字表示数据的长度,单位为 octet)

5.8 计算机内部的 IP 处理

5.8.1 主机的处理

收发 IP 数据包时，IP 会根据由 TCP 或 UDP 等上层协议所指示的 IP 地址将数据传送过去。其中，最重要的作用是检查路由表，以便确定下一个应当发送的路由器。如果发现了应当传送的路由器，就将与该路由器所连接的网卡的 MTU 与数据的长度进行比较，必要时再进行相应的分割处理。然后，设定识别码和生存时间，计算检验和并完成 IP 报头部封装，接着就可以进行 IP 数据报的分发处理。但是在以太网等场合，如果不清楚对方的 MAC 地址，就要从 ARP 表中检索 MAC 地址。如果 ARP 表中有相应的 MAC 地址，则向由该地址指定的网络设备发送 IP 数据报；如果没有查到相应的 MAC 地址，则执行 ARP 协议，得到 MAC 地址后再传送信息。

在接收方的主机中，进行核对检验和及数据包的重构(恢复原来的结构)处理，然后把数据转交给 IP 报头中协议号字段所指定的协议模块去做进一步处理。

图 5-24 描述了主机进行的 IP 处理。

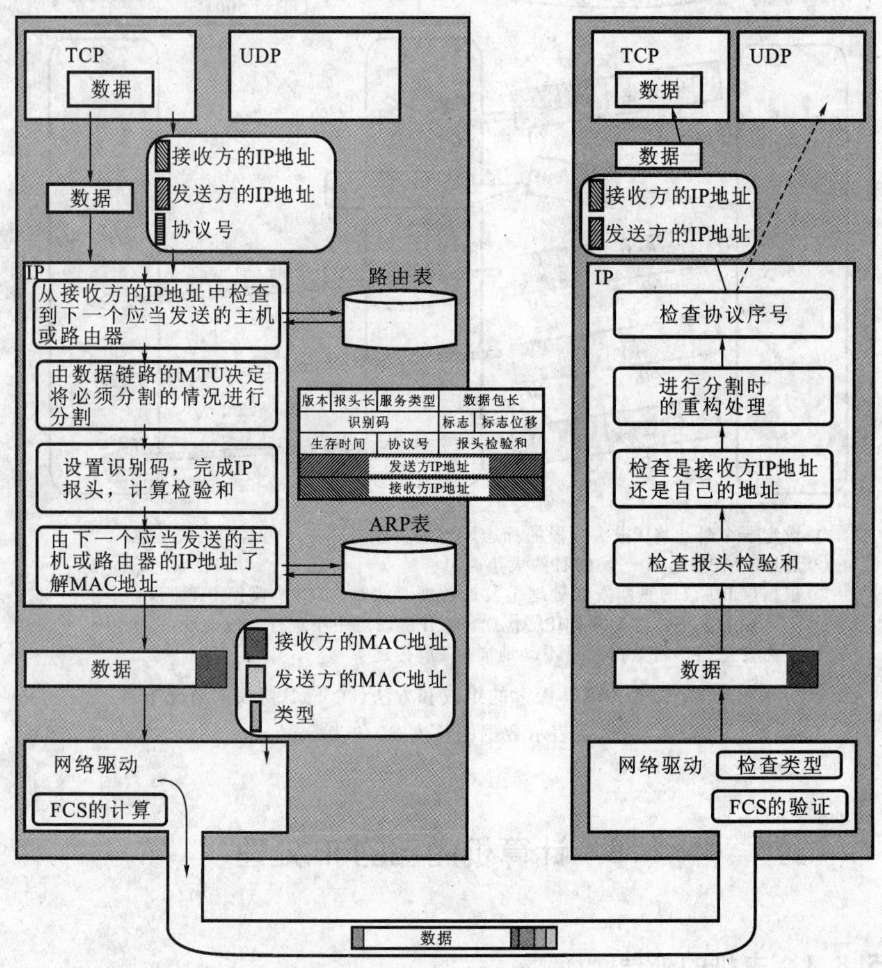

图 5-24　主机进行的 IP 处理

5.8.2　路由器的处理

路由器最重要的作用是进行 IP 数据报的转发处理。当接收方的 IP 地址不是自己的 IP 地址时，就要进行转发处理。首先把生存时间减去 1，接着从接收方的 IP 地址中检索出下一个应当发送的路由器，后面的处理与在主机中进行的 IP 数据报处理过程相同。在路由器中，即使对转发的 IP 数据报实行分割处理，也不会进行重构处理。由于各种原因，重构处理一般都是由接收方的计算机负责进行的，如图 5-25 所示。

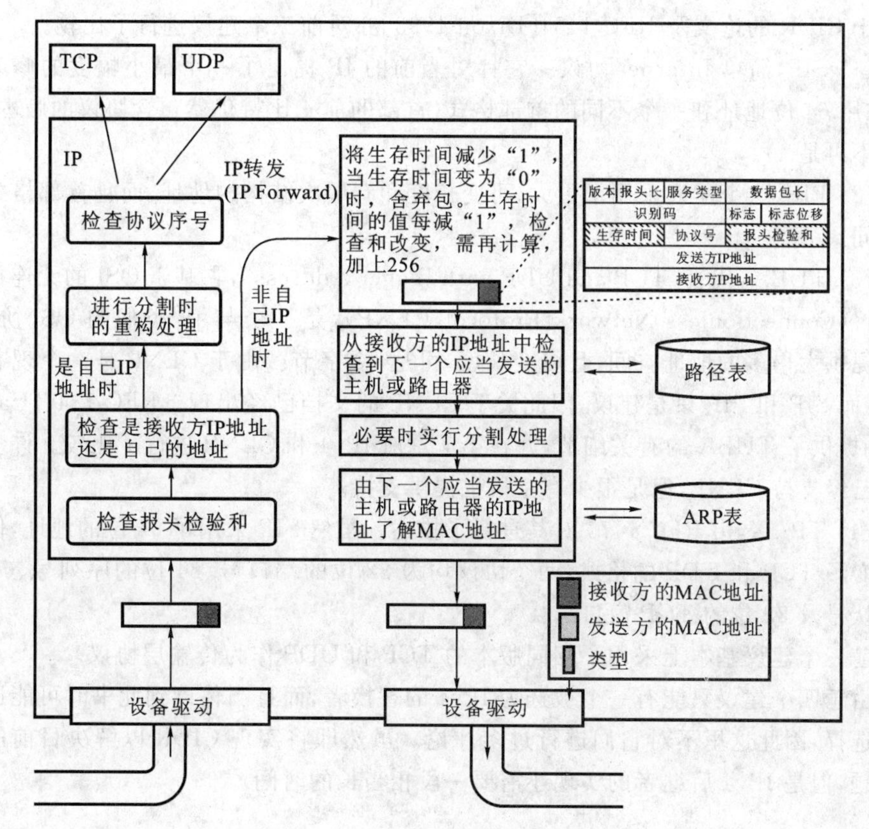

图 5-25　利用路由器进行 IP 的处理

5.9　IP 的未来

5.9.1　IP 存在的问题

由于 Internet 在过去几年快速发展，导致 IPv4 主要存在以下三个方面的问题：

(1) 超过半数的 B 类地址已被分配。

(2) 32 位的 IP 地址从长期的 Internet 发展角度来看是不够用的。

(3) 当前的路由结构没有层次结构，属于平面型结构，每个网络都需要一个路由表项。随着网络数目的增长，一个具有多个网络的网站必须分配多个 C 类地址，而不是一个 B 类地址，因此路由表的规模会不断增大。

对于新版的 IP，即下一代 IP，经常称之为 IPng，主要有四个方面的建议。1993 年 5 月发行的 IEEE Network(vol. 7, no. 3)对前三个建议进行了综述，另外还有一篇关于 CIDR 的论文及 RFC 1454[Dixon 1993]亦对前三个建议进行了比较。

(1) SIP,简单 Internet 协议。它针对当前的 IP 提出了一个最小幅度的修改建议,采用 64 位地址和一个不同的首部格式(首部的前 4 比特仍然包含协议的版本号,其值不再是 4)。

(2) PIP,这个建议采用了更大、可变长度和有层次结构的地址,而且首部格式也不相同。

(3) TUBA,代表"TCP and UDP with Bigger Address",它基于 OSI 的无连接网络协议(Connectionless Network Protocol,CLNP),是一个与 IP 类似的 OSI 协议。它可提供大得多的地址空间,且可变长度,可达 20 字节。由于 CLNP 是一个现有的协议,而 SIP 和 PIP 只是建议,因此关于 CLNP 的文档已经出现。RFC 1347[Callon 1992]提供了 TUBA 的有关细节,并在第 7 章对 IPv4 和 CLNP 进行了比较。许多路由器已经支持 CLNP,但是很少有主机也提供支持。

(4) TP/IX,由 RFC 1475 对其进行了描述。虽然 SIP 采用了 64 位的地址,但是它改变了 TCP 和 UDP 的格式:两个协议均为 32 位的端口号、64 位的序列号、64 位的确认号及 32 位的 TCP 窗口。

前三个建议基本上采用了相同版本的 TCP 和 UDP 作为传输层协议。

由于四个建议只能有一个被选为 IPv4 的替换者,而且当你读到此书时可能已经作出选择,因此这里不对它们进行过多评论。虽然即将实现 CIDR 以解决目前的短期问题,但是 IPv4 后继者的实现还需要一段相当长的时间。

5.9.2 IPv6

为了从根本上解决 IP 地址即将用尽的问题,必须使用 IPv6 进行标准化。IPv6 是一个已经开始利用的 Internet 协议。目前人们使用的 IPv4 的地址为 4 字节(32 位),而在 IPv6 中这个地址已变为 IPv4 的 4 倍,即 16 字节(128 位)。

修改 IP 协议是一项非常麻烦的工作,因为必须要改变与 Internet 相连的主机和路由器的全部 IP 地址,而且目前 Internet 已经广泛地普及起来,所以要替换所有的 IP 地址是非常困难的。

基于上述理由,使用 IPv6 不仅能够解决 IP 地址枯竭的问题,而且 IPv4 在应用上的缺陷也能得到克服。另外,人们也正在进行 IPv6 和 IPv4 之间的互换和直接进行通信的工作。

1) IPv6 的特征

IPv6 中的一些功能在 IPv4 中也提供了,但是这并不是说将 IPv4 的功能嵌入到操作系统中,因为在实际安装时都安装了全部的功能。对网络管理员来讲,不能利用的功能也存在,管理起来比较麻烦、不能够实现的功能亦存在。

由于 IPv6 提供了几乎全部必需的功能,所以能够减轻网络管理员的负担和劳动。

通过不断的努力，今后可能会一点点地从 IPv4 向 IPv6 转移。IPv6 的特征如下：

(1) IP 地址的扩大和路由控制表的聚集将 IP 的结构改变为适用于 Internet 上的分层结构，而且人们将适用于地址结构的 IP 地址有计划地进行发布，并尽可能地不让路由控制表变化得太大。

(2) 提高了性能，使得报头的结构更加简单，能够减轻路由器的负担。在路由器中不进行分片处理(利用路径 MTU 探索，由发送端主机进行分片处理)。

(3) 必须具有标志和播放功能，能够自动地分配 IP 地址。

(4) 提供了认证和加密功能，防止伪造 IP 地址，提高了安全性能，同时还提供了防止盗听功能。

2) IPv6 中的 IP 地址的体系结构

IPv6 也有像 IPv4 一样的分类，它用 IP 地址的开始几位来区别 IP 地址的种类。

通常，在发送 IP 数据报时，如果开始的几位为 001，则表示使用的是全局 IP 地址。在 Internet 中，这个地址是唯一的。在公司的内部，该地址可以作为私有地址在局部地址中使用。

在没有路由器的计算机网络中，例如在 Ethernet 上的同一段内进行通信时，可以使用链接局部的地址。当然，在公司内部和 Ethernet 上同一段内的主机中，也可以使用全局地址进行通信。

在 IPv6 的一个 NIC 中，可以同时拥有上述的两个或以上的 IP 地址。对于不同的应用，可以使用不同的 IP 地址。

3) IPv6 中的分片处理

在 IPv6 中，为了减轻路由器的负担，以实现高速的 Internet 通信，只在主机中进行分片处理，在路由器中不进行分片处理。因此，路径 MTU 探索在 IPv6 中是必须具备的功能。但是在 IPv6 中，最小的 MTU 为 1 280 字节，因此即使实际不具备路径 MTU 探索功能，在发送 IP 包时也应以 1 280 字节为单位进行分片处理之后再发送。

习 题

1. 画出 IP 数据报的格式，并简述各字段的含义。
2. 更新路由表有哪三种方式？简述各种更新路由表的方式。
3. 常用的动态路由协议有哪些？简述它们的工作原理。

第 6 章　因特网控制报文协议 ICMP

在网络体系结构的各层次中，都需要控制，而不同的层次有着不同的分工和控制内容，其中 IP 层的控制功能是最复杂的，主要负责差错控制、拥塞控制等。任何控制都是建立在信息的基础之上的。在基于 IP 数据报的网络体系中，网关必须自己处理数据报的传输工作，而 IP 协议自身没有内在机制来获取差错信息并处理，为了处理这些错误，TCP/IP 设计了因特网控制报文协议 ICMP（Internet Control Message Protocol），当某个网关发现传输错误时，立即向信源主机发送 ICMP 报文，报告出错信息，让信源主机采取相应的处理措施。ICMP 是一种差错和控制报文协议，不仅用于传输差错报文，还用于传输控制报文。

提起 ICMP，一些人可能会感到陌生，但实际上它与我们息息相关。

6.1　ICMP 报文的格式

ICMP 经常被认为是 IP 层的一个组成部分，它传递差错报文以及其他需要注意的信息。ICMP 报文通常被 IP 层或更高层协议（如 TCP 或 UDP）使用。一些 ICMP 报文把差错报文返回给用户进程。ICMP 报文是在 IP 数据报内部被传输的，如图 6-1 所示。

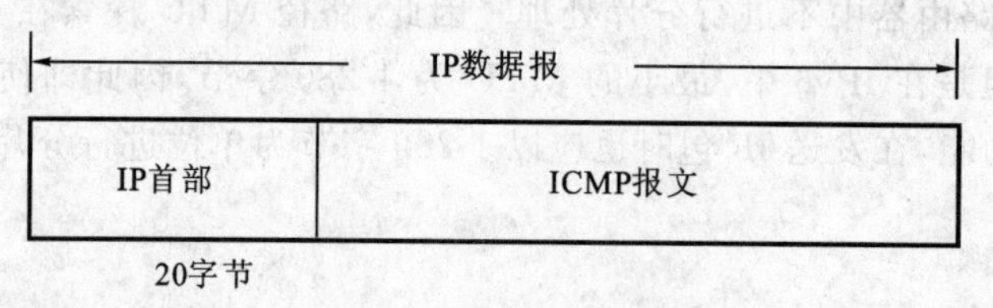

图 6-1　ICMP 封装在 IP 数据报内部

ICMP 的正式规范参见 RFC 792。

ICMP 报文的格式如图 6-2 所示。所有报文的前 4 个字节都是一样的，但剩下的其他字节互不相同，下面将逐个介绍各种报文的格式。

类型字段可以有 15 个不同的值，用于描述特定类型的 ICMP 报文。某些 ICMP 报文还使用代码字段的值来进一步描述不同的条件。检验和字段覆盖整个 ICMP 报文，使用的算法与 IP 首部检验和算法相同。ICMP 的检验和是必需的。

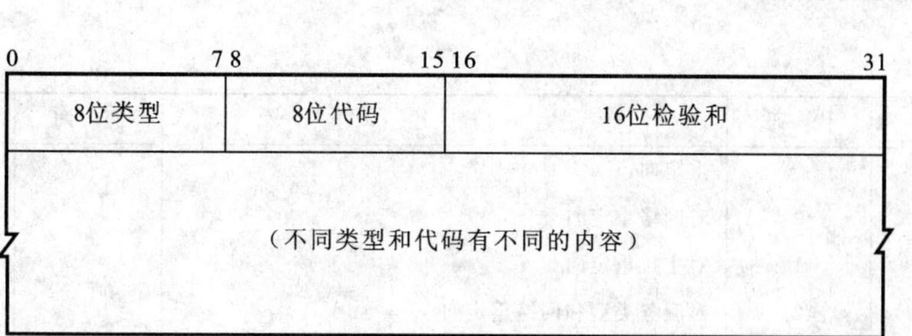

图 6-2　ICMP 报文

6.2　ICMP 报文的类型

1）ICMP 报文的类型

各种类型的 ICMP 报文如表 6-1 所示。报文类型由类型字段和代码字段共同决定。

表 6-1　ICMP 报文类型

类　型	代　码	描　　述	查　询	差　错
0	0	回显应答(Ping 应答)	•	
3		目的不可达：		
	0	网络不可达		•
	1	主机不可达		•
	2	协议不可达		•
	3	端口不可达		•
	4	需要进行分片但设置了不分片比特		•
	5	源站选路失败		•
	6	目的网络不认识		•
	7	目的主机不认识		•
	8	源主机被隔离(作废不用)		•
	9	目的网络被强制禁止		•
	10	目的主机被强制禁止		•
	11	由于服务类型 ToS,网络不可达		•
	12	由于服务类型 ToS,主机不可达		•
	13	由于过滤,通信被强制禁止		•
	14	主机越权		•
	15	优先权中止生效		•
4	0	源端被关闭(基本流控制)		•

续表

类型	代码	描述	查询	差错
5		重定向：		
	0	对网络重定向		•
	1	对主机重定向		•
	2	对服务类型和网络重定向		•
	3	对服务类型和主机重定向		•
8	0	请求回显(Ping 请求)	•	
9	0	路由器通告	•	
10	0	路由器请求	•	
11		超时：		
	0	传输期间生存时间为 0(Traceroute)		•
	1	在数据报组装期间生存时间为 0		•
12		参数问题：		
	0	坏的 IP 首部(包括各种差错)		•
	1	缺少必需的选项		•
13	0	时间戳请求	•	
14	0	时间戳应答	•	
15	0	信息请求(作废不用)	•	
16	0	信息应答(作废不用)	•	
17	0	地址掩码请求	•	
18	0	地址掩码应答	•	

表 6-1 中的最后两列表明 ICMP 报文是一份查询报文还是一份差错报文。因为对 ICMP 差错报文有时需要进行特殊处理，因此需要对它们进行区分。例如，在对 ICMP差错报文进行响应时，永远不会生成另一份 ICMP 差错报文(如果没有这个限制规则，则可能会遇到一个差错产生另一个差错的情况，而差错再产生差错，这样会无休止地循环下去)。

当发送一份 ICMP 差错报文时，报文始终包含 IP 的首部和产生 ICMP 差错报文的 IP 数据报的前 8 个字节。这样，接收 ICMP 差错报文的模块就会把它与某个特定的协议(根据 IP 数据报首部中的协议字段来判断)和用户进程(根据包含在 IP 数据报前 8 个字节中的 TCP 或 UDP 报文首部中的 TCP 或 UDP 端口号来判断)联系起来。

下面几种情况都不会产生 ICMP 差错报文：

(1) ICMP 差错报文(但是 ICMP 查询报文可能会产生 ICMP 差错报文)。

(2) 目的地址是广播地址或多播地址(D 类地址)的 IP 数据报。

(3) 作为链路层广播的数据报。

(4) 不是 IP 分片的第一片。

(5) 源地址不是单个主机的数据报。也就是说,源地址不能为零地址、环回地址、广播地址或多播地址。

这些规则是为了防止以往允许 ICMP 差错报文对广播分组响应所带来的广播风暴。

ICMP 报文包含在 IP 数据报中,属于 IP 的一个用户。IP 头部就在 ICMP 报文的前面,所以一个 ICMP 报文包括 IP 头部、ICMP 头部和 ICMP 报文。如果 IP 头部的协议字段值为 1,就说明是一个 ICMP 报文。ICMP 头部中的类型(Type)域用于说明 ICMP 报文的作用及格式,代码(Code)域用于详细说明某种 ICMP 报文的类型。所有数据都在 ICMP 头部后面。

2) 几种常见的 ICMP 报文

(1) 回显请求。

日常使用最多的 Ping 就是回显请求(Type＝8)和应答(Type＝0)。一台主机向一个节点发送一个 Type＝8 的 ICMP 报文,如果途中没有异常(例如被路由器丢弃、目标不回应 ICMP 或传输失败),则目标返回 Type＝0 的 ICMP 报文,说明这台主机存在。更详细的 tracert(跟踪路由)根据计算 ICMP 报文通过的节点来确定主机与目标之间的网络距离。

(2) 目标不可达、源站抑制和超时报文。

这三种报文的格式是一样的。目标不可达报文(Type＝3)在路由器或主机不能传递数据报时使用,例如要连接对方一个不存在的系统端口(端口号小于 1 024)时,将返回 Type＝3,Code＝3 的 ICMP 报文,它要告诉我们:“嘿,别连接了,我不在家!”常见的不可达类型还有网络不可达(Code＝0)、主机不可达(Code＝1)、协议不可达(Code＝2)等。源站抑制充当一个控制流量的角色,它通知主机减少数据报流量。由于 ICMP 没有恢复传输的报文,所以只要停止该报文,主机就会逐渐恢复传输速度。无连接方式网络的问题就是数据报会丢失,或者长时间在网络中游荡而找不到目标,或者拥塞导致主机在规定的时间内无法重组数据报分段,这时就要触发 ICMP 超时报文的产生。超时报文的代码域有两种取值:Code＝0 表示传输超时,Code＝1 表示重组分段超时。

(3) 时间戳。

时间戳请求报文(Type＝13)和时间戳应答报文(Type＝14)用于测试两台主机之间数据报来回一次的传输时间。传输时,主机填充原始时间戳,接收方收到请求填充接收时间戳后,以 Type＝14 的报文格式返回,发送方计算这个时间差。一些系统不响应这种报文。

6.3 ICMP的主要功能

ICMP包发送是不可靠的,所以主机不能依靠接收ICMP包来解决任何网络问题。ICMP的主要功能如下:

(1) 通告网络错误。例如,某台主机或整个网络由于某些故障不可达。如果有指向某个端口号的TCP或UDP包没有指明接收端,则也由ICMP进行报告。

(2) 通告网络拥塞。当路由器缓存太多包时,由于传输速度无法达到它们的接收速度,将生成"ICMP源结束"信息。对于发送者,这些信息将会导致传输速度降低。当然,更多的ICMP源结束信息的生成也将引起更多的网络拥塞,所以使用起来较为保守。

(3) 协助解决故障。ICMP支持Echo功能,即在两个主机间的一个往返路径上发送一个包。Ping是一种基于这种特性的通用网络管理工具,它将传输一系列的包,测量平均往返次数并计算丢失百分比。

(4) 通告超时。如果一个IP包的TTL降低到零,路由器就会丢弃此包,同时生成一个ICMP包通告。Tracert是一个常用的网络工具,它通过发送小TTL值的包及监视ICMP超时通告,可以显示网络路由。

6.4 Ping

调试网络和运行在网络上的应用程序的最基本和有效的工具之一就是ping实用程序。它的主要功能是测试两台主机之间的连接状况,同时它也是调试网络问题的一个极有价值的工具。

我们称发送回显请求的ping程序为客户,而称被ping的主机为服务器。大多数的TCP/IP实现都在内核中直接支持ping服务器,这种服务器不是一个用户进程。ICMP利用回显请求和回显应答报文进行工作。ICMP回显请求和回显应答报文格式如图6-3所示。

在继续介绍下面的内容之前,应当澄清两个有关ping的误解。首先,"ping"不是"package internet groper"的缩写,而是以潜艇声呐产生的声音命名的。其次,因为ping不使用TCP或UDP,所以它没有和任何已知端口关联。ping使用ICMP Echo函数来探询对等方的连接。虽然ICMP消息是在IP数据报中携带的,但是它们并没有看做是在IP之上的独立协议,而是作为IP协议的一部分。

Ping是对两个TCP/IP系统连通性进行测试的基本工具,它只利用ICMP回显请求和回显应答报文,而不用经过传输层(TCP/UDP)。Ping服务器一般在内核中

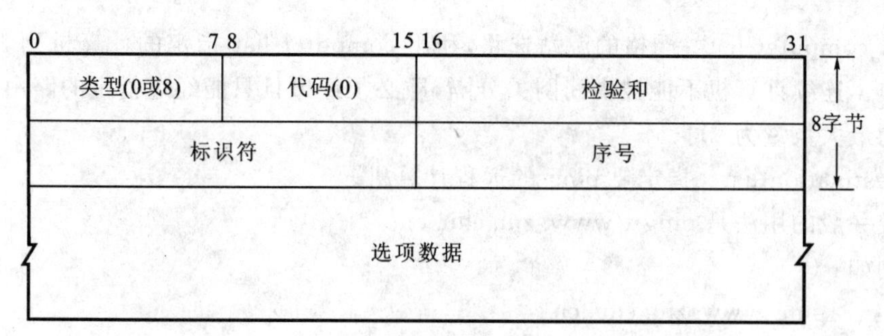

图 6-3 ICMP 回显请求和回显应答报文格式

实现 ICMP 的功能。

6.4.1 Ping 命令的用法

Ping 实用程序是最基本的网络连接测试程序之一，它只需要操作低层次的网络服务，所以在验证连接是否正常时很有用。它也可以验证高层次的服务(如 TCP)或应用程序层服务(如 telnet)是否正常工作。使用 ping 时，通过观察应答的 RRT 变化值以及丢失的响应就可以推断网络环境，对网络故障进行定位。Ping 命令的用法如下：

ping[-t] [-a] [-n count] [-l length] [-f] [-i ttl] [-v tos] [-r count] [-s count] [[-j computer-list] |[-k computer-list]] [-w timeout] destination-list

各参数的含义如下：

-t 不停地 ping 指定的计算机直到按 Ctrl＋C 中断。

-n count 发送 count 指定的 Echo 数据包数和目标主机连接，默认值为 4(Windows)。

-l length 发送包含有由 length 指定的数据量的 Echo 数据包，默认为 32 字节，Windows 中最大值是 65 500，Linux 中最大值是 65 507(均为不加报头的值)。

-w timeout 指定超时间隔，单位为 ms，缺省值为 1 000。

-a 将地址解析为计算机名。

-f 在数据包中发送“不要分段”标志，数据包就不会被路由上的网关分段。

-i ttl 将“生存时间”字段设置为 ttl 指定的值。

-v tos 将“服务类型”字段设置为 tos 指定的值。

-r count 在“记录路由”字段中记录传出和返回数据包的路由，count 可以指定最少 1 台，最多 9 台计算机。

-s count 指定 count 指定的跃点数的时间戳。

-j computer-list 宽松的源站选路，利用 computer-list 指定的计算机列表路由数据包。连续的计算机可以被中间网关分隔，即必须经过指定的路由器，但中间可以经过其他路由器(IP 允许的最大数量为 9)。

-k computer-list　严格的源站选路，利用 computer-list 指定的计算机列表路由数据包。连续计算机不能被中间网关分隔，即必须经过且只能经过指定的路由器(IP 允许的最大数量为 9)。

destination-list　指定要 ping 的远程计算机。

较一般的用法是 ping-t www. zju. edu. cn。

例如：

C:\>ping www. zju. edu. cn

Pinging www. zju. edu. cn [10. 10. 2. 21] with 32 bytes of data:

Reply from 10. 10. 2. 21: bytes=32 time=10ms TTL=253

Reply from 10. 10. 2. 21: bytes=32 time<10ms TTL=253

Reply from 10. 10. 2. 21: bytes=32 time<10ms TTL=253

Reply from 10. 10. 2. 21: bytes=32 time<10ms TTL=253

Ping statistics for 10. 10. 2. 21:

Packets: Sent=4, Received=4, Lost=0 (0% loss),

Approximate round trip times in milli-seconds:

Minimum=0 ms, Maximum=10 ms, Average=2 ms

6.4.2　使用 Ping 的顺序

通常，当我们不能连接对等方时，要做的第一件事情就是 ping 向要连接的主机。例如，假定我们正在尝试从主机 A telnet 到主机 B，但是连接超时了。这有可能是因为主机 A 和主机 B 之间的网络存在问题，也有可能是因为主机 B 关闭了，亦有可能是因为 telnet 服务器的 TCP 栈存在问题。

通过 ping 对等方，我们首先可以确认主机 A 是否可以到达主机 B。如果 ping 成功了，就知道网络没有问题，而是主机 B 本身的问题。如果不能 ping 通主机 B，则可以试着 ping 最近的路由器看看是否可以到达局域段的边界，若成功了，我们就可以启动 tracert 看看究竟可以到达主机 A 到主机 B 之间的路径的什么地方。使用这种方法通常可以帮助找出有问题的路由器，或者至少可以知道问题出在什么地方。

因为 ping 在 IP 层上进行操作，它不依靠 TCP 或 UDP 是否正常配置，所以有时 ping 自己对验证网络软件是否正确安装很有用。在最低的层次上，我们可以 ping 我们的 loopback 地址 localhost(127. 0. 0. 1)来验证机器是否具备网络功能。如果成功，就可以 ping 一个或多个网络接口来确认它们是否配置正确。

下面通过一个例子来看如何使用 ping 命令对故障进行定位。例如主机 A 无法访问主机 B，对这一故障定位和排除的一般顺序如下：

(1) 使用 winipcfg，ipconfig，show run 等命令查看当前的 IP 地址、子网掩码和缺省网关，保证这些设置都正确。在配置正确的情况下，如果仍然连接超时，则进行

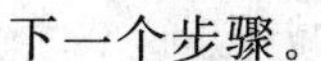
下一个步骤。

(2) Ping 127.0.0.1,测试本设备上的网络接口。若连接超时,则很可能是IP协议没有正确安装,在Windows系统中也可能是TCP/IP协议栈出现了问题,重新安装协议即可解决问题。如果协议栈正确但连接超时,则进行下一个步骤。

(3) Ping本机IP地址检查网卡,如果连接超时,则说明网卡有问题,应检查网卡本身、配置和驱动程序。当网卡及配置正确时,如果连接超时,则进行下一个步骤。

(4) Ping缺省网关,如果超时,则ping本地子网上的其他主机。如果连接正常,则说明问题出在缺省网关上;如果连接超时,则进行下一个步骤。

(5) 到本网内的另一个工作站上,尝试通过网关进行ping。如果该工作站正常,则问题出在开始的主机A上,检查连接到主机A的网线和接口;如果这个工作站也不正常,则说明问题出在缺省网关上。

6.5　Tracert

Tracert是一个十分重要且有用的工具,它可以用来调试网络路由问题,研究Internet上的流量模式,也可以用来探索网络拓扑结构。

Tracert是一个能更深入探索TCP/IP协议的方便、实用的工具,尽管不能完全保证从源端发往目的端的两份连续的IP数据报具有相同的路由,但是大多数情况下是这样的。Tracert可以让我们看到IP数据报从一台主机传到另一台主机所经过的路由,还可以让我们使用IP源站选路。

6.5.1　Tracert的工作原理

Tracert名字后面包含的思想很简单:

首先,Tracert发送3个ICMP Echo-request报文,TTL设置为1,使得第一台路由器处理这些数据报,并发送回ICMP超时消息,然后Tracert查看ICMP超时消息并在控制屏幕上显示出该路由器。

其次,Tracert将发送另外一组Echo-request报文,且每次将TTL增加1。这种请求传到第二台路由器,TTL减为0,第二台路由器将发送回超时消息。这个过程一直持续下去,直到目的主机响应或者能够确定目的主机不可达为止。

Tracert使用ICMP报文和IP首部中的TTL(生存周期)字段。TTL字段是由发送端初始设置一个8位字段,推荐的初始值由分配数字RFC指定,当前值为64,较老版本的系统经常初始化为15或32。Ping发送ICMP回显应答时经常把TTL设为最大值255。每个处理数据报的路由器都需要把TTL的值减1或减去数据报在路由器中停留的时间(单位为s)。由于大多数路由器转发数据报的时延都小于1

s,因此 TTL 最终成为一个跳数计数器,所经过的每个路由器都将其值减 1。

TTL 字段的目的是防止数据报在选路时无休止地在网络中流动。例如,当路由器瘫痪或者两个路由器之间的连接丢失时,选路协议有时会去检测丢失的路由并一直进行下去。在这段时间内,数据报可能在循环回路被终止。TTL 字段就是在这些循环传递的数据报上加上一个生存上限。当路由器收到一份 IP 数据报时,如果其 TTL 字段是 0 或 1,则路由器不转发该数据报(接收到这种数据报的目的主机可以将它交给应用程序,不需要转发该数据报,但是在通常情况下系统不应该接收 TTL 字段为 0 的数据报);反之,路由器将该数据报丢弃,并给信源机发一份 ICMP“超时”信息。Tracert 的关键在于包含这份 ICMP 信息的 IP 报文的信源地址是该路由器的 IP 地址。

现在可以猜想一下 Tracert 的操作过程。首先,它发送一份 TTL 字段为 1 的 IP 数据报给目的主机。处理这份数据报的第一个路由器将 TTL 值减 1,丢弃该数据报,并发回一份超时 ICMP 报文,这样就得到了该路径中的第一个路由器的地址。然后,Tracert 发送一份 TTL 值为 2 的数据报,这样就可以得到第二个路由器的地址。继续这个过程直至该数据报到达目的主机。目的主机哪怕接收到 TTL 值为 1 的 IP 数据报,也不会丢弃该数据报并产生一份超时 ICMP 报文,这是因为数据报已经到达了其最终目的地。

那么应该如何判断数据报是否已经到达目的主机了呢?Tracert 发送一份 UDP 数据报给目的主机,但它选择一个不可能的值作为 UDP 端口号(大于 30 000),使目的主机的任何一个应用程序都不可能使用该端口。因为当该数据报到达时,将使目的主机的 UDP 模块产生一份错误的“端口不可达”ICMP 报文。这样,Tracert 所要做的就是区分接收到的 ICMP 报文是超时还是端口不可达,以判断何时结束。

Tracert 必须可以为发送的数据报设置 TTL 字段。并非所有与 TCP/IP 接口的程序都支持这项功能,也并非所有的实现都支持这项功能。目前的大部分系统都支持这项功能,并可以运行 Tracert。这个程序界面通常要求用户具有超级用户权限,这意味着它可能需要特殊的权限以在你的主机上运行该程序。

在一个 TCP/IP 网络中,Tracert 是不可缺少的工具。它的操作很简单,开始时发送一个 TTL 字段为 1 的 UDP 数据报,然后将 TTL 字段每次加 1,以确定路径中的每个路由器。每个路由器在丢弃 UDP 数据报时都返回一个 ICMP 超时报文,而最终目的主机则产生一个 ICMP 端口不可达的报文。

6.5.2 Tracert 命令

tracert [-d] [-h maximum_hops] [-j computer-list] [-w timeout] target_name

各参数的含义如下:

-d 指定不将地址解析为计算机名。

-h maximum_hops　指定搜索目标的最大跃点数。

-j computer-list　宽松源站选路，沿 computer-list 指定的路由选路。

-w timeout　每次应答等待 timeout 指定的时间(μs)。

target_name　目标计算机的名称。

最简单的一种用法如下：

```
C:\>tracert www.zju.edu.cn
Tracing route to zjuwww.zju.edu.cn [10.10.2.21]
over a maximum of 30 hops:
1<10 ms<10 ms<10 ms 10.111.136.1
2<10 ms<10 ms<10 ms 10.0.0.10
3<10 ms<10 ms<10 ms 10.10.2.21
Trace complete.
```

另外，用 tracert 命令可以很方便地检查循环路由，如：

```
Router# traceroute 169.26.3.1
Type escape sequence to abort.
Tracing the route to 169.26.3.1
1  169.22.1.5  4  msec  0  msec  4  msec
2  169.22.1.1  4  msec  0  msec  4  msec
3  169.22.1.5  4  msec  0  msec  4  msec
4  169.22.1.1  4  msec  0  msec  4  msec
```

任何时候，只要路由器多次显示同一个接口，就说明产生了循环路由。静态路由的错误使用和路由的重分布常常会引发这种问题。

6.6　利用 ICMP 进行主机探测

主机探测对于攻击者来说是很重要的一步，通过对主机的信息搜寻可以很好地进行下一步的进攻。当然，主机探测有很多方法，例如主机某些服务的 BANNER 及一些应用程序，也可使用工具来检测主机，如 NMAP，在 Web 上通过 www.netcraft.com 亦可简单地估测主机。本节介绍的是如何使用 ICMP 协议来探测主机。

6.6.1　ICMP Echo

我们使用一个 ICMP Echo 数据包来探测主机地址是否存活(前提是主机没有被配置为过滤 ICMP 形式)。可以简单地发送一个 ICMP Echo-request(Type＝8)数据包到目标主机，如果接收到 ICMP Echo-reply(Type＝0)数据包，则说明主机是存活状态;如果没有接收到,则可以初步判断主机没有在线或者使用了某些过滤设备过滤了ICMP的Reply。这种机制就是我们通常所用的ping命令来检测目标主机是否可以ping到。

6.6.2 ICMP Sweep

用ICMP Echo轮询多个主机称为ICMP Sweep(或者Ping Sweep)。对于小的或者中等的网络,使用这种方法来探测主机是一种可以接受的行为,但对于一些大的网络,这种方法就显得比较慢,原因是ping在处理下一个主机之前会等待正在探测主机的回应。

fping是一个UNIX工具,可以并行发送大量的请求,处理起来比普通的ping工具更为快速。它也可以由gping工具来传递IP地址。gping是一个用来产生IP地址列表的工具。fping也可以使用-d选项来解析探测的机器。另外还有一个工具也可以并行处理ICMP Sweep,并能解析被探测主机的主机名,它就是我们常用的NMAP。

对Windows来讲,一个比较有名的ICMP Sweep工具就是Rhino9的pinger,它的扫描速度确实比较快,可以与NMAP和fping相媲美。但需要注意的是,如果使用解析被探测主机名的方法来进行ping探测,则会在权威DNS服务器中留下攻击者的Log记录。

6.6.3 Broadcast ICMP

通过发送ICMP Echo-request到广播地址或者目标网络地址,可以简单地反映目标网络的存活主机。这样的请求会广播到目标网络中的所有主机,所有存活的主机都将会发送ICMP Echo-reply到攻击者的源IP地址。这种技术的主机探测只适用于目标网络的UNIX主机,Windows机器不会产生ICMP Echo-reply给目标是广播地址或网络地址的ICMP Echo-request,但这种行为是正常的操作,可以参考RFC 1122。

6.6.4 Non-Echo ICMP

Non-Echo ICMP即端口不可达ICMP。在ICMP协议中不仅有ICMP Echo的ICMP查询信息类型,也用到了Non-Echo ICMP技术(不仅能探测主机,也可探测网络设备如路由)。

其中,ICMP报文的类型如下:

Echo(Request(Type 8),Reply(Type 0))——回显应答。

Time Stamp(Request(Type 13),Reply(Type 14))——时间戳请求和应答。

Information(Request(Type 15),Reply(Type 16))——信息请求和应答。

Address Mask(Request(Type 17),Reply(Type 18))——地址掩码请求和应答等。

具体详见 RFC 1122 和 RFC 1812。

6.7 ICMP的安全性分析

在 ICMP 中没有可信的验证机制,这就增加了黑客使用 ICMP 进行攻击的可能性。使用 ICMP 进行攻击的原理实际上就是通过 ping 大量的数据报使计算机的 CPU 被极高地占用而崩溃。一般情况下,黑客在一个时段内连续向计算机发出大量的请求就可以达到这种效果。基于 ICMP 的攻击可以分为两大类:① ICMP 攻击导致拒绝服务 DoS(Deny of Service);② 基于重定向的路由欺骗技术。

在缺省的状况下,ICMP 的服务一直都是开启的。也就是说,一台网络设备如果不做任何配置,开机以后它在缺省状态下对这些 ICMP 的嗅探报文作出回应,那么必然会浪费系统宝贵的 CPU 和内存资源。如果一个黑客在互联网的某个地方向你的网络设备(计算机、路由器)发送大量的 ICMP 嗅探报文,你的网络设备就会疲于回应,系统资源会被大量浪费,从而没有资源可提供其他服务。

基于 ICMP 的拒绝服务攻击和传统的基于 TCP 的拒绝服务攻击的不同之处在于,对一名网络管理员来说,TCP 的端口在缺省的情况下是关闭的,在需要做特殊的配置,提供某项服务时才打开,而 ICMP 的服务几乎在任何一台网络设备上都是缺省开启的,但过滤 ICMP 的服务类型是一件很麻烦的事。一般情况下,网络管理员不能完全拦截 ICMP 的网络流量,因为还需要使用 ping 来测试网络的连通性。可用的办法是对 ICMP 响应的速度进行流量限制。目前的主要网络设备供应商几乎都不能使设备对 ICMP 响应进行流量控制,导致基于 ICMP 的拒绝服务攻击更加难以预防。

ICMP 还被其他的网络协议用来测试网络的状况,得到一些网络的参数,但问题是 ICMP 和 IP 一样,是非常容易被冒名顶替的。也就是说,一个攻击者或者黑客可以伪造 ICMP 的报文提供给其他的网络协议,使这个网络协议获得错误的网络参数,从而不能正常工作,间接地达到了拒绝服务的攻击目的。这种拒绝服务的攻击不是靠流量来取胜的,一两个精心设计的伪造的 ICMP 报文就有可能对运营商的网络造成极大的伤害。

网络管理员如果不对网络的 ICMP 流量进行必要的控制,将会带来一些安全隐患。

(1) 网络管理员应该向自己网络上所用设备的网络供应商主动询问这些设备在网络 ICMP 安全性方面的功能。

(2) 对不需要的 ICMP 的服务类型要加以过滤。

(3) 对需要的 ICMP 的服务类型(如 ping)也要对网络设备的响应进行流量控

制,防止黑客利用这些 ICMP 的服务来进行拒绝服务的攻击。

6.7.1　基于 ICMP 的 DoS 攻击

1）资源耗尽型 DoS

这种 DoS 攻击主要针对的是带宽,即利用无用的数据来耗尽攻击对象的网络带宽。在 ICMP 中,回显应答(Echo-reply)消息具有较高的优先级。一般情况下,网络总是允许内部主机使用 ping 命令,因此攻击者可以通过高速发送大量的 ICMP 回显请求(Echo-request)消息,使目标的带宽耗尽,阻止合法的或者期望的数据通过网络。例如 Smurf 攻击可以使整个子网内的主机都对目标主机设备进行攻击,以扩大攻击效应。因此,应当使用适当的路由过滤规则来阻止此类攻击。若要完全阻止这类攻击,就要使用基于状态检测的防火墙。

2）针对网络连接服务的 DoS

这种攻击方式可以使主机的当前网络连接终止,一旦攻击效果产生,会影响所有的 IP 设备,因为它使用的是合法的 ICMP 消息类型。攻击者通过发送一个伪造的 ICMP 目的地不可达(Destination Unreachable)或重定向(Redirect)消息来终止正常合法的网络连接。一些攻击会给某个范围内的端口发送大量的数据报,毁掉大量的网络连接,还有一些攻击会利用 ICMP 源站抑制(Source Quench)消息,导致网络信息流量变慢,甚至停止。重定向(Redirect)和路由通告(Router Advertisement)消息也常被用来强制受害主机设备使用一个并不存在的路由器,或者把数据报路由到攻击者的机器进行攻击。

3）针对 OS 操作的 DoS

这类攻击一般称为"Ping of Death",它利用主机操作系统的漏洞直接对目标主机进行攻击,通过发送一个非法的 ICMP 回显请求(Echo-request)消息,使目标系统崩溃或者重新启动。它的原理是:操作系统一般要求 ICMP 数据报的最大尺寸不超过 64 KB,当攻击者向主机发起"Ping of Death"攻击时,如果 ICMP 消息尺寸大于 64 KB,则主机会出现内存分配错误,导致 TCP/IP 堆栈崩溃,致使主机死机。

6.7.2　基于重定向的路由器欺骗

在这种攻击下,攻击者可以利用 ICMP 重定向(Redirect)消息破坏路由,并以此增强其窃听能力。因为除了路由器,主机设备必须服从 ICMP 重定向,如果一台机器向网络中的另一台机器发送了一个 ICMP 重定向消息,就可能引起其他机器具有一张无效的路由表,若此时一台机器伪装成路由器截获某些目标网络或者全部目标的 IP 数据报,就形成了窃听。

通过 ICMP 技术还可以抵达防火墙后面的机器进行攻击和窃听。例如在 IPv6 中,同一个接口可以有多个组播地址,如果攻击者把发送包的其中一个目的地址改为能通过防火墙直达后面受保护主机的地址,则整个数据报就能绕过防火墙。

6.7.3 针对安全问题的应对策略

1) 针对攻击的应对策略

这里只对常见的 DoS 攻击进行相关讨论。

以常见的 Smurf 攻击为例,介绍基于包过滤的阻止 DoS 攻击的方法。为了应对 Smurf 攻击,首先应做以下基本工作:

(1) 关闭带有放大效应的网络。

(2) 禁用定向广播(Directed Broadcast)。

(3) 利用 CAR 进行速度限制。

(4) 使用 IP Unicast reserve_ path forwarding(RPF)查证,阻止 IP Spoofing。

最好的方法是使所有连接在 Internet 上的网络都禁用定向广播的信息交换,此外还要确保网络是不支持放大效应的。这里有两种方法:① 禁用定向广播。需要注意的是,一定要确保每个路由器或者路由器上的界面都由 no ip directed-broadcast 命令禁用了定向广播,即使只漏了一个,也会使你的机器成为攻击放大效应的帮凶。② 过滤定向广播。这是一种在出口和入口进行过滤的方法。

CAR(Committed Access Rate)也译作承诺介入速度,因具有控制流经某一界面的数据量的功能而被应用在安全操作上。它控制带宽的主要标准有三个:① 平均流量,用于决定长时间段上的平均信息流量;② 正常瞬时流量,用于决定某些信息交换超过速度限制之前的最大信息流量;③ 过载瞬时流量,用于决定所有信息交换超过速度限制之前的最大信息流量。

2) 针对 ICMP 边界过滤的策略

由以上介绍可知,很多 ICMP 消息类型的数据报对网络安全都有很大的威胁,都应被防火墙或路由器过滤掉,有的网络管理员索性完全屏蔽掉了所有的 ICMP 数据报。但事实上,很多 ICMP 数据类型是有很大作用的,不应该被完全过滤。下面讨论的就是 ICMP 的边界过滤策略,看看哪些类型的 ICMP 是应该被通过的。

(1) ICMP 回显请求和回显应答。

这两类数据报会被攻击者很轻易地用在 DoS 攻击上,虽然有必要让这两类数据报通过路由,但必须经过严格的条件限制。在绝大多数网络上,网络管理员应当阻止所有从公网向内网发送的回显请求,并只允许内网之间发送这两类消息。在这种情况下,访问控制列表 ACLs 可以设定用来阻塞那些被限制的回显请求。另外很重要的一点是,经过边界路由的因 ICMP 回显请求所造成的信息流量是可以被 CAR 控制的,这在回显请求与回显应答被用来进行 DoS 攻击时是一个非常重要的控制措施。

(2) ICMP 终点不可达。

ICMP 不可达数据报和 MTU 路径发现一样,在确定路由选择时都很重要。如果一个路由器通过它的路由选择标志位确定出一个包的终点是不可达的,它就会向源点发送一个 ICMP 终点不可达消息。另外,如果一个主机设备将一个包的不分片位(DF)置 1,而且这个数据报相对路由器所选的路径而言过大,则路由器就会向主机发送这个消息报告,告诉主机以后发送过来的数据报要么缩小,要么将不分片位(DF)置 0。如果这个包在到达主机前被一个中间路由配置的 ACLs 所丢弃,则一个 MTU 黑洞就产生了。在这种情况下,主机会毫不知情地继续发送过大的数据报,而这样的数据报会被路由器理所当然的丢弃掉。这就告诉我们,过滤 ICMP 不可达消息是不可取的,它是造成 MTU 黑洞的主要原因,因此应对路由器设置 ACLs 以允许这类 ICMP 包通过。

3) ICMP 源站抑制

ICMP 源站抑制是用来控制 TCP 与 UDP 信息流量的。一个网关如果没有足够的缓存来储存路由器上向下一个网络发出的数据报队列,就会丢弃数据。如果一个网关丢弃了一个数据报,它就会向包的来源发出一个 ICMP 源站抑制消息。网关为每一个丢弃的数据报发出一个源站抑制消息,主机收到此数据报后,应该相应地减少向目的地发送的数据报流量,直到不再收到 ICMP 源站抑制消息为止。之后,源点逐渐增加向目的地的信息流量,直到再次收到 ICMP 源站抑制消息。因此,ICMP 源站抑制是非常重要的,不能被阻塞,否则就会使 TCP 与 UDP 失去了不必大量丢失信息就能调节信息流量的能力。

4) ICMP 超时

IP 包上有一个字段被设定为 TTL(Time to Live),它可使陷入路由循环的数据报能被及时地丢弃掉。每经过一个 hop,路由器在把数据报向前传递时都会把 TTL 的值减 1,如果经过某一路由器时此数据报的 TTL 值为 0,则这个路由器就会丢弃这个数据报并向源主机发出 ICMP 超时消息,这就可以帮助网络管理员检查在他们的网络中是否有环路产生。因此,ICMP 超时消息应该被绝大多数 ACL 设置通过。

习　题

1. ICMP 的主要功能有哪些?
2. 主要的 ICMP 报文有哪些类型?简述它们的主要作用。
3. 叙述 ping 命令的用法及其参数的含义。
4. 叙述 Tracert 的原理及其用法。
5. 使用 ICMP 协议探测主机的方法有哪些?
6. 基于 ICMP 的攻击有哪些?

第 7 章　IP 多播与 IGMP

7.1　广播与多播概述

广播和多播仅应用于 UDP，它们对需要将报文同时传往多个接收者的应用来说十分重要。TCP 是一个面向连接的协议，它意味着分别运行于两台主机(由 IP 地址确定)内的两个进程(由端口号确定)间存在一条连接。

考虑包含多个主机的共享信道网络(如以太网)，每个以太网帧均包含源主机和目的主机的以太网地址。每个以太网帧仅发往单个目的主机，称为单播。在这种方式下，任意两台主机间的通信都不会干扰网内的其他主机(可能引起争夺共享信道的情况除外)。

有时一台主机要向网上的所有其他主机发送帧，称为广播。通过 ARP 和 RARP 可以看到这一过程。多播处于单播和广播之间，帧仅传送给属于多播组的多台主机。

首先，网卡查看由信道传送过来的帧，确定是否接收该帧。若接收，则接收后将其传往设备驱动程序。通常网卡仅接收那些目的地址为网卡物理地址或广播地址的帧。另外，多数接口均被设置为混杂模式，这种模式能接收每个帧的一个复制。

目前大多数的网卡经过配置都能接收目的地址为多播地址或某些子网多播地址的帧。对于以太网，当地址中最高字节的最低位设置为 1 时，表示该地址是一个多播地址，用十六进制可表示为 01:00:00:00:00:00(以太网广播地址 ff:ff:ff:ff:ff:ff 可看作以太网多播地址的特例)。

为了弄清广播和多播，需要了解主机对由信道传送过来的帧的过滤过程。协议栈各层对收到帧的过滤过程如图 7-1 所示。

如果网卡收到一个帧，这个帧将被传送给设备驱动程序。如果帧检验和错，则网卡将丢弃该帧，设备驱动程序将进行另外的帧过滤。首先，帧类型中必须指定要使用的协议(如 IP，ARP 等)。其次，进行多播过滤来检测该主机是否属于多播地址说明的多播组。

设备驱动程序随后将数据帧传送给上一层，例如当帧类型指定为 IP 时，就传往 IP 层。IP 层根据 IP 地址中的源地址和目的地址进行更多的过滤检测。如果正常，则将数据报传送给上一层(如 TCP 或 UDP)。

每次 UDP 收到由 IP 传送来的数据报，就根据目的端口号(有时还要根据源端口号)对数据报进行过滤。如果当前没有进程使用该目的端口号，则丢弃该数据报并产生一个 ICMP 不可达报文(TCP 根据它的端口号进行相似的过滤)。如果 UDP 数据报存在检验和错，则该数据报将被丢弃。

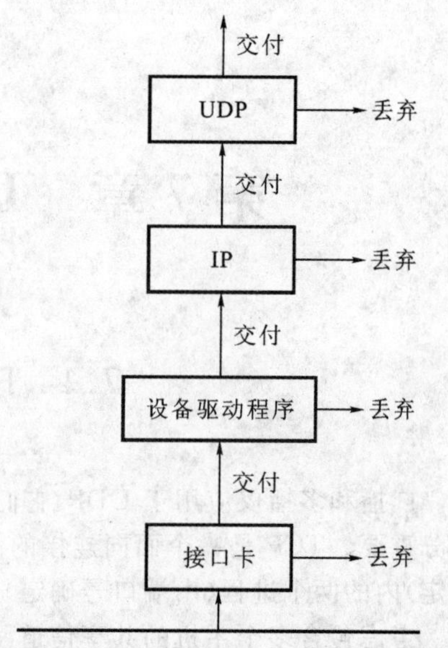

图 7-1　协议栈各层对收到帧的过滤过程

广播的使用增加了对广播数据不感兴趣的主机的处理负担。以一个使用 UDP 广播的应用为例，如果网内有 50 台主机，但仅有 20 台参与该应用，每次这 20 台主机中的一台发送 UDP 广播数据时，其余 30 台主机不得不处理这些广播数据报，一直到 UDP 层，收到的 UDP 广播数据报才会被丢弃。这 30 台主机丢弃 UDP 广播数据报是因为这些主机没有使用这个目的端口。

多播的出现减少了对应用不感兴趣主机的处理负担。使用多播，主机可以加入一个或多个多播组，这样网卡将获悉该主机属于哪个多播组，然后仅接收主机所在多播组的那些多播帧。

7.2　广　播

7.2.1　受限的广播

受限的广播也称为本地广播，地址是 255.255.255.255。在任何情况下，路由器都不转发目的地址为受限广播地址的数据报，这样的数据报仅出现在本地网络中。

一个未解的问题是：如果一台主机是多接口的，当一个进程向本网广播地址发送数据报时，为了实现广播，是否应该将数据报发送到每个相连的接口上？如果不是这样的，要想实现对主机所有接口的广播，就必须确定主机中支持广播的所有接口，然后向每个接口发送一个数据报复制。

7.2.2　指向网络的广播

指向网络的广播，即对一个特定网络进行广播，其地址是主机号为全 1 的地址，如 A 类网络广播地址为 netid.255.255.255，其中 netid 为 A 类网络的网络号。

一个路由器一般应转发指向网络的广播，除非它有一个不进行转发的选择，如在

ACL 中设置了过滤。

7.3 多　播

多播就是向多个目的地址传送数据，这方面的应用有许多，例如交互式会议系统、向多个接收者分发邮件或新闻等。如果不采用多播，目前这些应用大多采用 TCP 来完成（向每个目的地址传送一个单独的数据复制）。然而，即使使用多播，某些应用也可能继续采用 TCP 来保证它的可靠性。

7.3.1　多播组地址

图 7-2 显示了 D 类 IP 地址的格式。

图 7-2　D类 IP 地址格式

不像其他三类 IP 地址（A，B 和 C）那样，D 类 IP 地址分配的 28 位均用做多播组号而不再表示其他。

多播组地址包括的内容为 1110 的最高 4 位和多播组号，它们通常可表示为点分十进制数，范围从 224.0.0.0 到 239.255.255.255。

能够接收发往一个特定多播组地址数据的主机集合称为主机组（host group）。一个主机组可跨越多个网络。主机组中成员可随时加入或离开主机组。主机组中对主机的数量没有限制，不属于某一主机组的主机也可以向该组发送信息。

一些多播组地址被 IANA 确定为熟知地址，它们也被当做永久主机组，这和 TCP 及 UDP 中的熟知端口相似。同样，这些熟知多播地址在 RFC 最新分配的数字中列出。注意：这些多播地址所代表的组是永久组，但它们的组成员却不是永久的，可以随时变化。

例如，224.0.0.1 代表"该子网内的所有系统组"，224.0.0.2 代表"该子网内的所有路由器组"，多播地址 224.0.1.1 用做网络时间协议 NTP，224.0.0.9 用做 RIP V2，224.0.1.2 用做 SGI 公司的 dogfight 应用。

7.3.2　多播组地址到以太网地址的转换

为了让组播拥有一个特定的硬件地址，IANA 专门拿出一个以太网地址块作为多播，即高位 24 位为 00:00:5e（十六进制表示），这意味着该地址块所拥有的地址范围从 01:00:5e:00:00:00 到 00:00:5e:ff:ff:ff，并且 IANA 将其中的一半分配为多播地址。为了指明一个多播地址,任何一个以太网地址的首字节必须是 01,这意味着与 IP 多播相对应的以太网地址范围从 01:00:5e:00:00:00 到 01:00:5e:7f:ff:ff。

这里对 CSMA/CD 或令牌网使用的是 Internet 标准比特顺序,和在内存中出现的比特顺序一样,这也是大多数程序设计员和系统管理员采用的顺序。IEEE 文档采用了这种比特传输顺序,Assigned Numbers RFC 给出了这些表示的差别。

这种地址分配将使以太网多播地址中的 23 位与 IP 多播组号对应起来,通过将多播组号中的低 23 位映射到以太网地址中的低 23 位来实现地址映射,这个过程如图 7-3 所示。

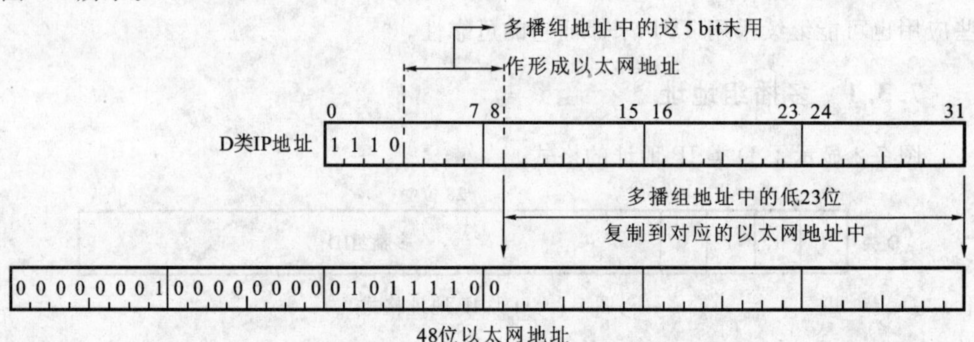

图 7-3 D 类 IP 地址到以太网多播地址的映射

由于多播组号中的最高 5 位在映射过程中被忽略,因此每个以太网多播地址对应的多播组不是唯一的,有可能 32 个不同的多播组号被映射为一个以太网地址。例如,多播地址 224.128.64.32(十六进制 e0.80.40.20)和 224.0.64.32(十六进制 e0.00.40.20)都映射为同一以太网地址 01:00:5e:00:40:20。

既然地址映射不唯一,设备驱动程序或 IP 层就必须对数据报进行过滤,因为网卡可能接收到主机不想接收的多播数据帧。另外,如果网卡不提供足够的多播数据帧过滤功能,设备驱动程序就必须接收所有多播数据帧,然后对它们进行过滤。

局域网网卡趋向两种处理类型:一种是网卡根据对多播地址的散列值实行多播过滤,这意味着仍会接收到不想接收的多播数据;另一种是网卡只接收一些固定数目的多播地址,这意味着当主机想接收超过网卡预先支持的多播地址以外的多播地址时,必须将网卡设置为"多播混杂"(multicast promiscuous)模式。因此,这两种类型的网卡仍需要设备驱动程序检查收到的帧是否真是主机所需要的。

由此可见,过滤策略不是太完美。由于从 D 类 IP 地址到 48 位的硬件地址的映射不是一对一的,所以过滤过程仍是必要的。尽管存在地址映射不完美和需要硬件过滤的不足,多播仍然比广播好。

单个物理网络的多播是简单的,多播进程将目的 IP 地址指明为多播地址,设备驱动程序将它转换为相应的以太网地址,然后把数据发送出去。这些接收进程必须通知它们的 IP 层它们想接收的发往给定多播地址的数据报，并且设备驱动程序必须能够接收这些多播帧，这个过程就是“加入一个多播组”。当一台主机收到多播数据报时，它必须向属于那个多播组的每个进程均传送一个复制，这和单个进程收到单播 UDP 数据报的 UDP 不同。使用多播，一个主机上可能存在多个属于同一多播组的进程。

当把多播扩展到单个物理网络以外需要通过路由器转发多播数据时，复杂性就增加了。需要有一个协议让多播路由器了解网络中属于多播组的任何一台主机，这个协议就是 Internet 组管理协议(IGMP)，也是下一节要介绍的内容。

7.4　因特网组管理协议 IGMP

7.4.1　引言

7.3 节概述了 IP 多播，并介绍了 D 类 IP 地址到以太网地址的映射方式，也简要说明了单个物理网络中的多播过程。但当涉及多个网络并且多播数据必须通过路由器转发时，情况会复杂得多。

本节将介绍用于支持主机和路由器进行多播的 Internet 组管理协议(IGMP)。它可使一个物理网络上的所有系统知道主机当前所在的多播组，多播路由器需要这些信息以便知道多播数据报应该向哪些接口转发。

正如 ICMP 一样，IGMP 也被当做 IP 层的一部分，IGMP 报文通过 IP 数据报进行传输。不像已经介绍的其他协议，IGMP 具有固定的报文长度，没有可选数据。图 7-4 显示了 IGMP 报文是如何封装在 IP 数据报中的。

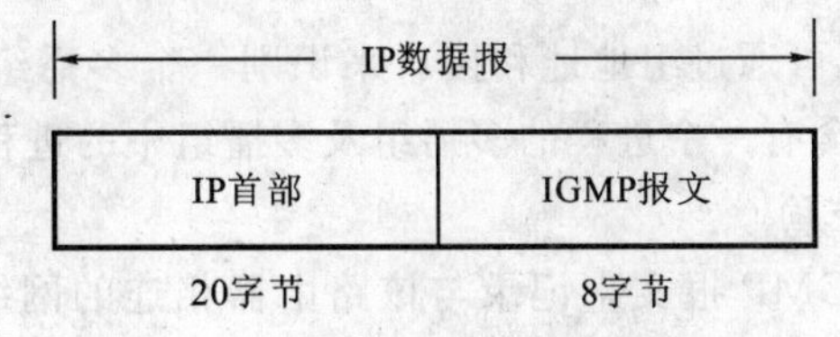

图 7-4　IGMP 报文封装在 IP 数据报中

IGMP 报文通过 IP 首部协议字段值为 2 来指明。

7.4.2　IGMP 报文

图 7-5 所示为长度为 8 字节、版本为 1 的 IGMP。IGMP 类型为 1 说明是由多播路由器发出的查询报文，类型为 2 说明是由主机发出的报告报文。检验和的计算与 ICMP 协议相同。组地址为 D 类 IP 地址，在查询报文中组地址为 0，在报告报文中组地址为要参加的组地址。

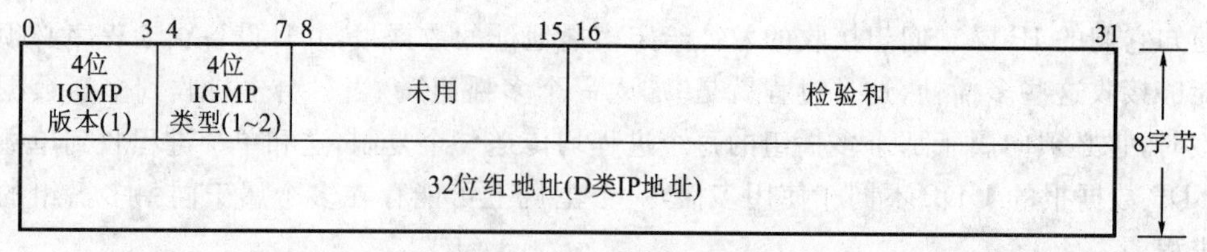

图 7-5 IGMP 报文的格式

7.4.3 IGMP 协议

该协议运行于主机和与主机直接相连的组播路由器之间，是 IP 主机用来报告多址广播组成员身份的协议。一方面，通过 IGMP 协议主机可以通知本地路由器希望加入并接收某个特定组播组的信息；另一方面，路由器通过 IGMP 协议周期性地查询局域网内某个已知组的成员是否处于活动状态。

IGMP 协议的主要作用是解决网络上广播时占用带宽的问题。当给所有客户端发出广播信息时，支持 IGMP 的交换机会将广播信息不经过滤地发送给所有客户端，而通过组播的方式只需要将这些信息传输给某一部分的客户端。

1）加入一个多播组

多播的基础就是一个进程(进程是指操作系统执行的一个程序)，该进程在一台主机的给定接口上加入了一个多播组。一个给定接口上的多播组中的成员是动态的，它随时因进程的加入或离开多播组而变化。

这里所指的进程必须以某种方式在给定的接口上加入某个多播组，同时进程也能离开先前加入的多播组，这些都是一个支持多播主机中任何 API 所必需的部分。使用限定词“接口”是因为多播组中的成员是与接口相关联的，一个进程可以在多个接口上加入同一个多播组。

这里暗示一台主机可通过组地址和接口来识别一个多播组，主机必须保留一个表，表中包含所有至少含有一个进程的多播组及多播组中的进程数。

2）IGMP 报告和查询

多播路由器使用 IGMP 报文来记录与该路由器相连的网络中组成员的变化情况，其使用规则如下：

(1) 当第一个进程加入一个组时，主机就发送一个 IGMP 报告。如果一台主机的多个进程加入同一组，则只发送一个 IGMP 报告。这个报告被发送到进程加入的组所在的同一接口上。

(2) 当进程离开一个组时，主机不发送 IGMP 报告，即使是组中的最后一个进程离开，也不发送。主机知道在确定的组中已不再有组成员后，在随后收到的 IGMP 查询中就不再发送报告报文。

(3) 多播路由器定时发送 IGMP 查询来了解是否还有任何主机包含属于多播组

的进程。多播路由器必须向每个接口发送一个IGMP查询，希望主机对它加入的每个多播组均发回一个报告，因此，IGMP查询报文中的组地址被设置为0。

(4) 主机通过发送IGMP报告来响应一个IGMP查询，对每个至少还包含一个进程的组均要发回IGMP报告。

使用这些查询和报告报文，多播路由器对每个接口保持一个表，表中记录接口上至少还包含一个主机的多播组。当路由器收到要转发的多播数据报时，只将该数据报转发到(使用相应的多播链路层地址)还拥有属于那个组的主机的接口上。

图7-6显示了两个IGMP报文，其中一个是主机发送的报告，另一个是路由器发送的查询。该路由器正在要求接口上的每台主机说明它加入的每个多播组。

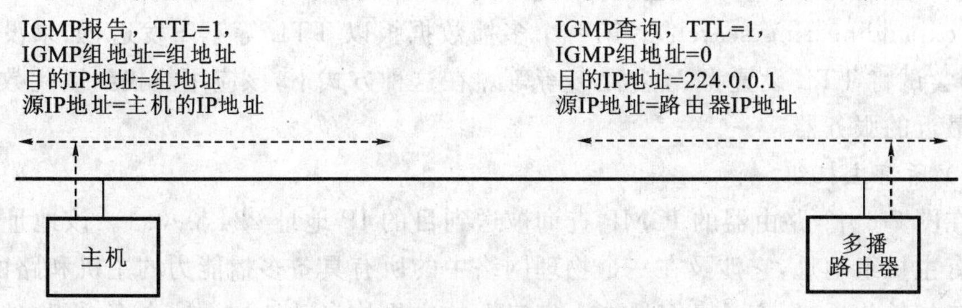

图7-6　IGMP的报告和查询

3) 实现细节

为了改善该协议的效率，需要考虑许多细节。

首先，当一台主机首次发送IGMP报告(当第一个进程加入一个多播组)时，并不保证该报告被可靠接收(因为使用的是IP交付服务)。下一个报告将间隔一段时间后发送，这个时间间隔由主机在0～10 s的范围内随机选择。

其次，当一台主机收到一个从路由器发出的查询后，并不立即响应，而是经过一定的时间间隔才作出一些响应。既然参加同一多播组的多个主机均发送一个报告，那么可将它们的发送间隔设置为随机时延。一个物理网络中的所有主机都将收到同组其他主机发送的所有报告，因为图7-6所示的报告中的目的地址就是那个组地址。这意味着，如果一台主机在等待发送报告的过程中收到了来自其他主机的相同报告，则该主机的响应就不必发送了，因为多播路由器并不关心有多少台主机属于该组，而只关心该组是否至少有一台主机属于该组。一个多播路由器甚至不关心哪台主机属于一个多播组，它仅仅想知道在给定的接口上是否至少还有一台主机属于某个多播组。

在没有任何多播路由器的单个物理网络中，仅有的IGMP通信就是在主机加入一个新的多播组，支持IP多播的主机所发出的报告。

4) 生存时间字段

在图7-6中，我们注意到IGMP报告和查询的生存时间(TTL)均设置为1，这涉及IP首部中的TTL字段。一个初始TTL为0的多播数据报将被限制在同一台主机。在默认情况下，待传多播数据报的TTL被设置为1，这将使多播数据报局限在同一子网内传送。更大的TTL值能被多播路由器转发。

对发往一个多播地址的数据报从不会产生ICMP差错，当TTL值为0时，多播路由器也不产生ICMP“超时”差错。

在正常情况下，用户进程不关心传出数据报的TTL。但一个例外是Tracert程序，它主要依据设置TTL值来完成。多播应用必须能够设置要传送数据报的TTL值，这意味着程序设计接口必须为用户进程提供这种功能。

通过增加TTL值的方法，一个应用程序可以实现对一个特定服务器的扩展环搜索(expanding ring search)。第一个多播数据报以TTL等于1发送，如果没有响应，则尝试将TTL设置为2，然后3，等等。在这种方式下，该应用能找到以跳数来度量的最近的服务器。

5) 所有主机组

在图7-6中，路由器的IGMP查询被送到目的IP地址224.0.0.1。该地址被称为所有主机组地址，它涉及在一个物理网络中的所有具备多播能力的主机和路由器。当接口初始化后，所有具备多播能力接口上的主机均自动地加入这个多播组，这个组的成员无需发送IGMP报告。

习　题

1. 简述协议栈各层对收到的帧过滤的过程。
2. D类多播地址如何向以太网地址转换？
3. 简述IGMP的工作原理。

第8章　用户数据报协议 UDP

8.1　UDP 和 TCP 的比较

用户数据报协议(UDP)是 ISO 参考模型中一种无连接的传输层协议,可提供面向事务的简单不可靠信息的传送服务。UDP 协议基本上是 IP 协议与上层协议的接口。UDP 协议适用于端口分别运行在同一台设备上的多个应用程序。

由于大多数网络应用程序都在同一台机器上运行,所以计算机必须确保目的地机器上的软件程序能从源地址机器处获得数据包,而源计算机能收到正确的回复。这是通过使用 UDP 的“端口号”完成的。例如,一个工作站希望在工作站 128.1.123.1 上使用域名服务系统,它就会给数据包一个目的地址 128.1.123.1 ,并在 UDP 头插入目标端口号 53。源端口号标识了请求域名服务的本地机的应用程序,同时需要将所有由目的站生成的响应包都指定到源主机的这个端口上。

与 TCP 不同,UDP 并不提供对 IP 协议的可靠机制、流控制及错误恢复功能等。由于 UDP 比较简单,UDP 头包含很少的字节,所以它比 TCP 负载消耗少。

UDP 适用于不需要 TCP 可靠机制的情况,例如高层协议或应用程序提供错误和流控制功能时。UDP 是传输层协议,它服务于很多知名的应用层协议,包括网络文件系统(NFS)、简单网络管理协议(SNMP)、域名系统(DNS)及简单文件传输系统(TFTP)。

8.1.1　可靠性

此处所谓的可靠性是指能否保证将传送的数据送达对方。

如图 8-1 所示,TCP 中采用超时重发与确认响应的措施来提供可靠的传输,而 UDP 则不提供可靠性保证。

如果采用 UDP,同时又要保证可靠性,则需要通过应用程序去确认数据的到达与否。这样一来,势必增加应用软件开发人员的负担。

但是如果只是传送一个数据包,并让其返回某些响应信息,那么编制相应功能的应用软件也不算复杂。诸如这种传送少量数据的情况,不需要做连接处理等,也许使用 UDP 编制应用程序的开发人员会乐于接受。

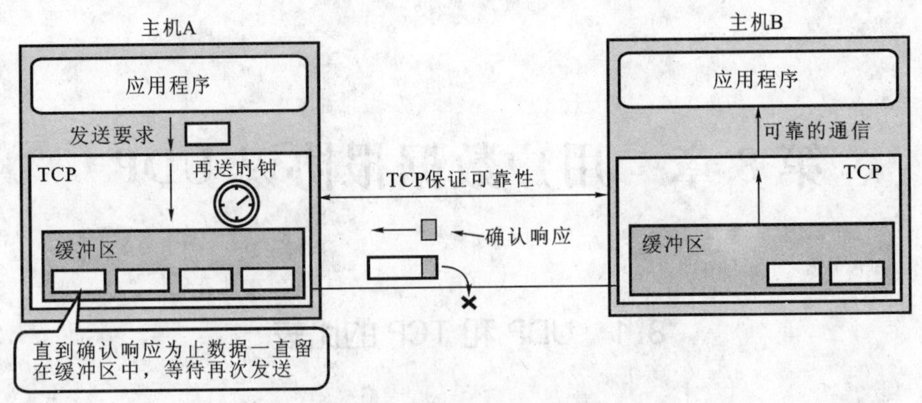

用TCP通信，就由TCP保证可靠性

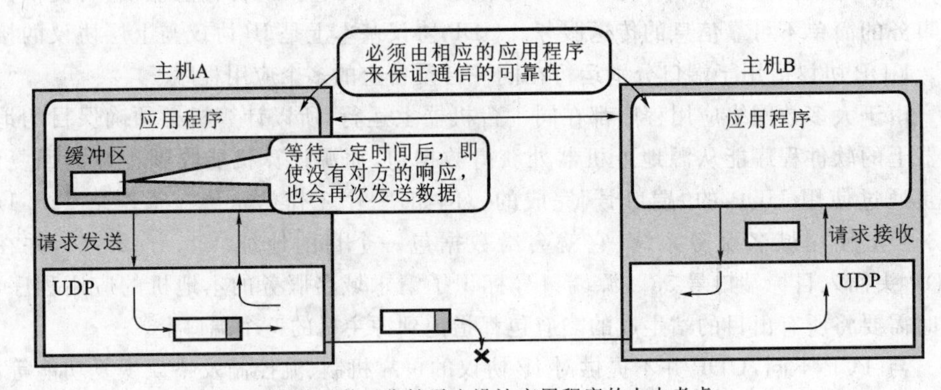

用UDP通信，其可靠性需由设计应用程序的人去考虑

图 8-1　可靠性

8.1.2　数据流型与数据报型

进行数据分发时，TCP 采用数据流(stream)的形式，而 UDP 采用数据报(data gram)的形式，它们的不同之处如图 8-2 所示。

当采用 UDP 协议时，它只是把应用程序传送的数据原封不动地附加上 UDP 的报头及 IP 报头，然后传送到网上。

当采用 TCP 协议时，它要对应用程序传送过来的数据进行一些加工、控制后，再传送到网上去。也就是说，应用程序做成的数据在 TCP 中被重新加工，划分成一定大小的数据报之后再传送到网上去，以便提高网络的使用效率。

例如，在采用 UDP 协议的情况下，如果应用程序把 100 个字节的数据一个字节一个字节地传送，那么在 UDP 层，这批数据就按照一个字节打成一个数据报，一共做成 100 个包被传送到网上。但在采用 TCP 协议的情况下，则要把一个字节一个字节的数据归并成 100 个字节并打成一个数据报传送到网上。因此，TCP 协议是在考

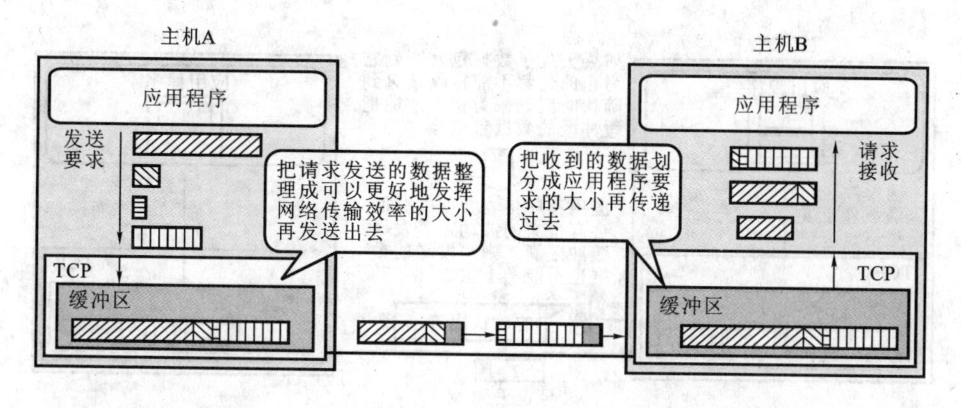

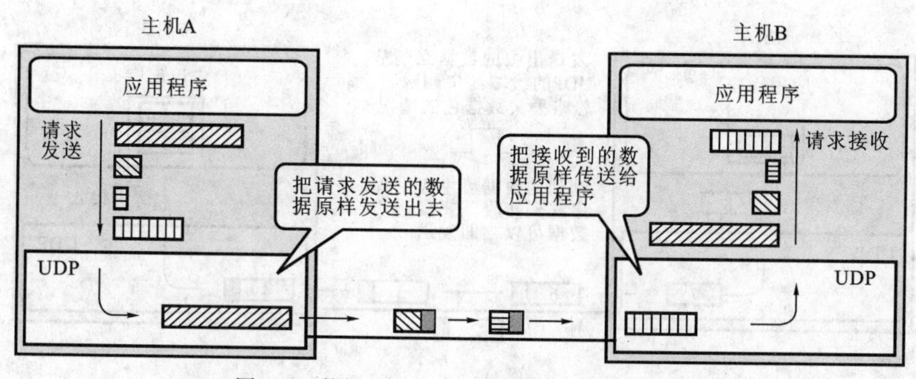

图 8-2　数据流型的 TCP 和数据报型的 UDP

虑提高网络的使用效率的情况下进行的一些通信控制处理和加工。

8.1.3　数据报分发的实时性

数据到达的实时性要求有两种情况：一种是若不马上到达对方就没有意义的情况；一种是即使经过一段时间后到达也不会失去意义的情况。

例如在打电话时，如果说出的语句在 10 s 以后才传到对方的耳朵里，就不称为对话了，即说出语句后，如果不能立即传到对方就失去了意义。

而在电子邮件的场合则不同，只要全部数据最终均到达对方即可，两个数据报的到达间隔哪怕为 1 min，影响也不大。

在 TCP 协议中，为了提高可靠性，若有数据没有传送到，则要重发该数据报，即当因网络拥塞等而使数据报丢失时，直到重发的数据送到对方为止不进行下一个通信处理。因此，在中途所有的数据全部到达以前，已经到达的数据也一直存放在缓冲区中，并不急于传送给应用程序，所以 TCP 协议是面向电子邮件一类的实时性要求不是很强的通信应用所需的软件。它的可靠性较高，但实时性不够。

UDP 随时传送最新的数据，即使中途发生丢失情况也不去理睬，所以说 UDP 协

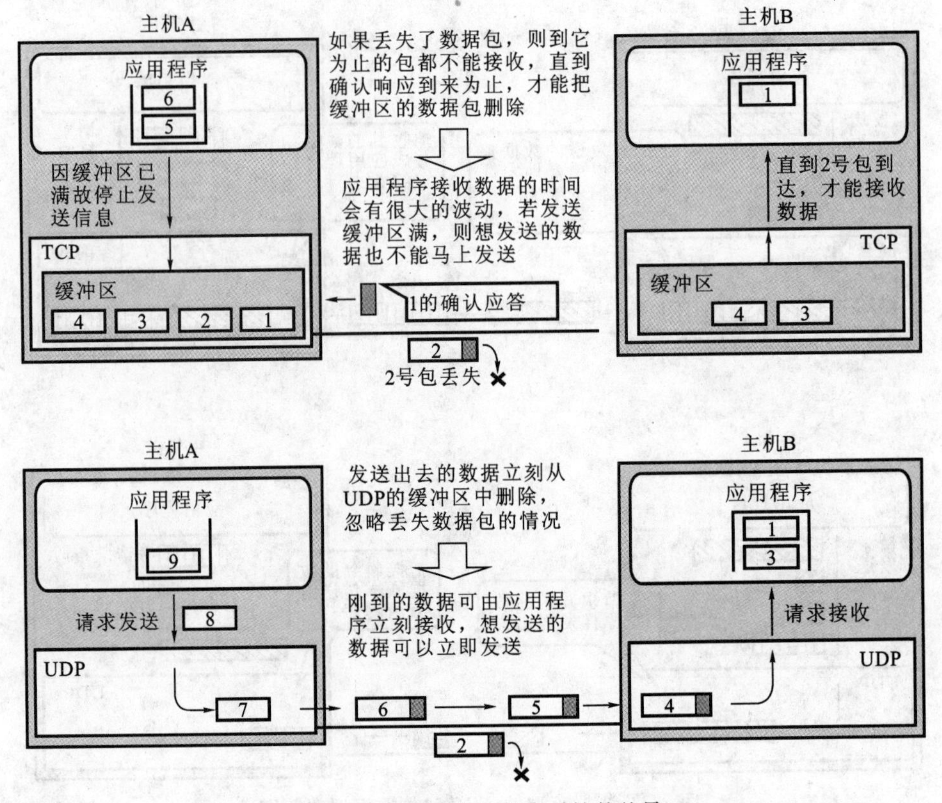

图 8-3　TCP 和 UDP 的实时性的差异

议是面向必须要立即送到的数据通信应用所需的软件。它的实时性较强，但可靠性不够。

8.1.4　通信对方的数量

TCP 协议只适用于一对一的方式，其通信必须一对一地进行。要想与若干对手进行通信，就必须在要通信的所有对手之间一对一地确立连接后才能向所有接收方传送数据。

UDP 协议除了支持一对一方式的通信以外，还支持多播和广播方式的通信。因此，如图 8-4 所示，当要把同样的数据传送给多台计算机时，采用 UDP 协议可以减少所发数据报的数量。

8.1.5　流控制

如图 8-5 所示，TCP 是借助窗口自动地进行流控制的，而 UDP 则不具备流控制功能，必要时由应用程序进行流控制，或者进行不会引起接收方计算机缓冲区溢出的处理。

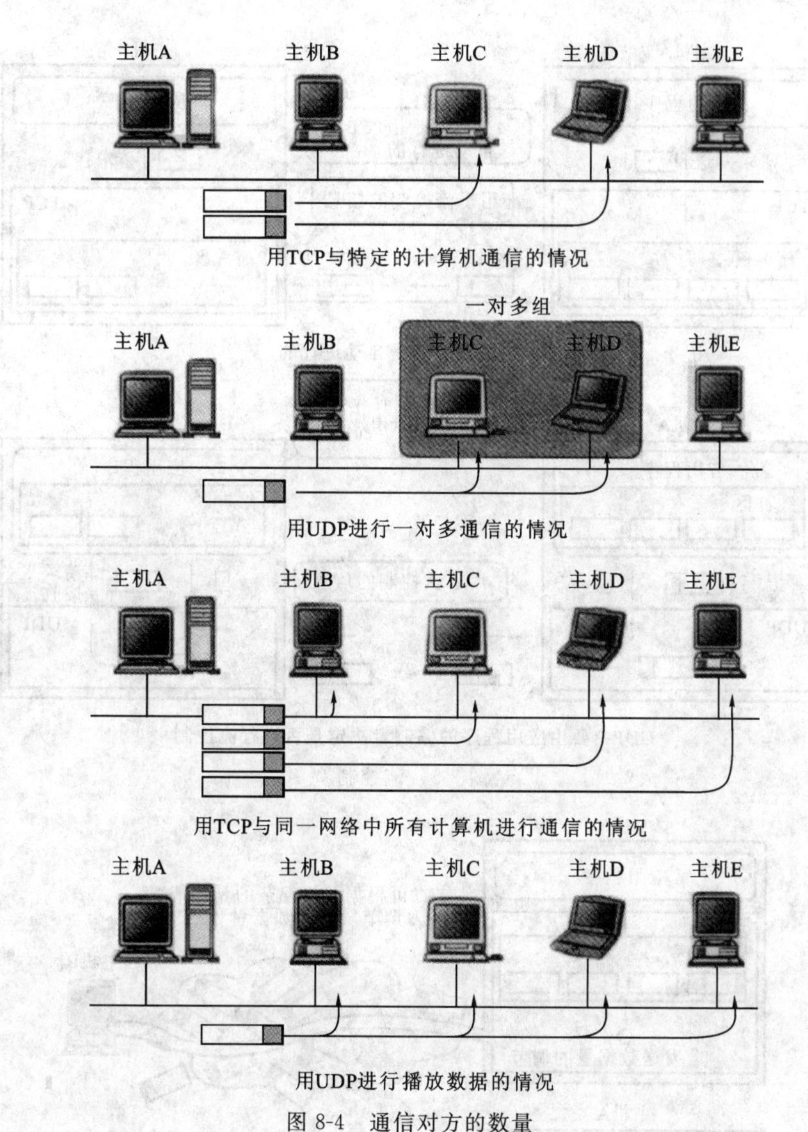

图 8-4　通信对方的数量

8.1.6　拥塞控制

TCP 具有控制网络拥塞的功能。如图 8-6 所示，当网络出现拥塞而发生丢失数据报的情况时，缩小拥塞窗口降低数据传送速度，可缓解网络拥塞现象。

UDP 协议没有拥塞控制功能，因此，UDP 不是面向以拥塞控制为主的处理。当要传送大量数据时，需要根据预期的数据量和传送速度进行网络设计，还可能要设立一定的机构专门负责在通信主体之间分配可以使用的带宽，即进行带宽控制（Quality of Service，QoS）等处理。

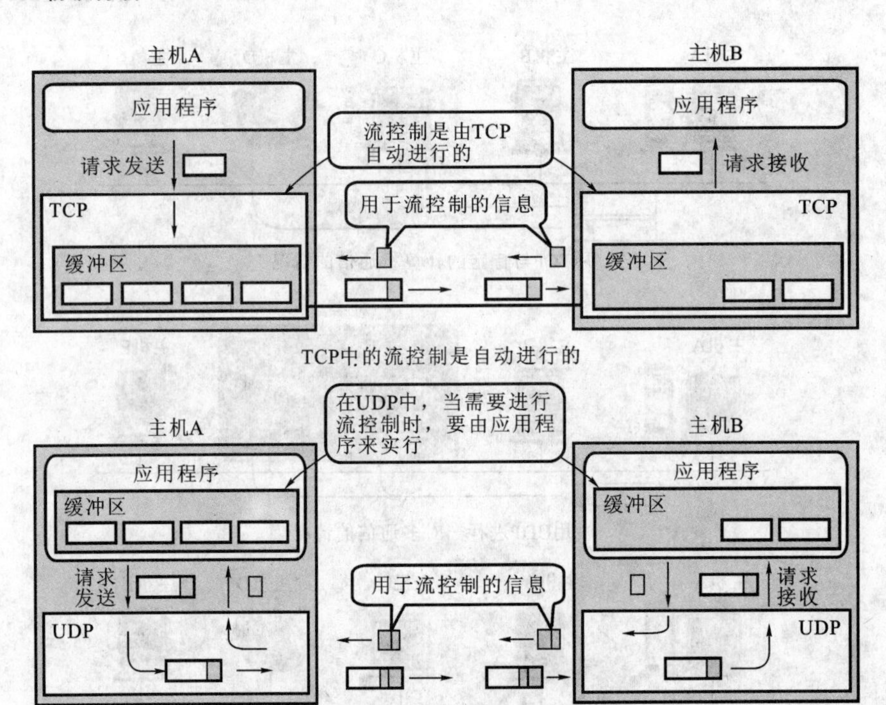

图 8-5　流控制

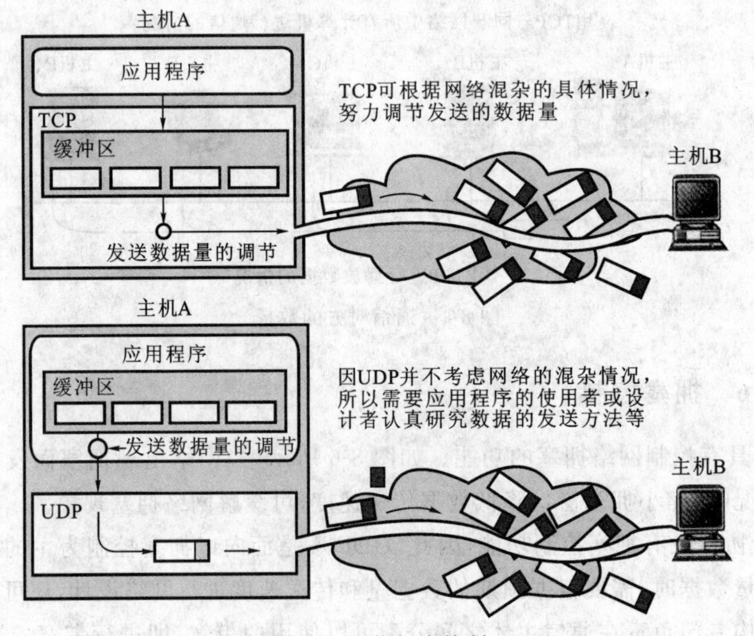

图 8-6　网络拥塞控制

8.2　UDP首部

UDP首部的各字段如图8-7所示。

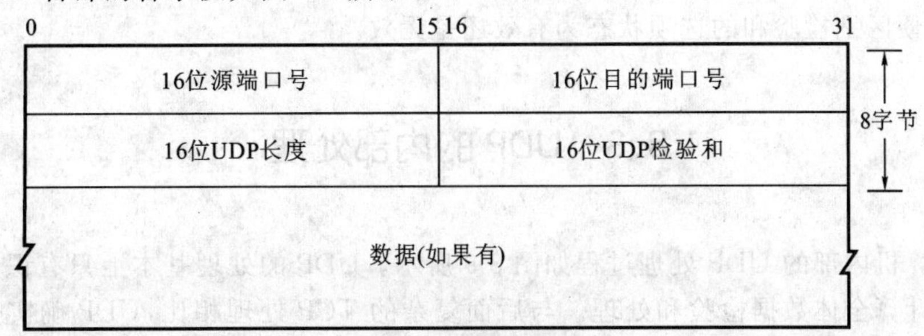

图8-7　UDP首部

端口号表示发送进程和接收进程。由于IP层已经把IP数据报分配给TCP或UDP(根据IP首部中协议字段值)，因此TCP端口号由TCP来查看，而UDP端口号由UDP来查看。TCP端口号与UDP端口号是相互独立的。尽管它们相互独立，但若TCP和UDP同时提供某种知名服务，两个协议通常选择相同的端口号。这只是为了使用方便，而不是协议本身的要求。

UDP长度字段指的是UDP首部和UDP数据的字节长度，该字段的最小值为8字节。IP数据报长度指的是数据报全长，因此UDP数据报长度是全长减去IP首部的长度(该值在首部长度字段中指定)。

在UDP中，可以利用检验和来保证数据不被破坏。由UDP检验和所保证的数据如图8-8所示。不仅UDP的报头与数据，而且收发人的IP地址和协议序号及数据报长度等字段也可保证正确无误。

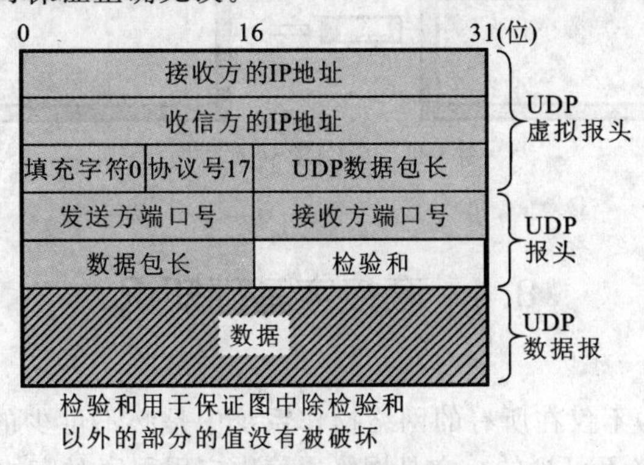

图8-8　UDP的检验和

UDP的检验和可以当做选项，也可使其处于无效状态。当检验和一项变成无效状态时，其通信的可靠性就会降低，但因不需要进行检验和的计算处理，因此可提高数据的传输速度。

当选择无效时，检验和字段中的各位皆为 0，但这也许会与检验和的合计为 0 的情况相混淆。为了解决这个问题，可以采用 1 的补码表示方法对两种类型的 0 进行区别。在检验和有效的场合，当碰到检查和的合计变为 0 的情况时，就将其各位均变为 1，以便区别检验和的选项状态为有效还是无效。

8.3 UDP的内部处理

计算机内部的 UDP 处理过程如图 8-9 所示。UDP 的处理基本上只有识别端口处理及计算全体数据检验和处理。与后面复杂的 TCP 处理相比，UDP 确实是一种相当简单的协议。

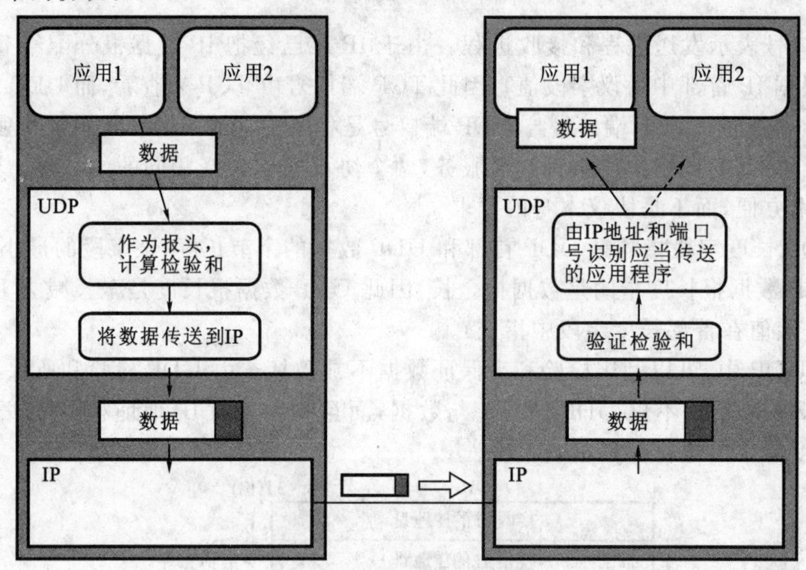

图 8-9 用 UDP 转发数据

8.4 套接字基础知识

Socket(套接字)不仅在所有的网络操作系统中是必不可少的，而且在所有的网络应用程序中也是必不可少的。它是网络通信中应用程序对应的进程和网络协议之间的接口，如图 8-10 所示。

Socket 在网络系统中的作用是：

(1) Socket 位于协议之上,屏蔽了不同网络协议之间的差异。

(2) Socket 是网络编程的入口,提供了大量的系统调用,构成了网络程序的主体。

(3) 在 Linux 系统中,socket 属于文件系统的一部分,网络通信可以看作对文件的读取,使得对网络的控制和对文件的控制一样方便。

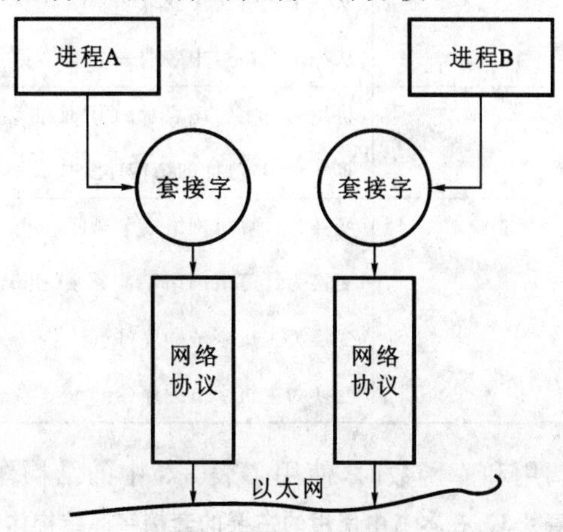

图 8-10　套接字在网络系统中的地位

8.4.1　套接字概述

所谓套接字,是指应用程序接受计算机网络通信服务时的程序接口(Application Programming Interface,API)。在套接字中,准备了表 8-1 和表 8-2 所示的系统调用和库函数。

表 8-1　在本书中使用的主要的套接字系统调用

函　数	功　能
socket( )	打开一个套接字
close( )	关闭一个套接字
bind( )	设定自己主机的 IP 地址和端口号
listen( )	开始接受一个连接
connect( )	建立连接请求(设定对方的 IP 地址、端口号)
accept( )	使用所接受的连接来编制套接字
recv( )	接收一个报文
recvfrom( )	接收一个报文
send( )	发送一个报文
sendto( )	发送一个报文
select( )	输入输出的多重选择

表 8-2 在本书中使用的主要的套接字库函数

函 数	功 能
gethostbyname( )	从一个域名中获取一个 IP 地址
gethostbyaddr( )	从一个 IP 地址中获取一个域名
getservbyname( )	从一个关键字中获取一个端口号
getservbyaddr( )	从一个端口号中获取一个关键字
inet_addr( )	将用一个字符串表示的 IP 地址变换成结构体
inet_ntoa( )	将一个 IP 地址的结构体变换成字符串
htonl( )	变换为计算机网络字节顺序(long)
htons( )	变换为计算机网络字节顺序(short)
ntohl( )	变换为主机字节顺序(long)
ntohs( )	变换为主机字节顺序(short)

在使用上述系统调用和库函数时,使用了表 8-3 中的结构体。

表 8-3 在本书中使用的主要的套接字库结构体

结构体	功 能
s_addr 结构体	用于存储一个 IP 地址
sockaddr 结构体	用于存储套接字地址的结构体的一般形式
sockaddr_in 结构体	用于存储一个 IP 地址和端口号
servent 结构体	用于存储服务的信息

下面先简单地介绍一下主要的系统调用知识,然后再详介绍各种系统调用或库函数。

利用套接字进行通信,与 UNIX 低级文件的输入输出操作非常相似。在低级文件的输入输出中,如果使用 open 系统调用打开一个文件,则返回一个称为文件描述符的整数值。指定一个文件描述符之后,就可以利用 read 系统调用或 write 系统调用对该文件进行读或写操作。读或写文件结束,利用 close 系统调用关闭文件。

在使用套接字时,如果利用 socket 系统调用来打开一个套接字,则返回与文件描述符同样的整数值。在 UNIX 中,套接字的描述符与文件描述符是可以共享的。

利用 socket 系统调用可打开一个套接字,但仅凭这一点还是不能进行通信。在进行通信时,还必须指定对方的 IP 地址和端口号。这种指定不是由 socket 系统调用完成的,而是由其他系统调用实现的。在指定对应的 IP 地址和端口号时,可以利用 connect 系统调用;在指定自己的 IP 地址和端口号时,可以利用 bind 系统调用。

在 TCP 协议等面向连接的协议中,利用 listen 系统调用可以接受一个连接请求并对其进行处理，利用 accept 系统调用可以将所接收到的连接作为其他描述符取出并加以处理。

如果执行这些操作，则能够完成发送和接收的处理工作。send 系统调用或 sendto 系统调用是用来发送数据的，而 recv 系统调用或 recvfrom 系统调用是用来接收所发送的报文的。

在通信结束时，使用 close 系统调用。close 系统调用与低级文件的输入输出的 close 系统调用相同。

8.4.2　基本套接字

在 TCP/IP 网络中，两个进程间相互作用的主机模式是客户机/服务器模式（Client/Server Model）。该模式的建立基于以下两点：① 非对等作用；② 通信完全是异步的。客户机/服务器模式在操作过程中采取的是主动请示方式。

服务器方要先启动，并根据请示提供相应服务，过程如下：

(1) 打开一个通信通道并告知本地主机，它愿意在某一个公认的地址上接收客户请求。

(2) 等待客户请求到达该端口。

(3) 接收到重复服务请求，处理该请求并发送应答信号。

(4) 返回第(2)步，等待另一个客户请求。

(5) 关闭服务器。

客户方的操作如下：

(1) 打开一通信通道，并连接到服务器所在主机的特定端口。

(2) 向服务器发送服务请求报文，等待并接收应答，然后继续提出请求……

(3) 请求结束后关闭通信通道并终止。

为了更好地说明套接字编程原理，给出几个基本的套接字。

1) 创建套接字——socket( )

功能：使用前创建一个新的套接字。

格式：SOCKET PASCAL FAR socket(int af，int type，int protocol)；

参数：af　通信发生的区域；

　　type　要建立的套接字类型；

　　protocol　使用的特定协议。

2) 指定本地地址——bind( )

功能：将套接字地址与所创建的套接字号联系起来。

格式：int PASCAL FAR bind(SOCKET s，const struct sockaddr FAR * name，int namelen)；

参数:s 是由 socket( )调用返回的并且未作连接的套接字描述符(套接字号)。

其他:没有错误,bind( )返回 0,否则返回 SOCKET_ERROR。

地址结构说明如下:

```
struct sockaddr_in
{
    short sin_family              //AF_INET
    u_short sin_port              //16 位端口号,网络字节顺序
    struct in_addr sin_addr       //32 位 IP 地址,网络字节顺序
    char sin_zero[8]              //保留
}
```

3) 建立套接字连接——connect( ) 和 accept( )

功能:共同完成连接工作。

格式:int PASCAL FAR connect(SOCKET s, const struct sockaddr FAR * name, int namelen);

SOCKET PASCAL FAR accept(SOCKET s, struct sockaddr FAR * name, int FAR * addrlen);

参数:同上。

4) 监听连接——listen( )

功能:用于面向连接服务器,表明它愿意接收连接。

格式:int PASCAL FAR listen(SOCKET s, int backlog);

5) 数据传输——send( ) 和 recv( )

功能:数据的发送与接收。

格式:int PASCAL FAR send(SOCKET s, const char FAR * buf, int len, int flags);

int PASCAL FAR recv(SOCKET s, const char FAR * buf, int len, int flags);

参数:buf 指向存有传输数据的缓冲区的指针。

6) 多路复用——select( )。

功能:用来检测一个或多个套接字状态。

格式:int PASCAL FAR select(int nfds, fd_set FAR * readfds, fd_set FAR * writefds, fd_set FAR * exceptfds, const struct timeval FAR * timeout);

参数:readfds 指向要做读检测的指针;

writefds 指向要做写检测的指针;

exceptfds 指向要检测是否出错的指针;

timeout　最大等待时间。

7）关闭套接字——closesocket()

功能：关闭套接字 s。

格式：BOOL PASCAL FAR closesocket(SOCKET s);

8.4.3 典型过程图

(1) 面向连接的套接字的系统调用时序如图 8-11 所示。

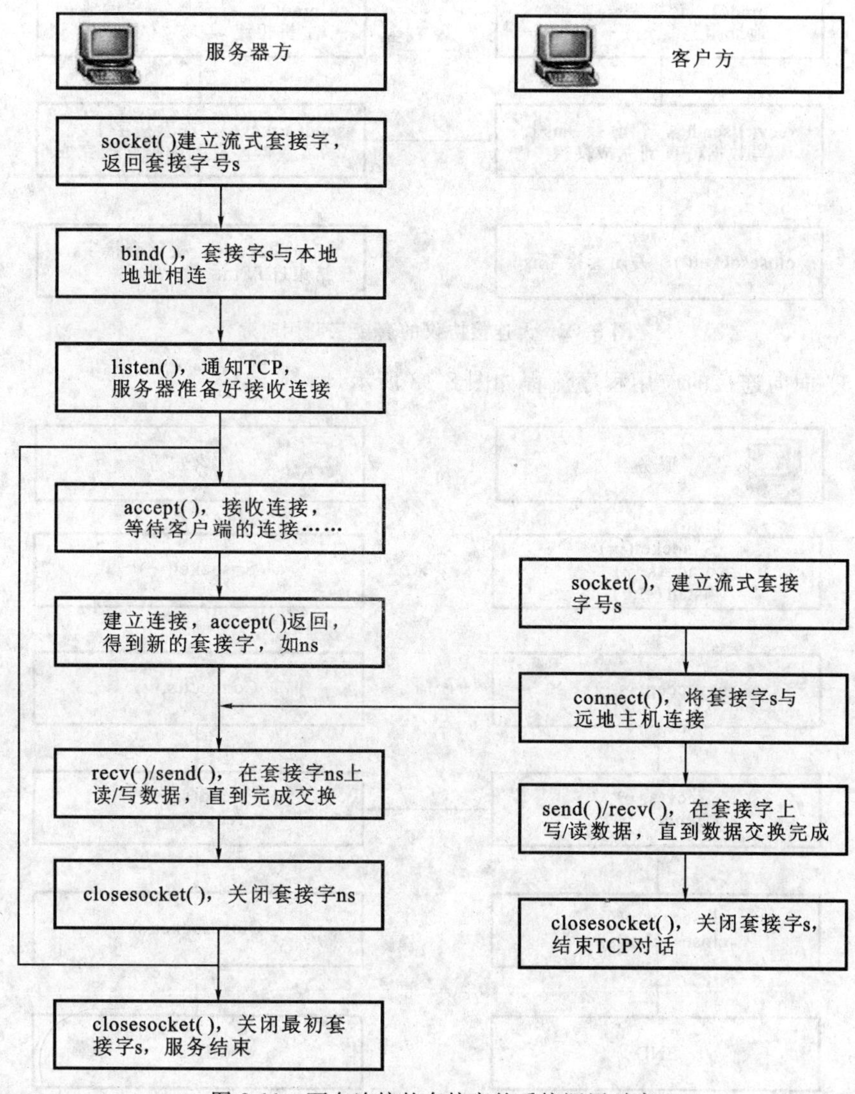

图 8-11　面向连接的套接字的系统调用时序

(2) 无连接协议的套接字调用时序如图 8-12 所示。

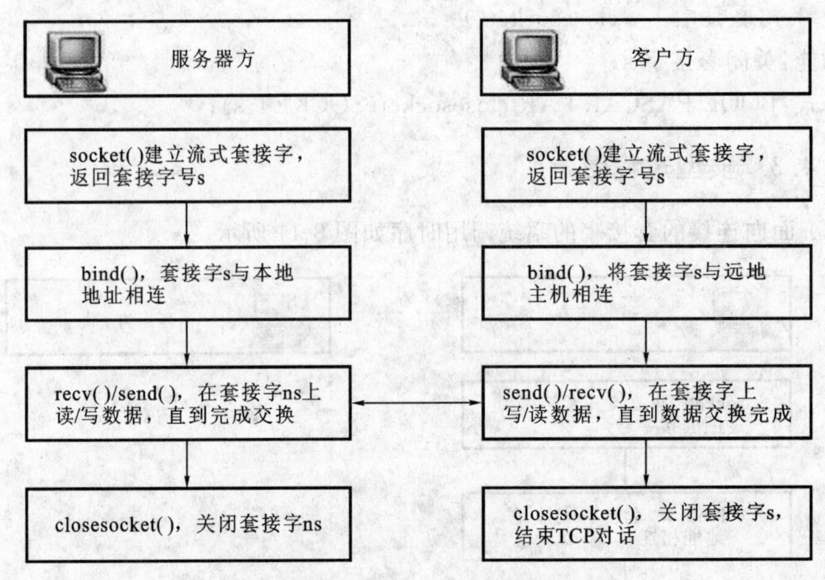

图 8-12　无连接协议的套接字调用时序

(3) 面向连接的应用程序流程如图 8-13 所示。

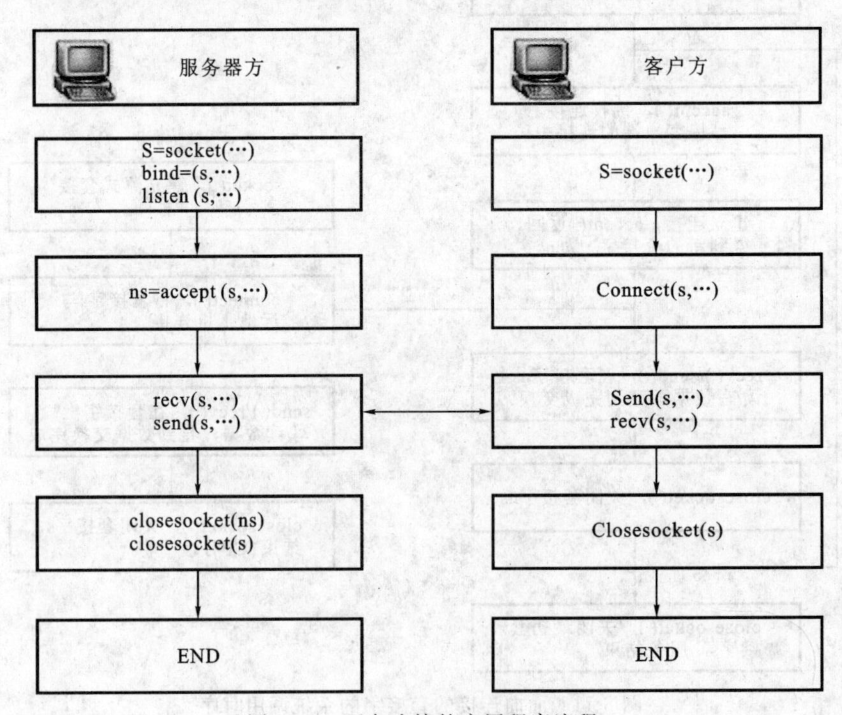

图 8-13　面向连接的应用程序流程

8.5 利用套接字的 UDP 的控制

利用套接字的 UDP 应用,按照图 8-14 所示的流程进行通信。

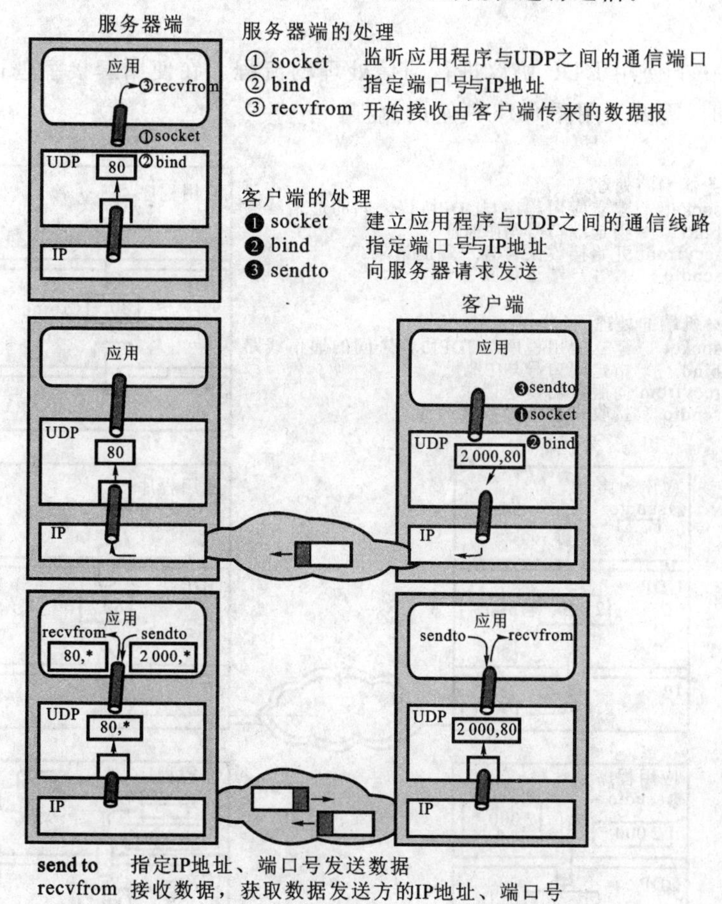

图 8-14 利用套接字的 UDP 通信流程

在服务端,使用 socket( )函数监听应用程序与 UDP 之间的通信端口,再用 bind( )函数指定端口号,完成服务端程序的启动,然后利用 recvfrom( )函数开始接收由客户端传来的数据报。

在客户端,也使用 socket( )函数打开应用程序与 UDP 之间的线路,利用bind( )函数指定自己所使用的端口号。此时,若指定的端口号为 0,则自动分配端口号的数字。指定通信对方的 IP 地址与端口号后,用 sendto( )函数向服务器请求发送。

由于在 sendto( )函数中已指定了通信对方的端口号和 IP 地址,因此在

recvform( )函数中就已知道对方的 IP 地址和端口号，可以利用这些信息管理应用程序的连接。

8.6　使用 UDP 协议进行通信

下面看一下使用 UDP 协议进行通信处理的流程。在使用套接字进行 UDP 协议进行通信时，需要采用图 8-15 所示的流程。

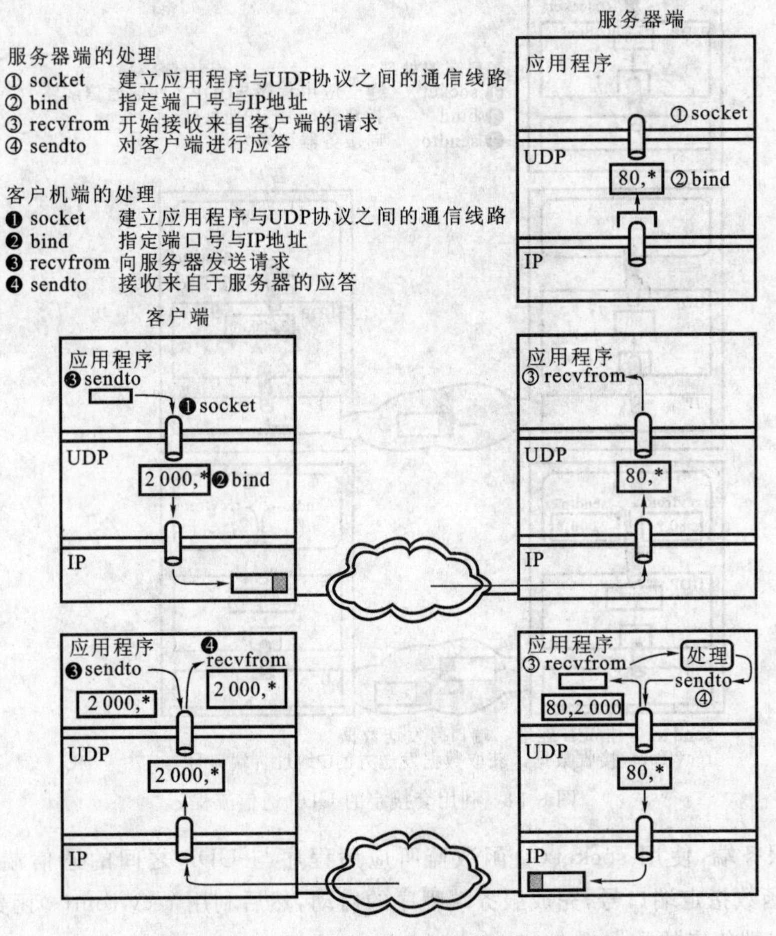

图 8-15　使用 UDP 协议进行通信处理的流程

服务器首先使用如①所示的 socket 系统调用，为应用程序与 UDP 协议之间的通信线路打开一个套接字；接着使用如②所示的 bind 系统调用，指定一个所使用的端口号，至此，服务器程序启动完成；然后使用如③所示的 recvfrom 系统调用，开始接收客户机发送来的包。

在客户机中，使用如❶所示的 socket 系统调用，打开应用程序与 UDP 协议之间的一条通信线路；使用如❷所示的 bind 系统调用，指定一个自己所使用的端口号。在执行 bind 系统调用时，可以分配一个特定的端口号，但如果是客户机，则通常由操作系统分配一个端口号。在这种情况下，指定的端口号为 0，即可执行 bind 系统调用。

至此，已经准备好了一个接收和发送用的队列。如果使用 sendto 系统调用或 recvfrom 系统调用，则可以完成具体的发送与接收。

在图 8-15 中，客户机使用如❸所示的 sendto 系统调用向一个套接字传递报文。发送端的 IP 地址和端口号可以作为 sendto 的实际参数来传递。在操作系统的内部，基于实际参数所传递过来的地址作为 UDP 报头或 IP 报头，然后向服务器发送一个包。

在服务器中，分析所接收到的包，将指定端口号的套接字报文存储到一个接收队列中。如果服务器执行如③所示的 recvfrom 系统调用，则向应用程序传递报文。从 recvfrom 系统调用的实际参数中，服务器程序能够获得所接收到报文的发送端 IP 地址和端口号。在返回应答报文时，使用从 recvfrom 系统调用中获得的 IP 地址和端口号，调用如④所示的 sendto 系统调用。客户端使用如❹所示的 recvfrom 系统调用，接收来自服务器的应答报文。

另外，在 UDP 协议中，利用通过 recvfrom 获得的地址执行 connect 系统调用，能够固定使用该套接字所发送的对方的 IP 地址和端口号。Connect 系统调用的真正作用是"确定通信对方的地址"。实际上，在 UDP 协议中也使用了该系统调用。

在 TCP 协议中，如果执行 connect 系统调用，则发送一个建立连接请求的 SYN 段。在 UDP 协议中也可以执行 connect 系统调用，但是此时不传输任何一个包。在 UDP 协议中，如果执行一个 connect 系统调用，那么使用该套接字所进行的通信只限定于与特定的对方(IP 地址、端口号)进行通信。这样做并不需要每次都使用设定对方地址的 sendto 系统调用或获得对方地址的 recvfrom 系统调用，而只需使用 send 或 recv 系统调用即可。

上述的操作称为应用程序级的连接管理。在 UDP 协议中，虽然没有连接管理的功能，但是利用了无连接型的 UDP 协议，应用程序能够对连接进行管理。

对于这种方法，最初可能有人会感到有点意外，但是由于 TCP 协议也利用无连接型的 IP 协议提供连接管理，所以使用这种方法也是理所当然的。

8.7　UDP 端口扫描

由于 UDP 协议是非面向连接的，对 UDP 端口的探测不可能像对 TCP 端口的探测那样依赖于建立连接过程，这使得UDP端口扫描的可靠性不高。虽然UDP协议较之TCP协议显得简单，但是对UDP端口的扫描相当困难。下面具体介绍一下UDP扫描方案。

方案1：利用ICMP端口不可达报文进行扫描。

本方案的原理是当一个UDP端口接收到一个UDP数据报时，如果它是关闭的，就会给源端发回一个ICMP端口不可达数据报；如果它是开放的，就会忽略这个数据报，也就是将它丢弃而不返回任何信息。

优点：可以完成对UDP端口的探测。

缺点：需要系统管理员的权限，且扫描结果的可靠性不高。当发出一个UDP数据报而没有收到任何的应答时，有可能是因为这个UDP端口是开放的，也有可能是因为这个数据报在传输过程中丢失了。另外，扫描的速度很慢，其原因是在RFC 1812中对ICMP错误报文的生成速度进行了限制。例如，Linux将ICMP报文的生成速度限制为80个/4 s，当超出这个限制时要暂停1/4 s。

方案2：UDP recvfrom( )和write( )扫描。

本方案实际上是对前一个方案的改进，目的在于解决方案1中所需要的系统管理员的权限问题。由于只有具备系统管理员的权限才可以查看ICMP错误报文，所以在不具备系统管理员权限时可以通过使用recvfrom( )和write( )这两个系统调用来间接获得对方端口的状态。对一个关闭的端口第二次调用write( )时通常会得到出错信息。而对一个UDP端口使用recvfrom调用时，如果系统没有收到ICMP的错误报文，则通常会返回一个EAGAIN错误，错误类型码为13，含义是“再试一次”(try again)；如果系统收到了ICMP的错误报文，则通常会返回一个ECONNREFUSED错误，错误类型码为111，含义是“连接被拒绝”(connect refused)。通过这些区别，就可以判断出对方的端口状态。

优点：不需要系统管理员的权限。

缺点：除解决了权限的问题外，其他问题依然存在。

方案3：ICMP echo扫描。

这并不是真正意义上的扫描，但有时通过ping在判断在一个网络上主机是否开机时非常有用。

习　题

1. TCP和UDP之间的主要区别是什么？

2. 简述计算机内部的UDP处理过程。

第9章　传输控制协议TCP

传输控制协议TCP是TCP/IP协议栈中的传输层协议，它通过序列确认及包重发机制提供可靠的数据流发送和到应用程序的虚拟连接服务。TCP协议与IP协议相结合，组成了因特网协议的核心。

由于在同一台机器上可能运行多个应用程序，所以计算机必须能够确保目的主机上的软件程序能从源主机处获得数据包，以及源主机能收到正确的回复，这就要求给进程分配一个标识。给进程分配标识是通过使用TCP的“端口号”完成的。网络IP地址和端口号结合成为唯一的标识，称为“套接字”或“端点”。TCP通过在端点间建立连接或虚拟电路进行可靠的通信。

TCP提供了数据流传输、可靠性保证、有效流控制、全双工操作和多路复用技术等。

关于数据流传输，TCP交付一个由序列号定义的无结构的字节流。这个服务对应用程序有利，因为在送到TCP之前应用程序不需要将数据划分成块，TCP可以将字节整合成字段，然后传给IP进行发送。

TCP通过发送面向连接的、端到端的可靠数据报保证可靠性。TCP通过在字节上加上一个递进的确认序列号来告诉接收者发送者期望收到的下一个字节。如果在规定时间内没有收到关于这个包的确认响应，则重新发送此包。TCP的可靠机制允许设备处理丢失、延时、重复及读错的包，超时机制允许设备监测丢失包并请求重发。

TCP提供了有效流控制，当向发送者返回确认响应时，接收TCP进程就会说明它能接收并保证缓存不会发生溢出的最高序列号。

TCP支持全双工操作，即TCP进程能够同时发送和接收包。

TCP支持多路技术，大量同时发生的上层会话能在单个连接上进行多路复用。

9.1　TCP首部

TCP数据被封装在一个IP数据报中，如图9-1所示。

图9-2所示为TCP的首部格式，包括20个字节的固定首部和选项字段。

每个TCP段都包含源端和目的端的端口号，用于寻找发送端和接收端的应用进

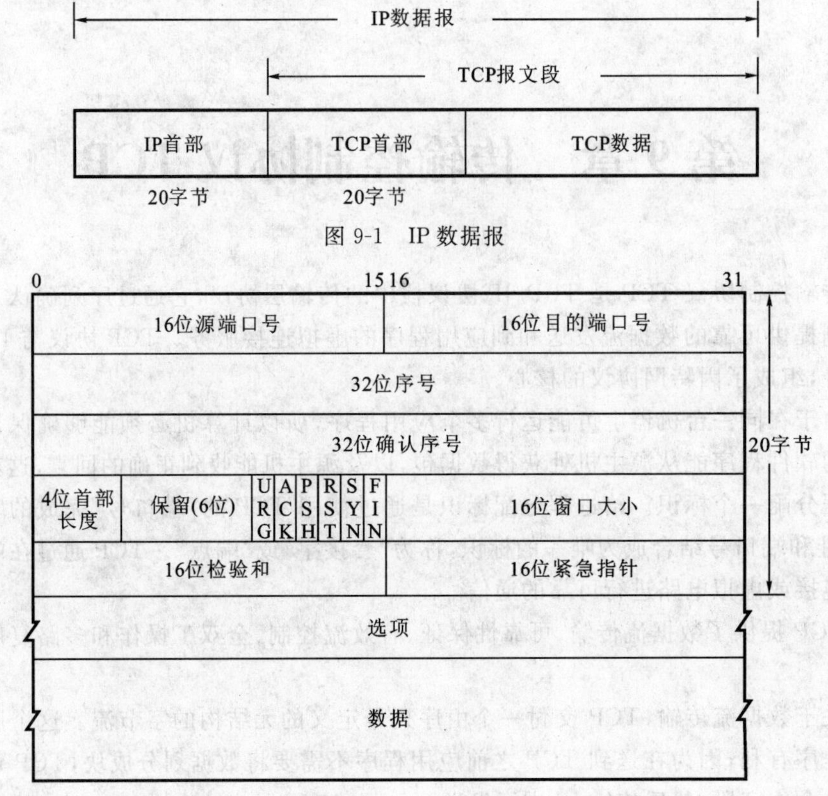

图 9-2 TCP 首部

程。这两个值加上 IP 首部中的源端 IP 地址和目的端 IP 地址可唯一地确定一个 TCP 连接。

一个 IP 地址和一个端口号也称为一个套接字(socket)。这一术语出现在最早的 TCP 规范(RFC 793)中,后来也作为伯克利版的编程接口。套接字对(socket pair,包含客户 IP 地址、客户端口号、服务器 IP 地址和服务器端口号的四元组)可唯一确定互联网络中每个 TCP 连接的双方。

序号用来标识从 TCP 发送端向 TCP 接收端发送的数据字节流,表示在这个报文段中的第一个数据字节。如果将字节流看作在两个应用程序间的单向流动,则 TCP 用序号对每个字节进行计数。序号是 32 位的无符号数,序号到达 $2^{32}-1$ 后再从 0 开始。

当建立一个新的连接时,SYN 标志变为 1,序号字段包含由这个主机选择的该连接的初始序号 ISN(Initial Sequence Number)。该主机要发送数据的第一个字节序号为这个 ISN 加 1,因为 SYN 标志消耗了一个序号。

每个传输的字节都被计数,而确认序号包含发送确认的一端所期望收到的下一个序号。因此,确认序号应当是上次已成功收到的数据字节序号加 1。只有 ACK 标志为1时确认序号字段才有效。发送ACK无需任何代价，因为32位的确认序号字段和ACK标志一样，总是TCP首部的一部分。因此，一旦一个连接建立起来，这个字段总是被设置，ACK标志也总是被设置为1。

TCP为应用层提供全双工服务，这意味着数据能在两个方向上独立地进行传输。因此，连接的每一端都必须保持每个方向上的传输数据序号。TCP可以表述为一个没有选择确认或否认的滑动窗口协议。TCP缺少选择确认是因为TCP首部中的确认序号表示发送端已成功收到字节，但不包含确认序号所指的字节，当前还无法对数据流中选定的部分进行确认。例如，如果1～1 024字节已经成功收到，下一报文段中包含序号为2 049～3 072字节，那么接收端并不能确认这个新的报文段，也无法对一个报文段进行否认，它能做的就是发回一个确认序号为1 025的ACK。例如，如果收到包含1 025～2 048字节的报文段，但它的检验和错，则TCP接收端所能做的就是发回一个确认序号为1 025的ACK。

首部长度指出了首部中有多少个4字节。需要这个值是因为选项字段的长度是可变的。该字段占4位，因此TCP最多有60字节的首部，但若没有任选字段，则正常的长度是20字节。在TCP首部中有6个标志比特，它们中的多个可同时被设置为1。这里只简单介绍它们的用法，随后的章节中将有更详细的介绍。

URG为1时，紧急指针(urgent pointer)有效。

ACK为1时，确认序号有效。

PSH为1时，接收方应该尽快将这个报文段交给应用层。

RST为1时，重建连接。

SYN为1时，同步序号用来发起一个连接。

FIN为1时，发端完成发送任务，要求释放连接。

TCP的流量控制由连接的每一端通过声明的窗口大小来提供。窗口大小为字节数，起始于确认序号字段指明的值(该值是接收端正期望接收的字节)。窗口大小是一个16位字段，最大为65 535字节。

检验和覆盖了整个TCP报文段，包括TCP首部和TCP数据。这是一个强制性的字段，一定是由发端计算和存储，并由收端进行验证的。TCP检验和的计算与UDP检验和的计算相似，使用一个12字节的伪首部。

只有当URG标志置1时，紧急指针才有效。紧急指针是一个正的偏移量，和序号字段中的值相加表示紧急数据最后一个字节的序号。TCP的紧急方式是发送端向另一端发送紧急数据的一种方式。

最常见的可选字段是最长报文大小，又称为MSS(Maximum Segment Size)。每个连接方通常都在通信的第一个报文段(为建立连接而设置SYN标志的那个段)中指明这个选项，表明本端所能接收的报文段的最大长度。

9.2 TCP的连接管理

TCP 的连接管理见图 9-3 的状态变迁图。

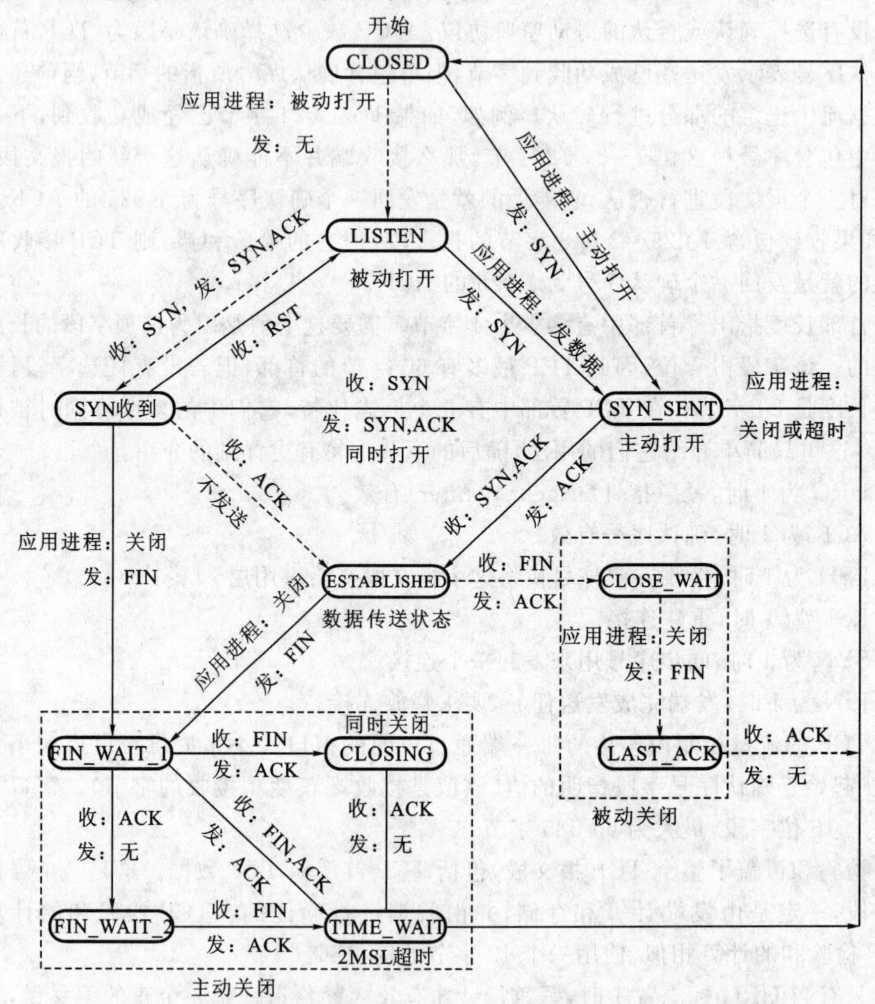

图 9-3　TCP 的状态变迁图

建立连接和释放连接的过程如图 9-4 所示。

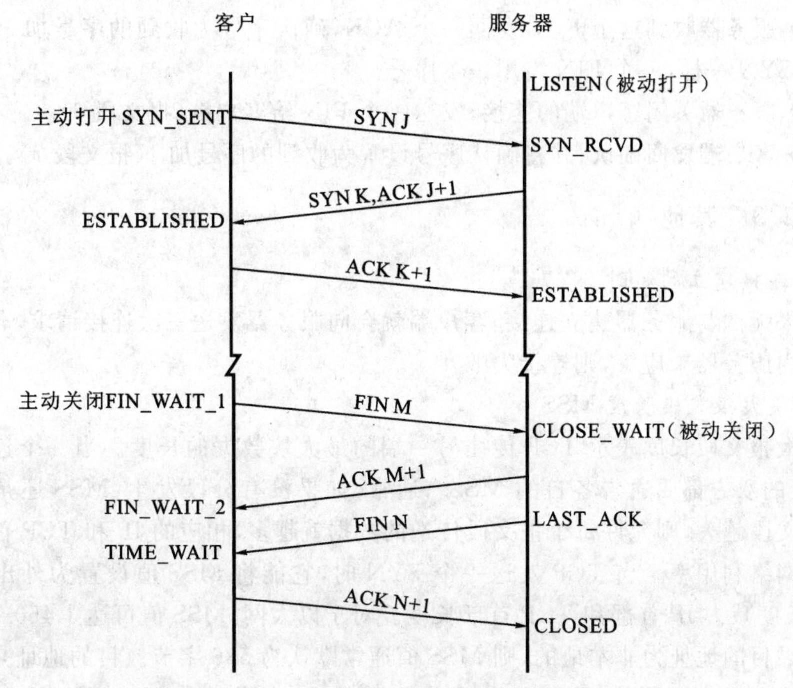

图 9-4　TCP 正常连接建立和终止所对应的状态

9.2.1　建立连接

(1) 请求端发送一个 SYN 段指明客户打算连接的服务器的端口、初始序号(ISN)。这个 SYN 报文段为报文段 1。

(2) 服务器端发回包含服务器初始序号的 SYN 报文段(报文段 2)作为应答,同时将确认序号设置为客户的 ISN 加 1,以对客户的 SYN 报文段进行确认。一个 SYN 占用一个序号。

(3) 客户必须将确认序号设置为服务器的 ISN 加 1,以对服务器的 SYN 报文段(报文段 3)进行确认。

这 3 个报文段完成连接的建立,称为三次握手。发送第一个 SYN 的一端执行主动打开,接收这个 SYN 并发回下一个 SYN 的一端执行被动打开。

9.2.2　释放连接

由于 TCP 连接是全双工的,因此每个方向都必须单独进行关闭。当一方完成它的数据发送任务后能发送一个 FIN 来终止这个方向的连接。收到一个 FIN 只意味着这一方向上没有数据流动。一个 TCP 连接在收到一个 FIN 后仍能发送数据。首先进行关闭的一方将执行主动关闭,而另一方将执行被动关闭。

(1) TCP 客户端发送一个 FIN,用来关闭客户到服务器的数据传送(报文段 4)。

(2) 服务器收到这个 FIN,发回一个 ACK,确认序号为收到的序号加 1(报文段 5)。与 SYN 一样,一个 FIN 占用一个序号。

(3) 服务器关闭客户端的连接,发送一个 FIN 给客户端(报文段 6)。

(4) 客户端发回确认,并将确认序号设置为收到的序号加 1(报文段 7)。

9.2.3 其他

1) 连接建立的超时

如果无法与服务器建立连接,客户端就会向服务器发送三次连接请求,若在规定的时间内服务器未应答,则连接失败。

2) 最大报文段长度 MSS

最大报文段长度表示 TCP 传往另一端的最大块数据的长度。当一个连接建立时,连接的双方都要通告各自的 MSS。通常,如果没有分段发生,MSS 还是越大越好。报文段越大,则允许每个报文段传送的数据就越多,相应的 IP 和 TCP 首部就有更高的网络利用率。当 TCP 发送一个 SYN 时,它能将 MSS 值设置为外出接口的 MTU 长度减去 IP 首部和 TCP 首部长度。对于以太网,MSS 值可达 1 460 字节。

如果目的地址为非本地的,则 MSS 值通常默认为 536 字节。目的地址是否为本地的主要通过网络号来区分。MSS 使主机限制另一端发送数据报的长度,加上主机也能控制其发送数据报的长度,可使以较小 MTU 连接到一个网络上的主机避免分段。

3) TCP 的半关闭

TCP 连接的一端在结束它的发送后还能接收来自另一端的数据,这就是 TCP 的半关闭。客户端发送 FIN,另一端发送对这个 FIN 的 ACK 报文段。当收到半关闭的一端完成它的数据传送后,才发送 FIN 关闭这个方向的连接,然后客户端再对这个 FIN 进行确认,该连接才彻底关闭。

4) 2MSL 连接

TIME_WAIT 状态也称为 2MSL 等待状态。每个 TCP 必须选择一个报文段最大生存时间(MSL)。它是任何报文段被丢弃前在网络内的最长时间。

处理原则:当 TCP 执行一个主动关闭并发回最后一个 ACK 后,该连接在 TIME_WAIT状态下必须停留的时间为 2MSL。这样可以让 TCP 再次发送最后的 ACK,以避免这个 ACK 丢失(另一端超时并重发最后的 FIN)。这种 2MSL 等待的另一个结果是,在该 TCP 连接的 2MSL 等待期间,定义这个连接的套接字不能被使用。

5) 平静时间

TCP 在重启的 MSL 时间内不能建立任何连接,这就是平静时间。

6) FIN_WAIT_2 状态

在 FIN_WAIT_2 状态,已经发出了 FIN,并且另一端也对它进行了确认。只有

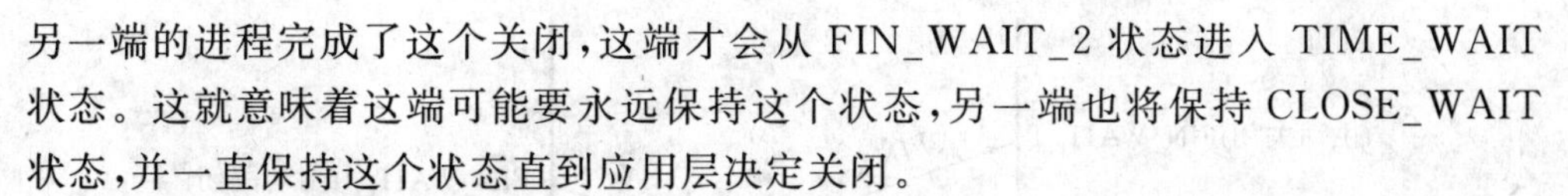
另一端的进程完成了这个关闭，这端才会从 FIN_WAIT_2 状态进入 TIME_WAIT 状态。这就意味着这端可能要永远保持这个状态，另一端也将保持 CLOSE_WAIT 状态，并一直保持这个状态直到应用层决定关闭。

7）复位报文段

TCP 首部的 RST 位是用于复位的。一般的，无论何时一个报文段发往相关的连接出现错误（如到不存在的端口的连接请求及异常终止一个连接），TCP 都会发出一个复位报文段。

8）同时打开

为了处理同时打开，仅建立一条连接而不是两条连接。两端几乎同时发送 SYN，并进入 SYN_SENT 状态。当两端分别收到 SYN 时，状态变为 SYN_RCVD，同时都再发送 SYN 并对收到的 SYN 进行确认。当双方都收到 SYN 及相应的 ACK 时，状态都变为 ESTABLISHED。一个同时打开的连接需要交换 4 个报文段，比正常的三次握手多了一次。

TCP 同时打开连接建立和终止所对应的状态如图 9-5 所示。

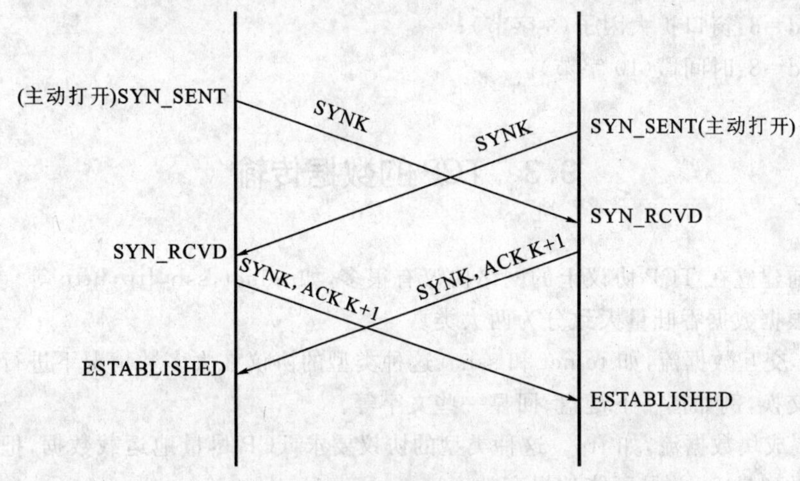

图 9-5　TCP 同时打开连接建立和终止所对应的状态

9）同时关闭

如图 9-6 所示，当应用层发出关闭命令时，两端均从 ESTABLISHED 状态变为 FIN_WAIT_1，这将导致双方各发送一个 FIN。两个 FIN 经过网络传送后分别到达另一端。收到 FIN 后，状态由 FIN_WAIT_1 变为 CLOSING，并发送最后的 ACK。当收到最后的 ACK 时，状态变为 TIME_WAIT。同时关闭和正常关闭的段减缓数目相同。

10）TCP 选项

每个选项的开始都是 1 字节的 kind 字段，用来说明选项的类型。

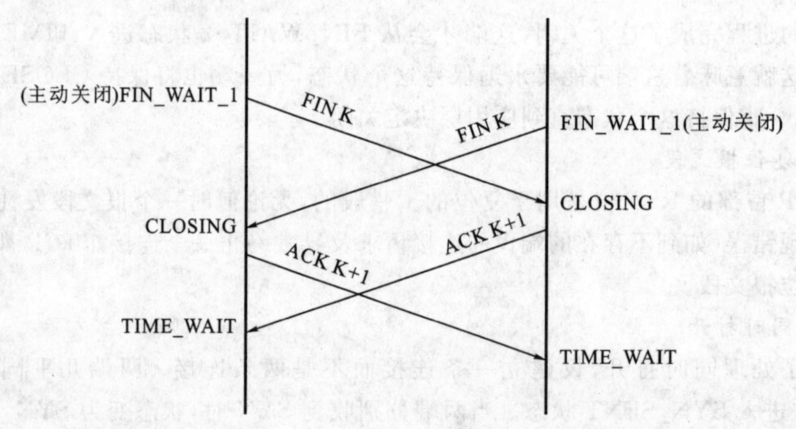

图 9-6　TCP 同时关闭连接建立和终止所对应的状态

kind＝0：选项表结束(1 字节)；

kind＝1：无操作(1 字节)；

kind＝2：最大报文段长度(4 字节)；

kind＝3：窗口扩大因子(3 字节)；

kind＝8：时间戳(10 字节)。

9.3　TCP 的数据传输

目前建立在 TCP 协议上的网络协议有很多，如 telnet，ssh，ftp，http 等。这些协议可以根据数据吞吐量大致分为两大类。

(1) 交互数据流，如 telnet 和 ssh。这种类型的协议在大多数情况下进行小流量的数据交换，例如按一下键盘、回显一些文字等。

(2) 成块数据流，如 ftp。这种类型的协议要求 TCP 尽量地运载数据，把数据的吞吐量做到最大，并尽可能地提高效率。

针对这两种情况，TCP 给出了两种不同的策略来进行数据传输。

9.3.1　TCP 的交互数据流

对于交互性要求比较高的应用，TCP 给出了两种策略来提高发送效率和减小网络负担：① 捎带 ACK 的发送方式；② Nagle 算法(一次尽量多地发送数据)。

1) 捎带 ACK 的发送方式

这个策略是当主机收到远程主机的 TCP 数据报之后，通常不马上发送 ACK 数据报，而是等待一个短暂的时间，如果这段时间内主机还有发送到远程主机的 TCP 数据报，那么就把这个 ACK 数据报“捎带”着发送出去，把本来两个 TCP 数据报整合成一个发送。一般情况下，这个等待时间是200 ms。可以明显地看出，这个策略可以把TCP数据报的利用率提高很多。

2）Nagle算法

用过BBS的人应该都会有这样的感受，在网络慢时发帖，有时键入一串字符串以后，经过一段时间客户端“发疯”一样突然回显出很多内容，就好像数据一下子传过来了一样，这就是Nagle算法的作用。

Nagle算法是当主机A给主机B发送一个TCP数据报并进入等待主机B的ACK数据报的状态时，TCP的输出缓冲区里面只能有一个TCP数据报，并且这个数据报不断地收集后来的数据，整合成一个大的数据报，等主机B的ACK包一到，就把这些数据“一股脑”地发送出去。虽然这样的描述有些不准确，但还算形象和易于理解。我们同样可以体会这一策略对减小网络负担所起的作用。

9.3.2 TCP的成块数据流

像FTP这样对数据吞吐量有较高要求的协议，总是希望每次尽量多地发送数据到对方主机，就算是有点“延迟”也无所谓。针对这样的要求，TCP也提供了一整套的策略。TCP协议中有16位表示“窗口”的大小，这是策略的核心。

1）传输数据时ACK的问题

在解释滑动窗口前，需要看看ACK的应答策略。一般来说，发送端发送一个TCP数据报，那么接收端就应该发送一个ACK数据报。但事实上却不是这样，发送端会连续发送数据以尽量填满接收方的缓冲区，而接收方对这些数据只要发送一个ACK报文来回应就可以了，这就是ACK的累积特性。这一特性大大减少了发送端和接收端的负担。

2）滑动窗口

滑动窗口本质上就是描述接收方TCP数据报缓冲区大小的数据。发送方根据这个数据计算自己最多能发送多长的数据。如果发送方收到接收方的窗口大小为0的TCP数据报，那么发送方将停止发送数据，等待接收方发送窗口大小不为0的数据报的到来。

TCP就是用这个窗口从数据的左边慢慢地移动到右边，把处于窗口范围内的数据发送出去的(不用发送所有数据，只发送处于窗口内的数据)，这就是窗口的意义。窗口的大小可以通过socket来制定，4 096字节并不是最理想的窗口大小，而16 384字节则可以使吞吐量大大增加。

3）数据拥塞

上面的策略用于局域网内传输还可以，但用在广域网中就可能会出现问题。最大的问题是当传输出现瓶颈时(比如说一定要经过一个SLIP低速链路)，会产生大量的数据堵塞(拥塞)。为了解决这个问题，TCP发送方需要确认连接双方的线路的数据最大吞吐量，就是所谓的拥塞窗口。

拥塞窗口的原理很简单，TCP 发送方首先发送一个数据报，等待对方的回应，得到回应后再把这个窗口的大小加倍，然后连续发送两个数据报，等到对方回应以后再把这个窗口加倍(先是 2 的指数倍，到一定程度后就变成线性增长，这就是所谓的慢启动)，发送更多的数据报，直到出现超时错误。这样发送端就了解到了通信双方的线路承载能力，也就确定了拥塞窗口的大小，于是发送方就根据这个拥塞窗口的大小发送数据。要观察这个现象是非常容易的，一般在下载数据时速度都是慢慢“冲起来的”。

9.4 TCP 的定时器管理

9.4.1 TCP 的坚持定时器

ACK 的传输并不可靠，也就是说，TCP 不对 ACK 报文段进行确认，只确认那些包含数据的 ACK 报文段。为了防止因为 ACK 报文段丢失而使双方等待的问题，发送方用一个坚持定时器来周期性地向接收方查询，以便发现窗口是否已增大。这些从发送方发出的报文段称为窗口探查。

9.4.2 TCP 的保活定时器

如果一个给定的连接在 2 h 内没有任何动作，那么服务器就向客户发送一个探查报文段，此时客户主机一定处于以下四种状态之一。

(1) 客户主机依然正常运行，并从服务器可达。客户的 TCP 响应正常，而服务器也知道对方是正常工作的。服务器在 2 h 内将保活定时器复位。

(2) 客户主机已经崩溃，处于关闭状态或者正在重新启动。在任何一种情况下，客户的 TCP 都没有响应，服务器将不能收到对探查的响应，并在 75 s 后超时。总共发送 10 个探查，每个间隔 75 s。

(3) 客户主机崩溃并已经重新启动。这时服务器将收到一个对其保活探查的响应，但这个响应是一个复位，使服务器终止这个连接。

(4) 客户主机正常运行，但是服务器不可达。

9.5 TCP 的超时与重传

超时与重传是 TCP 协议保证数据可靠性的另一个重要机制，其原理是在发送某一个数据以后就开启一个计时器，在一定的时间内如果没有得到发送的数据报的 ACK 报文，就重新发送数据，直到发送成功为止。TCP 超时和重传最重要的就是设置一个计时器，若时间到了还没有收到 ACK 就重新发送数据。计时器最好设置成稍大于一个往返时间，这就涉及对给定连接进行往返时间(RTT)测量的问题。

9.5.1　往返时间测量

往返时间的测量比较复杂。由于路由器和网络流量均会变化，因此 TCP 应该跟踪这些变化并相应地改变超时时间。TCP 必须首先测量在发送一个带有特别序号的字节和接收到包含该字节的确认之间的 RTT。

对往返时间的测量有很多方法：① ICMP 时间戳请求和应答；② 日期服务程序和时间服务程序；③ 网络时间协议(NTP)；④ 开放软件基金会(OSF)的分布式计算环境(DCE)定义的分布式时间服务(DTS)；⑤ 伯克利大学的 UNIX 系统提供的守护程序 timed(8)来同步局域网上的系统时钟。

9.5.2　拥塞避免算法

该算法假定由于分组受到损坏而引起的丢失是非常少的，因为分组丢失意味着在源主机和目的主机之间的某处网络上发生了阻塞。有两种分组丢失的指示：发生超时和收到重复的确认。

拥塞避免算法需要为每个连接维持两个变量，即一个拥塞窗口和一个慢启动门限窗口。算法如下：

(1) 对于一个给定的连接，初始化拥塞窗口为 1 个报文段，慢启动门限窗口为 65 535字节。

(2) TCP 输出例程的输出不能超过拥塞窗口和接收方通告窗口的大小。拥塞避免是发送方使用的流量控制，对于前者是发送方感受到的网络拥塞的估计，而后者则与接收方在该连接上的可用缓存大小有关。

(3) 当拥塞发生时，慢启动门限窗口被设置为当前窗口(拥塞窗口和接收方通告窗口的最小值，最小为 2 个报文段)大小的一半。如果是超时引起的拥塞，则拥塞窗口被设置为 1 个报文段。

(4) 当新的数据被对方确认时，就增加拥塞窗口，增加的方法取决于是否正在进行慢启动或拥塞避免。如果发送窗口小于或等于慢启动门限窗口，则正在进行慢启动，发送窗口按指数级增加(即每次乘以 2)；否则正在进行拥塞避免，发送窗口按线性增加(即每次加 1)。

9.5.3　快速重传和快速恢复算法

如果一连串收到 3 个或以上的重复 ACK，则很可能是一个报文段丢失了。这时要重传丢失的数据报文段，无需等待超时定时器溢出。

(1) 当收到第 3 个重复的 ACK 时，将慢启动门限窗口设置为当前拥塞窗口的一半，重传丢失的报文段，设置拥塞窗口为慢启动门限窗口加上 3 倍的报文段大小。

(2) 如果允许,则每次收到另一个重复的 ACK 时,拥塞窗口增加 1 个报文段大小并发送 1 个分组。

(3) 当下一个确认新数据的 ACK 到达时,设置拥塞窗口为慢启动门限窗口。这个 ACK 应该是在进行重传后的一个往返时间内对步骤(1)重传的确认,也应该是对丢失的分组和收到的第一个重复的 ACK 之间的所有中间报文段的确认。

9.5.4 ICMP 差错

TCP 能够遇到的最常见的 ICMP 差错是源站抑制、主机不可达和网络不可达。当前基于伯克利的实现对这些错误的处理方法是:

(1) 当一个站点接收到一个源站抑制报文时,它将其拥塞窗口 cwnd 置为 1 个报文段大小来发起慢启动,但是慢启动门限没有变化,所以窗口将打开,直到它开放了所有的通路或者发生了拥塞。

(2) 当一个站点接收到主机不可达或网络不可达报文时,实际上都被忽略,因为这两个差错都被认为是短暂现象。这有可能是由于中间路由器关闭,导致选路协议要花费数分钟才能稳定到另一个替换路由。在这个过程中可能发生这两个 ICMP 差错中的一个,但是连接并不被关闭。相反,TCP 试图发送引起该差错的数据,尽管最终有可能会超时。

9.5.5 重新分组

当 TCP 超时并重传时,并不一定要重传同样的报文段。TCP 允许进行重新分组而发送一个较大的报文段,这样有助于提高性能。在协议中这是允许的,因为 TCP 是使用字节序号而不是报文段序号来识别它所要发送的数据和确认的。

9.6 使用 TCP 的应用程序设计

9.6.1 利用套接字进行 TCP 的控制

在 TCP/IP 应用软件中,最常用的是利用套接字(socket)进行程序设计。所谓套接字,就是在应用中编制会话层模块时所必需的接口。使用套接字时,需要通过如图 9-7 所示的流程确立 TCP 会话层。

服务方先使用 socket( )函数监听 TCP 与应用程序之间的通信端口,接着利用 bind( )函数指定端口号,再通过 listen( )函数指定连接接收队列的长度,然后通过 accept( )函数打开端口,等待从客户端发来的请求。至此,服务端程序的启动过程才完成。

下面是由客户端进行的连接工作。同样,客户程序也使用 socket( )函数打开

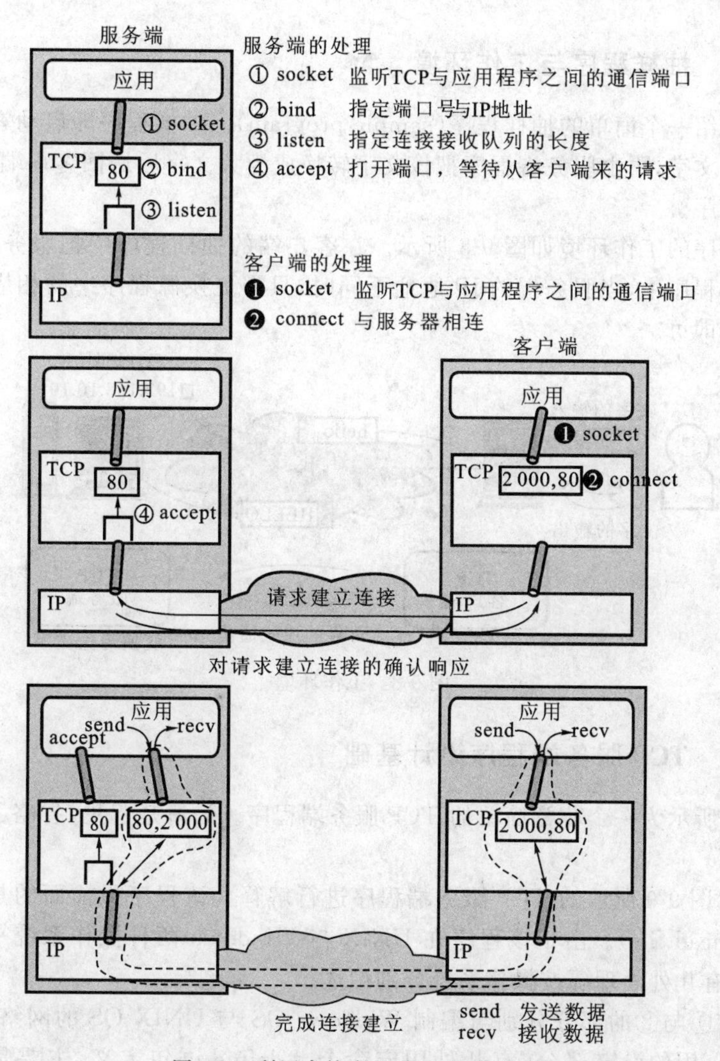

图 9-7　利用套接字的 TCP 通信流程

TCP 与应用程序之间的通信路径，接着用 connect( )函数指定服务器的 IP 地址与端口，并请求连接。

当客户端向服务端发出请求建立连接时，服务端就确立连接，然后在服务端执行 accept( )函数，做成 TCP 与应用程序之间的新的通信路径，即可以实现通信。

经过上述步骤后，建立了 TCP 连接，接着就可以用 send( )函数发送数据，用 recv( )函数接收数据。完成了数据的收发以后，可以使用 close( )函数切断连接。

当客户端也想指定自己的端口号时，也可在 connect( )函数执行前使用 bind( )函数进行指定。但是在多数的客户程序中并不指定端口号，而是由操作系统自动进行分配。

9.6.2 抽样程序与工作环境

下面介绍一个简单的抽样程序(sample program)。抽样程序即启动客户端程序从键盘输入文字,再由服务端程序把该文字转换成为大文字后送回客户端,是一种非常简单的程序。

抽样程序的工作环境如图 9-8 所示。在客户端的抽样程序中把服务端的 IP 地址写在了源程序中,当服务端的 IP 地址不同时,只需更换源程序中的相应地址部分并重新编译即可。

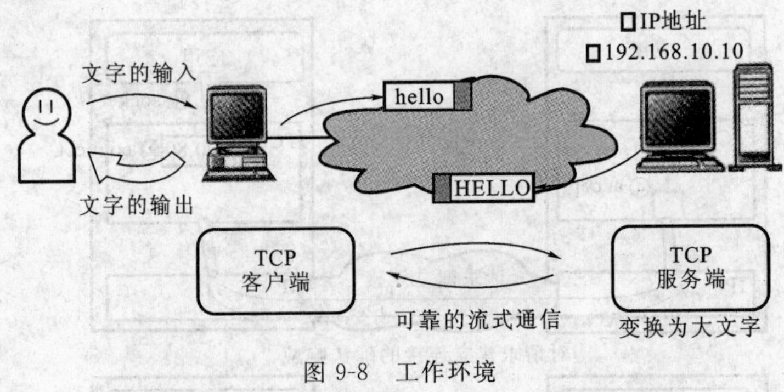

图 9-8 工作环境

9.6.3 TCP 服务端程序设计基础

图 9-9 所示为一个非常简单的 TCP 服务端程序。为清楚起见,省略了所有的出错处理。

下面对图 9-9 所示的 TCP 服务端程序进行解释。该程序最前面的是读入必要的头文件(head file)。由于该程序在 UNIX 与 Windows 两种操作系统平台上均可运行,所以有几处处理要按操作系统分别记述。

标记有①与②的部分分别与编制 Windows OS 与 UNIX OS 的网络程序相关。在 Windows 用的设定部分,有几处用宏命令 # define 语句定义,主要是为了使在 UNIX 与 Windows 环境下作用和意义不同的命令具有一定的互换性。

③为 Windows 的 Winsock 的初始化处理。当使用 Winsock 时,其程序的前必须这样处理。

利用④的 socket( )函数可以制作用于连接 TCP 与操作系统的套接字。

⑤中,在已做成的套接字上,指定接收端所使用的 IP 地址和端口号。其中,INADDR_ANY意味着“接收端 IP 地址任意均可”。当计算机中有若干个接口时,也可以指定 IP 地址。

htons( )函数的作用是把计算机固有的数据表示格式变换为网络字节序列格式。套接字的数据库决定了网络存储的数据格式,当 little endian 在前时,必须变成 big endian的格式才能在网上传送。但是把 little endian 格式的计算机变换为 big

```
#include (stdio.h)
#include (stdtib.h)
#include (string.h)
#ifdef WIN32
                                          ① Window用的设定
#include (windows.h)
#include (winsock.h)
#define exit (_z) WSACleanup ( ) ; exit (_z)
#define close (_z) closesocket (_z) ;
#else
                                          ② UNIX用的设定
#include (sys/types.h)
#include (sys/socket.h)
#include (netinet/in.h)
#include (arpa/inet.h)
#endif
#define BUFSIZE 1000
main ( )
{
    struct sockaddr_in client, server;
    int s, rs, len, i, n;
    char buf [BUFSIZE];
#ifdef WIN32
                                          ③ Window用的设定
    WSADATA wsaData
    WSAStartup(0x0101, &wsaData) ;
#endif
    s=socket (AF_INET,SOCK_STREAM,0);     ←④ 打开套接字
                                          ⑤ 设定服务器
    memset ( (char*) & server, 0, sizeof (server) ) ;
    server.sin_family        =AF_INET;
    server.sin_addr.s_addr   =htonl(INADDR_ANY);←IP地址
    server.sin_port          =htons (5320) ;  ←端口号
    bind (s, (struct sockaddr*) & server, sizeof (server) ) ;
    listen (s, 1) ;                       ←⑥ 设定接收键
                                          ⑦ 设定TCP连接
    len=sizeof (client) ;
    rs=accept (s,  (struct sockaddr*) &client, &len) ;
                                          ⑧ 用TCP进行数据的收发
    while ( (n=recv (rs, buf , BUFSIZE, 0) ) >0){
      for (i=0; i<n; i++)
                buf [i]=toupper (buf [i]) ;
      send (rs, buf, n, 0) ;
      }
    close (rs) ;                          ←⑨ 切断连接
    close (s) ;                           ←⑩ 关闭套接字
    exit (0) ;
}
```

图 9-9　TCP 服务端程序的框架

endian格式的计算机用源程序是很不方便的。为了避免出现这种问题，在遇到必须注意网络字节顺序(Network Byte-order)的地方都用htons( )函数进行相应的格式变换。这就要求在编译程序时要进行适当的变换处理。具体而言，如果进行编译的计算机为little endian型的，就要加入变换为big endian型的处理；如果计算机已经是big endian型的，则不需要变换。

htons的h为host(主机)、to为to(到)、n为network(网络)、s为short(短型)的意思。也就是说，htons( )函数可以把short型数据从计算机固有的格式变换为网络共有的格式。

除了htons( )函数外，还可以使用ntohs( )，ntohl( )，ntonl( )等变换函数。ntohs( )函数是从网络共用型变换为计算机固有型(short型)，而htonl( )函数是从计算机固有型变换为网络共用型(long型)，ntohl( )函数是从网络共用型变换为计算机固有型(long型)。

⑥为指定连接接收队列的长度，开始接收TCP建立连接的处理。

⑦为使TCP的连接可以进行通信。该程序中，在accept( )函数部分使程序停止，直到连接被建立。一旦建立好连接，accept( )函数就返回进行通信所必要的描述符值(descriptor)。

⑧为接收由客户端传来的数据，变换为大文字后再送回去。

⑨为切断客户端与服务端的连接。

⑩为删除套接字的设置，程序结束。

TCP服务端程序一般都要进行如下两种处理：

(1) 等待从客户端传来的请求信息。

(2) 对客户端发送某些信息。

抽样程序具有(1)所述的从客户端传来的一些请求信息。

在本例中，建立了一个连接就可以开始通信，而切断了该连接程序就结束。当处理若干个连接时，完成连接建立后转入每个连接相应的进程和线程的处理，这时就要再次调用accept( )函数。

9.6.4 TCP客户端程序的基础

图9-10所示为一个很简单的TCP客户端程序。为清楚起见，同样把出错处理全部省略。

该程序十分简单，只强调下面几点：

(1) 服务程序的IP地址已设置在程序之中，如果需要变更IP地址，就要修改源程序的相应部分，并必须重新编译。

(2) 由于没有进行将域名变换为IP地址的处理，必须直接指定IP地址，因此用户处理起来可能会比较困难。

如果从理解客户程序框架的角度出发，则图9-10所示的程序比较容易看懂。

```
# include (stdio. h)
# include (stdlib. h)
# ifdef WIN32
                                        ① Windows用的设定
# include (windows.h)
# include (winsock.h)
# define exit (_z) WSACleanup ( ); exit (_z)
# define close (_z) closesocket (_z);
# else
                                        ② UNIX用的设定
# include (sys/types.h)
# include (sys/socket.h)
# include (netinet/in.h)
# include (arpa/inet.h)
# endif
# define BUFSIZE 1000
 main ( )
 {
      struct sockaddr_in server;
      int  s;
      char  buf [BUFSIZE]
# ifdef  WIN32
                                        ③ Windows用的设定
WSADATA  wsaDate
  WSAStartup(0x0101, &wsaData);
# endif
    s=socket (AF_INET, SOCK_STREAM, 0);      ←④打开套接字
                                        ⑤设定服务器建立连接
    memset ( (char*) &server, 0, sizeof (server);
    server.sin_family            =AF_INET;
    server.sin_addr.s_addr       =inet_addr ( "192.168.10.10" );   ←IP地址
    server.sin_port              =htons (5320);                   ←端口号

    connect (s, (struct sockaddr*) & server , sizeof (server));   ←建立连接
                                        ⑥利用TCP收发数据
    while (fgets (buf, BUFSIZE, stdin) !=NULL)      {
        send (s, buf, strlen (buf) , 0) ;
        n=recv (s, buf, BUFSIZE, 0) ;
        buf [n]= '¥0' ;
        fputs (buf, stdout) ;
    }
    close (s) ;                              ←⑦切断连接
    exit (0) ;
 }
```

图 9-10　TCP 客户端程序的框架

客户端程序与服务器端程序的不同之处是没有使用 bind( )函数、listen( )函数和 accept( )函数。⑤是服务程序中指定 IP 地址与端口号调用 connect( )函数的部分。connect( )函数可进行发送 SYN 同步包、建立 TCP 连接的处理。

⑤中,可以用 IP 地址指定服务端,也可以用域名指定服务端,这时就要利用 gethostbyname( )函数检查 IP 地址之后再设定 IP 地址。

在客户端程序中,自己使用的 IP 地址和端口号一般不必指定(当然也可以指定端口号),可以利用 bind( )函数设置客户端的 IP 地址和端口号。

9.7 使用 TCP 协议进行通信

9.7.1 利用套接字进行 TCP 协议通信

在利用套接字进行 TCP 协议通信时,其通信流程如图 9-11 所示。

服务器使用如①所示的 socket 系统调用,建立一个应用程序与 TCP 协议之间进行通信的套接字,接着使用如②所示的 bind 系统调用指定端口号,然后使用如③所示的 listen 系统调用指定连接接收队列的长度,等待来自客户机的连接请求。至此,完成了启动服务器程序的工作。建立连接之后会生成一个新的套接字,所以执行如④所示的 accept 系统调用等待生成新的套接字。

在客户机中,使用如❶所示的 socket 系统调用,建立应用程序与 TCP 协议之间的通信线路,并且使用如❷所示的 connect 系统调用,指定 IP 地址和端口号,以建立 TCP 协议的连接。在服务器和客户机之间执行上述处理,就建立了 TCP 协议的连接。建立连接后,使用 send 系统调用和 recv 系统调用就能够完成报文的发送与接收。在 TCP 协议中并没有确定是从服务器还是从客户机开始发送报文,至于从哪一边发送报文,取决于各种应用协议。在发送报文结束切断连接时,使用 close 系统调用。

在服务器端,可以利用下面的两种套接字:一种是接收连接的套接字;一种是建立连接之后实际发送与接收报文的套接字。在图 9-11 中,(80,*)是接受连接的套接字,而(80, 2 000)则是建立连接之后实际发送与接收报文的套接字。在并行接受多个请求时,接收和发送报文的套接字随着建立连接的数量的增加而增加。另外,在图 9-11 中只使用一个端口号来识别通信,但在实际的通信中却使用了两者的 IP 地址。如果只使用端口号来管理连接,那么当多个客户机使用 2 000 这个端口号建立连接请求时,就无法区别多个通信;如果使用 IP 地址和端口号组来识别通信,则可以识别多个通信而不会产生错误。

另外,也可以利用低级文件的 write 系统调用和 read 系统调用代替 send 系统调

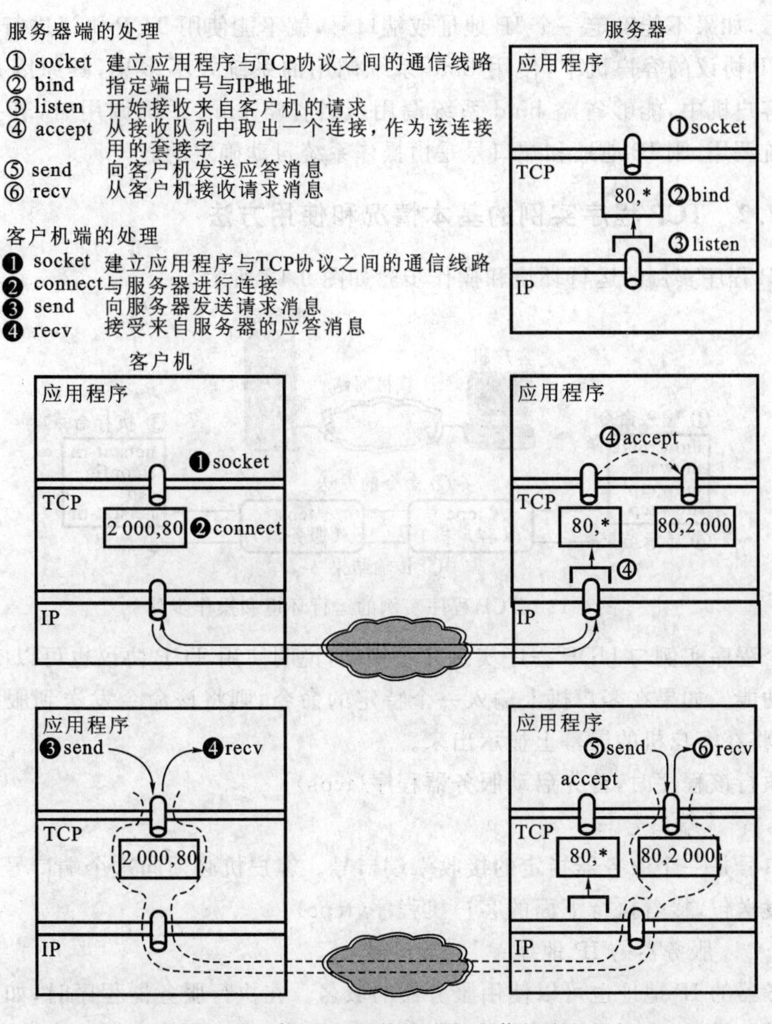

图 9-11　使用 TCP 协议进行通信的流程

用和 recv 系统调用。通常，在使用 open 系统调用打开一个文件之后，利用 write 系统调用或 read 系统调用对文件进行写或读操作。在套接字中，也可以使用同样的系统调用完成报文的发送与接收。利用 write 系统调用可以进行发送报文的写操作，而利用 read 系统调用可以完成接收报文的读操作。

在客户机中，可以指定端口号。在执行 connect 系统调用之前，可以使用 bind 系统调用来设定端口号。但是在多个应用程序中，并不指定客户机的端口号，而是由操作系统自动分配。

TCP 协议的客户机和 bind 系统调用：在大多数情况下，TCP 协议的客户机与 UDP 协议的客户机是不同的，它不执行 bind 系统调用。当然，也不能说在 TCP 协议的客户机中不能使用 bind 系统调用来进行处理。bind 系统调用用来设定 IP 地址和端口号，如果不能确定一个IP地址或端口号，就不能使用TCP协议进行通信。但是在TCP协议的客户机中，使用bind系统调用的系统并不多见，其原因是在TCP协议的客户机中，能够省略bind系统调用。当省略bind系统调用时，若执行connect系统调用，则IP地址和端口号是由操作系统自动确定的。

9.7.2 TCP程序实例的基本情况和使用方法

TCP程序实例的运行环境和操作步骤如图9-12所示。

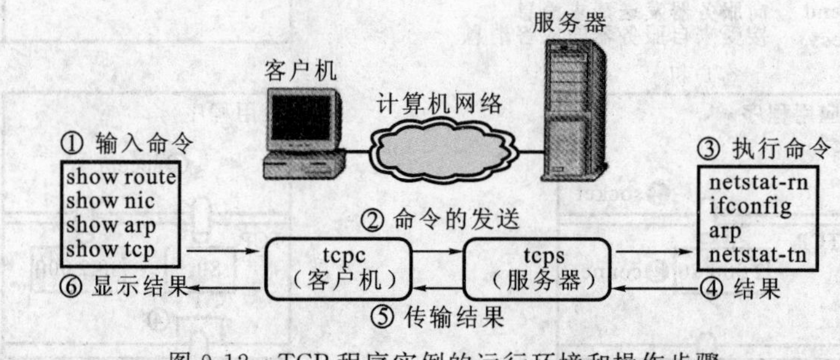

图9-12 TCP程序实例的运行环境和操作步骤

这个程序实例与UDP程序实例几乎相同，说明使用TCP协议也可以实现UDP协议的功能。如果在客户机上输入一个特定的命令，则将该命令发送到服务器去处理，结果将在客户机的屏幕上显示出来。

在执行该程序时，首先启动服务器程序（tcps）。

tcps [端口号]

端口号是一个服务器指定的接收端端口号。客户机必须向这个端口号所指定的端口中发送包，接着执行下面的客户机程序（tcpc）。

tcpc 服务器的IP地址 [端口号]

服务器的IP地址也可以使用服务器的域名。在执行服务器程序时，如果没有指定一个端口号，则也不需要指定；如果指定了端口号，则必须指定同一个端口号。

从客户机上可以输入下面的命令：

help 显示可以使用的命令；
show route 显示服务器的路由寻址表；
show nic 显示服务器的NIA信息；
show arp 显示服务器的ARP表；
show tcp 显示服务器的TCP协议的连接信息；
quit 切断连接，结束客户机程序。

从键盘上输入的字符串可原封不动地发送到服务器，在服务器中执行所输入的字符串命令，并把结果返回给客户机。

9.7.3　程序的执行实例

下面是一个程序的执行实例。在这个例子中，服务器的 IP 地址为192.168.3.51，操作系统为 Linux。

首先，在服务器端启动 tcps 程序。

```
# ./tcps
```

接着，在客户机端启动 tcpc 程序。运行 tcpc 程序时，必须指定服务器的 IP 地址。

```
#./tcpc 192.168.3.51
connected to 192.168.3.51
TCP>
```

connected to 192. 168. 3. 51 信息表示建立一个与服务器的连接。在服务器端，如果显示 connected from 192. 168 .3. 51 的信息，则表示已经建立了该连接；如果没有显示上述信息，则可能是某些原因导致不能建立该连接，此时应该确认一下用 tcpc 程序指定的 IP 地址是否正确。

如果是在 TCP 协议中，则会显示出客户机与服务器不能进行通信的错误信息。在 UDP 协议中，即使不知道是否能与对方进行通信，也能发送报文；但是在 TCP 协议中，如果不能建立连接，就不能发送报文。

如果能够建立连接，则可以在客户机上输入一个命令。如果输入 help，则显示下面的可以输入的命令一览表。

```
TCP>help
Command:
    show route
    show arp
    show tcp
    show nic
    quit
    help
TCP>
```

9.7.4　处理流程

tcpc 程序和 tcps 程序的流程如图 9-13 所示。

udpc 程序和 udps 程序的处理流程如图 9-14 所示。

在服务器端，如果执行 socket，bind 和 listen 系统调用，则能够接收连接。在客

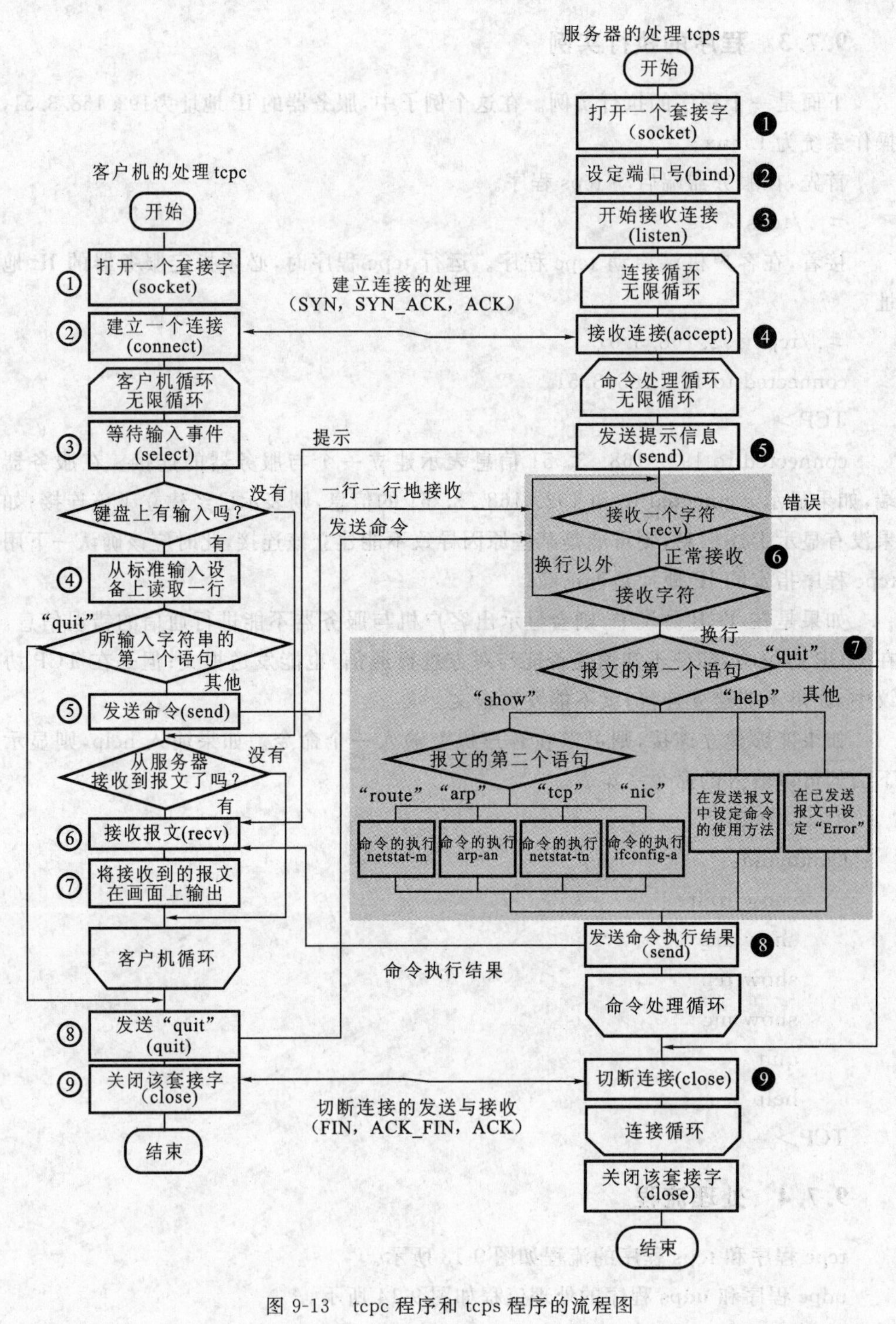

图 9-13　tcpc 程序和 tcps 程序的流程图

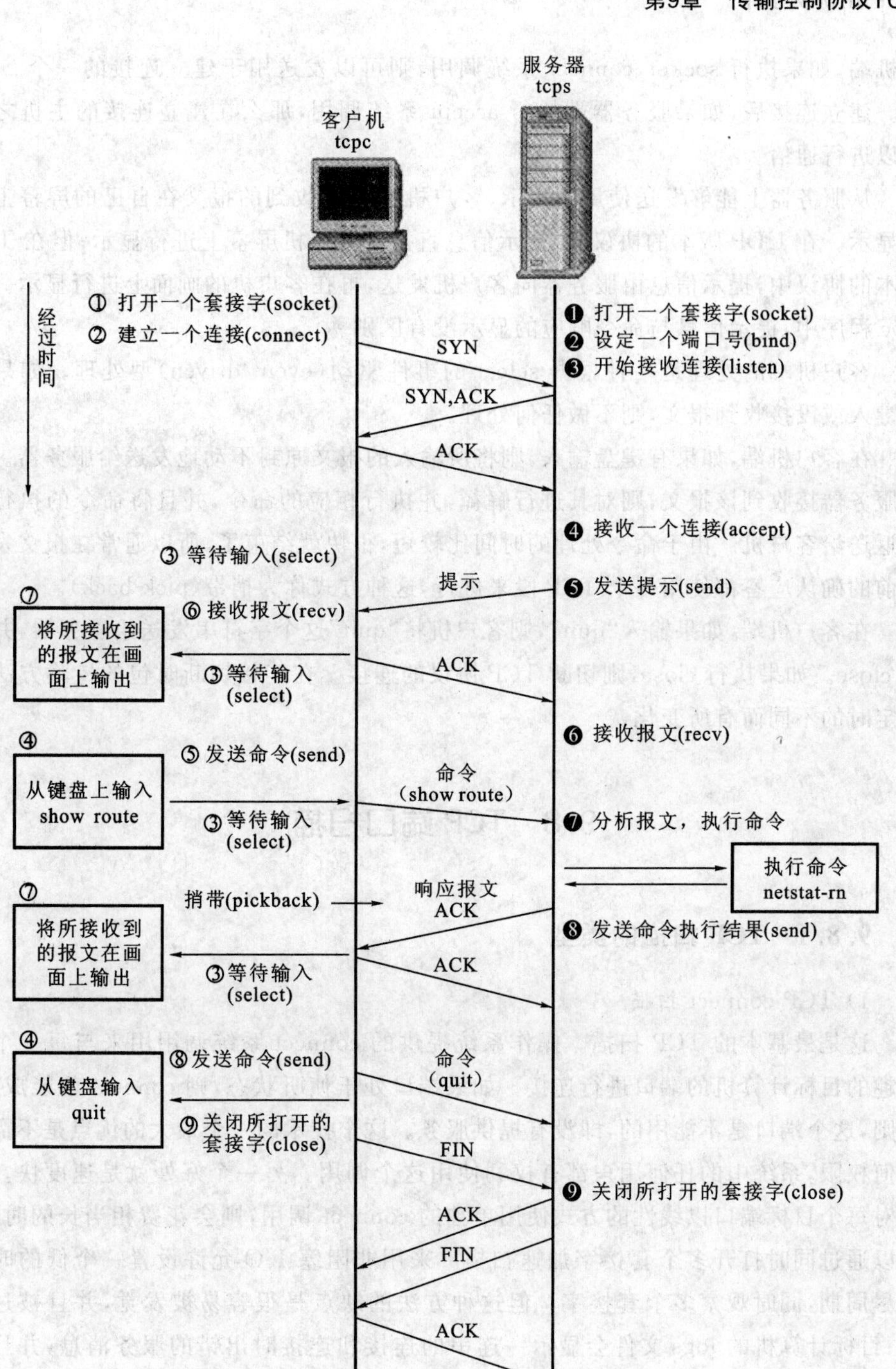

图 9-14　udpc 程序和 udps 程序的处理流程

户机端，如果执行 socket，connect 系统调用，则可以发送用于建立连接的一个 SYN 段。建立连接后，如果服务器端执行 accept 系统调用，那么在建立连接的主机之间可以进行通信。

从服务器上能够发送使用的提示，客户机将所接收到的报文在自己的屏幕上进行显示。在 UDP 版本的协议中，提示信息直接在客户机屏幕上进行显示；但在 TCP 版本的协议中，提示信息由服务器向客户机发送，再在客户机的画面上进行显示。在 tcpc 程序中，提示信息与命令响应的显示没有区别。

客户机端的处理是一种根据 select 的事件驱动(event driven)型处理。如果没有键入或没接收到报文，则不做任何处理。

在客户机端，如果有键盘输入，则将所输入的报文原封不动地发送给服务器。如果服务器接收到该报文，则对其进行解释，并执行相应的命令，并且将命令的执行结果返送给客户机。由于命令处理的时间比较短，很快就结束了，所以通常在报文发送之前的确认应答都使用一个 TCP 段来进行，这种方式称为捎带(pick-back)。

在客户机端，如果输入“quit”，则客户机将“quit”这个字符串发送给服务器，并执行 close。如果执行 close，则切断 TCP 协议的连接。在连接切断时包的传输方法根据定时的不同而有所变化。

9.8 TCP 端口扫描

9.8.1 TCP 扫描的类型

1) TCP connect 扫描

这是最基本的 TCP 扫描。操作系统提供的 connect 系统调用用来与每一个感兴趣的目标计算机的端口进行连接。如果端口处于侦听状态，则 connect 就能成功；否则，这个端口是不能用的，即没有提供服务。这个技术的一个最大的优点是不需要任何权限，系统中的任何用户都有权利使用这个调用。另一个好处就是速度快。如果对每个目标端口以线性的方式使用单独的 connect 调用，则会花费相当长的时间，可以通过同时打开多个套接字加速扫描。采用非阻塞 I/O 允许设置一个低的时间用尽周期，同时观察多个套接字。但这种方法的缺点是很容易被发觉，并且被过滤掉；目标计算机的 logs 文件会显示一连串的连接和连接时出错的服务消息，并且能很快地将它关闭。

2) TCP SYN 扫描

这种技术通常认为是“半开放”扫描，这是因为扫描程序不必打开一个完全的

TCP 连接。扫描程序发送的是一个 SYN 数据包，好像准备打开一个实际的连接并等待反应一样(参考 TCP 的三次握手建立 TCP 连接的过程)。一个 SYN/ACK 返回信息表示端口处于侦听状态；一个 RST 返回信息表示端口没有处于侦听状态。如果收到一个 SYN/ACK，则扫描程序必须再发送一个 RST 信号关闭这个连接。这种扫描技术的优点是一般不会在目标计算机上留下记录，缺点是必须要有 root 权限才能建立自己的 SYN 数据包。

3) TCP FIN 扫描

有时甚至 SYN 扫描都不够保密，一些防火墙和包过滤器会对一些指定的端口进行监视，有的程序能检测到这些扫描；相反，FIN 数据包可能会没有任何麻烦地通过。这种扫描方法的思想是关闭的端口会用适当的 RST 来回复 FIN 数据包。另一方面，打开的端口会忽略对 FIN 数据包的回复。这种方法和系统的实现有一定的关系。有的系统不管端口是否打开，都回复 RST，这时这种扫描方法就不适用了。但这种方法在区分 UNIX 和 NT 时是十分有用的。

4) IP 段扫描

这种方法不能算是新方法，只是其他技术的改进。它并不直接发送 TCP 探测数据包，而是将数据包分成两个较小的 IP 段，这样就将一个 TCP 头部分成好几个数据包，从而过滤器就很难探测到。但是必须小心，因为一些程序在处理这些小数据包时会有些麻烦。

5) TCP 反向 ident 扫描

Ident 协议允许看到通过 TCP 连接的任何进程的拥有者的用户名，即使这个连接不是由这个进程开始的。例如，你能连接到 http 端口，然后用 ident 来发现服务器是否正在以 root 权限运行。这种方法只能在和目标端口建立了一个完整的 TCP 连接后才能看到。

6) FTP 返回攻击

FTP 协议的一个有趣的特点是它支持代理(proxy) FTP 连接，即入侵者可以从自己的计算机 a.com 和目标主机 target.com 的 FTP server-PI(协议解释器)之间建立一个控制通信连接，然后请求这个 server-PI 激活一个有效的 server-DTP(数据传输进程)给 Internet 上的任何地方发送文件。对于一个 User-DTP，这是个推测，尽管 RFC 明确地定义请求一个服务器发送文件到另一个服务器是可以的，但现在这个方法好像不行了。该协议的缺点是能用来发送不能跟踪的邮件和新闻，给许多服务器造成打击，用尽磁盘，企图越过防火墙。

利用它的目的是从一个代理的 FTP 服务器来扫描 TCP 端口，这样能在一个防火墙后面连接到一个 FTP 服务器，然后扫描端口(这些原来有可能被阻塞)。如果 FTP 服务器允许从一个目录读写数据，就能发送任意的数据到发现的打开的端口。

9.8.2 TCP 端口扫描程序 scanport_tcp

TCP 端口扫描程序 scanport_tcp 能够显示等待建立连接请求的 TCP 端口号。TCP 端口扫描具有各种各样的方法，但在 scanport_tcp 中使用了最原始的方法，一边改变端口号，一边按照顺序建立连接请求。

图 9-15 所示为 scanport_tcp 处理内容的概要。在 scanport_tcp 中，对于想要扫描的端口，一边改变端口号，一边按照顺序建立连接请求。在等待服务器端口号时建立连接，在没有等待服务器端口号时则不能建立连接。这样，在所指定的端口号范围内进行反复循环，能够调查出等待服务器的端口号。

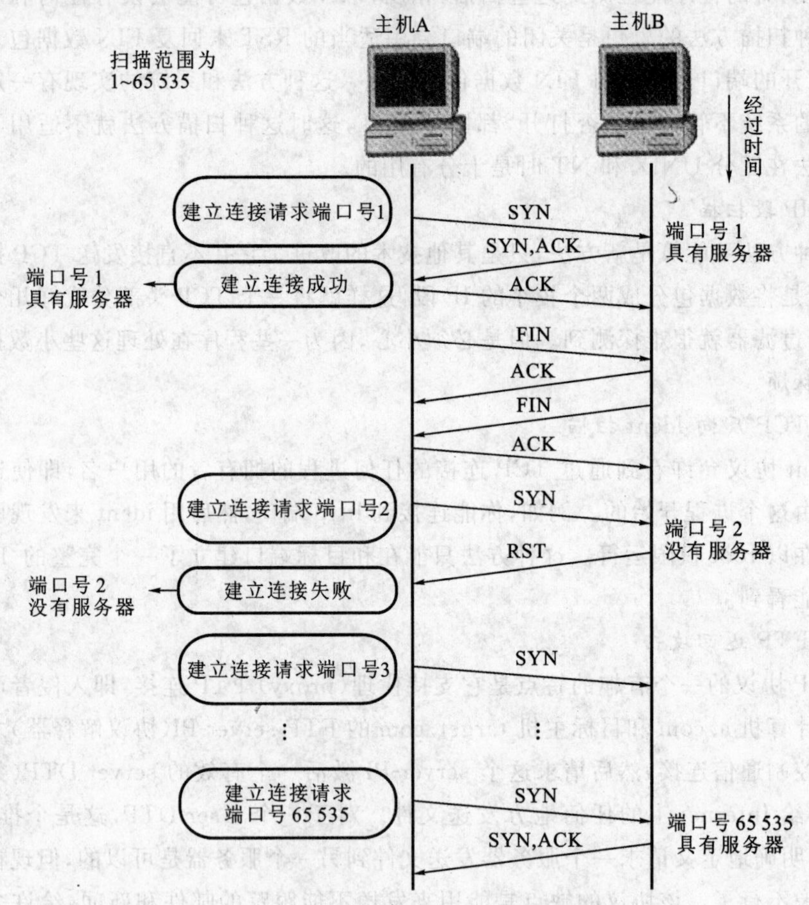

图 9-15 scanport_tcp 处理内容的概要

scanport_tcp 程序执行时的语法如下所示（具有一般用户的权限能够执行 scanport_tcp 程序）：

```
./ scanport_tcp   dst_ip   start_port   last_part
```

在 dst_ip 中，能够指定扫描端口主机的 IP 地址。在 start_port 和 last_port 中，分别指定了扫描端口号的起始值和结束值。

scanport_tcp 程序如图 9-16 所示，它由 main 和 tcpportscan 两个函数所组成。tcpportscan 函数指定服务器的 IP 地址和端口号，检查连接是否已经建立，并且能够通知调查的结果。也就是说，tcpportscan 函数能够完成一次扫描处理。

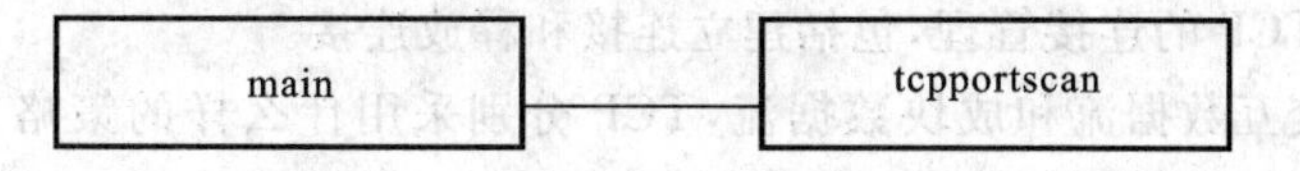

(检查使用TCP协议是否能够建立连接)

图 9-16 scanport_tcp 的函数结构图

scanport_tcp 程序的处理流程如图 9-17 所示。

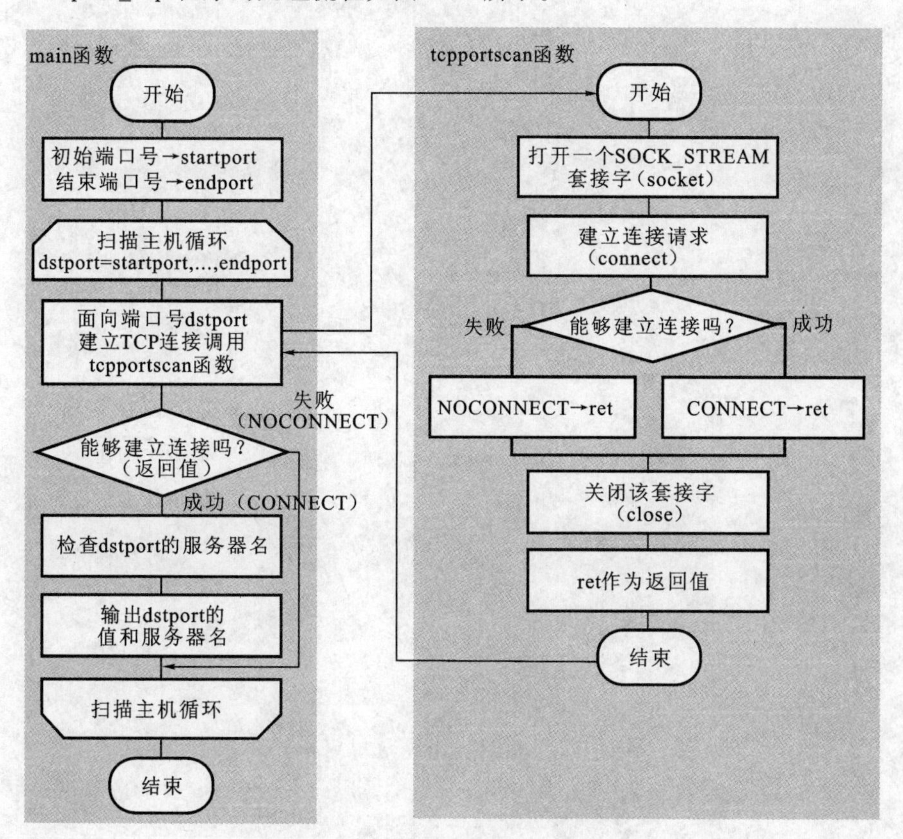

图 9-17 scanport_tcp 程序的处理流程

在 scanport_tcp 程序中，具有一个一边改变端口号一边进行反复处理的循环。在这个循环中调用 tcpportscan 函数，检查能否建立连接，并将结果显示在屏幕上。在 tcpportscan 函数中，打开一个 SOCK_STREAM 套接字，检查是否能够建立连接。

习　题

1. 画出 TCP 的首部格式,并简述各个字段的含义。

2. 简述 TCP 的连接管理,包括建立连接和释放连接。

3. 针对交互数据流和成块数据流,TCP 分别采用什么样的策略来进行数据传输? 试简述这些传输策略。

4. 简述 TCP 的超时与重传机制。

第 10 章　应用层协议

10.1　域名系统 DNS

10.1.1　DNS 概述

域名系统(DNS)是一种用于 TCP/IP 应用程序的分布式数据库。它提供了主机名和 IP 地址之间的转换及有关电子邮件的选路信息,也提供了允许服务器和客户程序相互通信的协议。

从应用的角度上看,对 DNS 的访问是通过一个地址解析器(resolver)来完成的。解析器通过一个或多个名字服务器来完成这种转换。

解析器通常是应用程序的一部分,它并不像 TCP/IP 协议那样是操作系统的内核。在一个应用程序请求 TCP 打开一个连接或使用 UDP 发送一个数据报之前,必须将一个主机名转换为一个 IP 地址,否则操作系统内核中的 TCP/IP 协议簇无法识别主机名。

DNS 的名字空间具有层次结构,如图 10-1 所示。

10.1.2　DNS 的工作原理

DNS 是一个分布式数据库系统,它提供将域名转换成对应 IP 地址的信息。这种将域名转换成 IP 地址的方法称为名称解析。

一般来说,每个组织都有其自己的 DNS 服务器,并维护域的名称映射数据库记录或资源记录。当请求名称解析时,DNS 服务器先在自己的记录中检查是否有对应的 IP 地址,如果未找到,就会向其他 DNS 服务器询问该信息。

例如,当要求 Web 浏览器访问"msdn. microsoft. com"站点时,DNS 服务器就会通过以下步骤来解析该域名的 IP 地址。

(1) Web 浏览器调用 DNS 客户端(称为解析器),并使用上次查询缓存的信息在本地解析该查询。

(2) 如果在本地无法解析该查询,客户端就会向已知的 DNS 服务器询问答案。如果该 DNS 服务器曾经在特定的时间段内处理过相同的域名("msdn. microsoft. com")请求,则它就会在缓存中检索相应的 IP 地址,并将其返回给客户端。

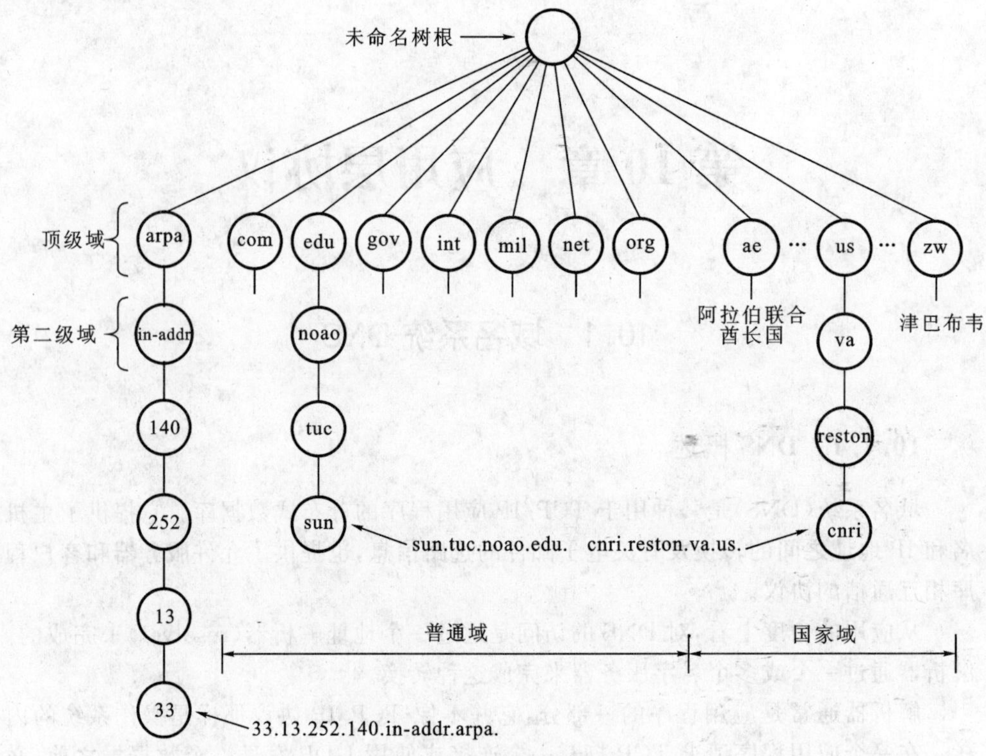

图 10-1　DNS的层次组织

(3) 如果该DNS服务器找不到相应的地址，则客户端就会向某个全局根DNS服务器询问，或者返回顶级域权威DNS服务器的指针。在这种情况下，"com"域权威服务器的IP地址将返回给客户端。

类似地，客户端向"com"服务器询问"microsoft. com"服务器的地址，并将原始查询传到"microsoft. com"服务器。

因为"microsoft. com"服务器在本地维护"msdn. microsoft. com"域的权威记录，所以它将最终结果返回给客户端，并完成特定IP地址的查询。

注意，可以将DNS资源记录缓存到网络上任意数量的DNS服务器中。第(2)步中提到的DNS服务器可能不包含"msdn. microsoft. com"缓存记录，但它可能有"microsoft. com"记录，更可能有"com"域记录。这可省去客户端获得最终结果所需的一次或几次查询，从而加快整个查询过程。

为了维护DNS缓存中的最新信息，缓存记录有一个与信息关联的"生存时间"设置。当记录到期时，必须对它们进行再次搜索。

10.1.3　DNS的报文格式

DNS定义了一个用于查询和响应的报文格式，如图10-2所示。

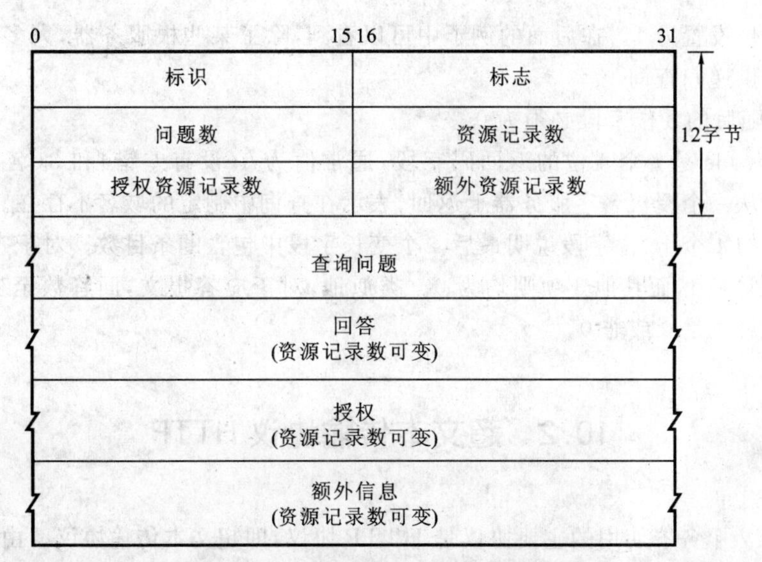

图 10-2 DNS 查询和响应的一般格式

这个报文由 12 字节长的首部和 4 个长度可变的字段组成。

标识字段由客户程序设置并由服务器返回结果，客户程序通过它来确定响应与查询是否匹配。

16 位的标志字段被划分为若干子字段，如图 10-3 所示。

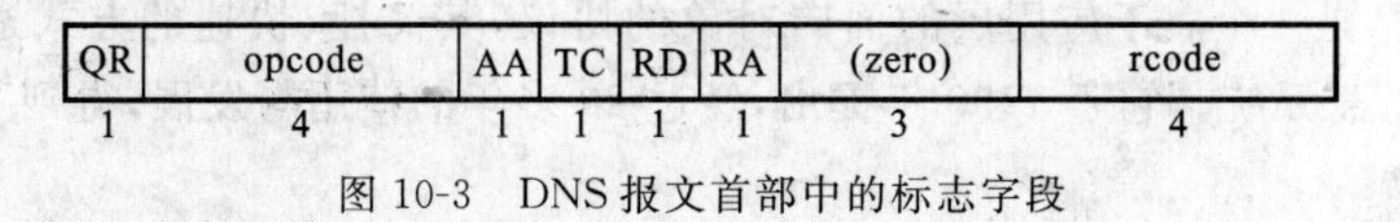

图 10-3 DNS 报文首部中的标志字段

下面从最左端开始依次介绍各子字段：

(1) QR 是 1 位字段：0 表示查询报文，1 表示响应报文。

(2) opcode 是 4 位字段：通常值为 0(标准查询)，其他值为 1(反向查询)和 2(服务器状态请求)。

(3) AA 是 1 位字段，表示“授权回答”(authoritative answer)。该名字服务器是授权于该域的。

(4) TC 是 1 位字段，表示“可截断的”(truncated)。使用 UDP 时，它表示当应答的总长度超过 512 字节时，只返回前 512 字节。

(5) RD 是 1 位字段，表示“期望递归”(recursion desired)。该位能在一个查询中设置，并在响应中返回。这个标志告诉名字服务器必须处理这个查询，也称为一个递归查询。如果该位为 0，且被请求的名字服务器没有一个授权回答，它就返回一个能解答该查询的其他名字服务器列表，这称为迭代查询。

(6) RA 是 1 位字段，表示“可用递归”。如果名字服务器支持递归查询，则在响应中将该位设置为1。在后面的例子中可以看到,除了某些根服务器,大多数名字服务器都提供递归查询。

(7) 随后的3位字段必须为0。

(8) rcode是一个4位的返回码字段,通常值为0(没有差错)和3(名字差错)。名字差错从一个授权名字服务器上返回,表示在查询中制定的域名不存在。

随后的4个16位字段说明最后4个变长字段中包含的条目数。对于查询报文,问题数通常是1,而其他3项则均为0。类似地,对于应答报文,回答数至少是1,剩下的2项可以是0或非0。

10.2 超文本传输协议HTTP

WWW服务器使用的主要协议是HTTP协议,即超文本传输协议。由于HTTP协议支持的服务不限于WWW,还可以是其他服务,因此HTTP协议允许用户在统一的界面下采用不同的协议如FTP,Archie,SMTP,NNTP等访问不同的服务。另外,HTTP协议还可用于名字服务器和分布式对象管理。

10.2.1 HTTP协议简介

HTTP是一个属于应用层的面向对象的协议,其简捷、快速的方式适用于分布式超媒体信息系统。它于1990年提出,经过20多年的使用与发展,得到了不断完善和扩展。

HTTP协议的主要特点可以概括如下:

(1) 支持客户/服务器模式。

(2) 简单快速。客户向服务器请求服务时,只需传送请求方法和路径。请求方法常用的有GET,HEAD,POST,每种方法都规定了客户与服务器联系的不同类型。由于HTTP协议简单,使得HTTP服务器的程序规模小,因而通信速度很快。

(3) 灵活。HTTP允许传输任意类型的数据对象,正在传输的类型用Content-Type加以标记。

(4) 无连接。无连接的含义是限制每次连接只处理一个请求。服务器处理完客户的请求并收到客户的应答后,即断开连接。采用这种方式可以节省传输时间。

(5) 无状态。HTTP协议是无状态协议。无状态是指协议对事务处理没有记忆能力。缺少状态意味着如果后续处理需要前面的信息,则它必须重传,这样可能导致每次连接传送的数据量增大;另一方面,当服务器不需要先前信息时,它的应答就较快。

10.2.2 HTTP 协议的几个重要概念

(1) 连接(connection):一个传输层的实际环流,建立在两个相互通讯的应用程序之间。

(2) 消息(message):HTTP 通讯的基本单位,包括一个结构化的八元组序列并通过连接传输。

(3) 请求(request):一个从客户端到服务器的请求信息,包括用于资源的方法、资源的标识符和协议的版本号。

(4) 响应(response):一个从服务器返回的信息,包括 HTTP 协议的版本号、请求的状态(如"成功"或"没找到")和文档的 MIME 类型。

(5) 资源(resource):由 URI 标识的网络数据对象或服务。

(6) 实体(entity):数据资源或来自服务资源回应的一种特殊表示方法,它可能被包围在一个请求或响应信息中。一个实体包括实体头信息和实体本身的内容。

(7) 客户机(client):一个为发送请求目的而建立连接的应用程序。

(8) 用户代理(useragent):初始化一个请求的客户机。它们是浏览器、编辑器或其他用户工具。

(9) 服务器(server):一个接受连接并对请求返回信息的应用程序。

(10) 源服务器(originserver):一个给定资源可以在其上驻留或被创建的服务器。

(11) 代理(proxy):一个中间程序,既可以充当一个服务器,也可以充当一个客户机,为其他客户机建立请求。请求是通过可能的翻译在内部或经过传递到其他的服务器中。一个代理在发送请求信息之前必须解释并且若可能则重写它。代理经常作为通过防火墙的客户机端的门户。

(12) 网关(gateway):一个作为其他服务器中间媒介的服务器。与代理不同的是,网关接受请求就好像对被请求的资源来说它就是源服务器,但发出请求的客户机并没有意识到它在同网关打交道。网关经常作为通过防火墙的服务器端的门户,还可作为一个协议翻译器,以便存取那些存储在非 HTTP 系统中的资源。

(13) 通道(tunnel):作为两个连接中继的中介程序。一旦激活,通道便被认为不属于 HTTP 通讯,尽管通道可能是被一个 HTTP 请求初始化的。当被中继的连接两端关闭时,通道便消失。当一个门户(portal)必须存在或中介(intermediary)不能解释中继的通讯时,经常使用通道。

(14) 缓存(cache):反应信息的局域存储。

10.2.3 HTTP 协议的运作方式

HTTP 协议是基于请求/响应模式的。一个客户机与服务器建立连接后,发送一个请求给服务器,格式为:统一资源标识符、协议版本号、MIME信息(包括请求修饰符、客户机信息和可能的内容)。服务器接到请求后,给予相应的响应信息,其格式为:状态行(包括信息的协议版本号、一个成功或错误的代码)、MIME信息(包括服务器信息、实体信息和可能的内容)。

许多HTTP通讯都是由一个用户代理初始化的,包括一个在源服务器上申请资源的请求。最简单的情况是在用户代理(UA)和源服务器(O)之间通过一个单独的连接来完成。

当一个或多个中介出现在请求/响应链中时,情况就变得比较复杂。中介有三种:代理(proxy)、网关(gateway)和通道(tunnel)。一个代理根据URI的绝对格式接受请求,重写全部或部分消息,然后通过URI的标识把已格式化的请求发送到服务器。网关是一个接收代理,作为一些其他服务器的上层,并且如果有必要,可以把请求翻译给下层的服务器协议。一个通道作为不改变消息的两个连接之间的中继点。当通讯需要通过一个中介(如防火墙等)或者是中介不能识别消息的内容时,经常使用通道。

如图10-4所示,在用户代理(UA)和源服务器(O)之间有三个中介(A,B和C),一个通过整个链的请求或响应消息必须经过四个连接段。这一区别之所以重要,是因为一些HTTP通讯可能用于最近的连接或没有通道的邻居,也可能用于链的终点或用于沿链的所有连接。尽管图10-4的连接是线性的,但每个参与者都可能从事多重、并发的通讯。例如,B可能从许多客户机接收请求而不通过A,并且/或者不通过C把请求送到A,同时它也可能处理A的请求。

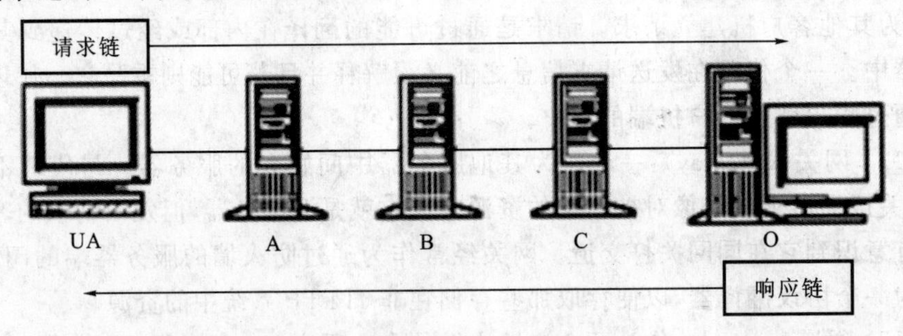

图10-4　通过中介的连接

在Internet上,HTTP通讯通常发生在TCP/IP连接之上,缺省端口是TCP80,但其他的端口也是可用的。但是这并不意味着HTTP协议在Internet或其他网络的其他协议之上才能完成,只预示着一个可靠的传输。

下面介绍HTTP协议的内部操作过程。

首先简单介绍基于HTTP协议的客户/服务器模式的信息交换过程。它分为四个过程,即建立连接、发送请求信息、发送响应信息、关闭连接。

在 WWW 中,"客户"与"服务器"是一个相对的概念,只存在于一个特定的连接期间,即在某个连接中的客户在另一个连接中可能作为服务器。WWW 服务器运行时,一直在 TCP80 端口(WWW 的缺省端口)监听,等待连接的出现。

下面讨论 HTTP 协议下客户/服务器模式中信息交换的实现。

(1) 建立连接。

连接的建立是通过申请套接字(socket)实现的。客户打开一个套接字并把它约束在一个端口上,如果成功,就相当于建立了一个虚拟文件,以后就可以在该虚拟文件上写数据并通过网络向外传送。

(2) 发送请求信息。

打开一个连接后,客户机把请求消息送到服务器的停留端口上,完成提出请求动作。

HTTP/1.0 的请求消息格式为:

请求消息＝请求行＋CRLF＋[实体内容]＋CRLF(回车换行符)

请求行＝方法＋空格符＋请求 URL＋空格符＋HTTP 版本号＋CRLF

方法＝GET|HEAD|POST|扩展方法

URL＝协议名称＋宿主名＋目录与文件名

请求行中的方法描述指定资源中应该执行的动作。常用的方法有 GET,HEAD 和 POST。

不同的请求对象对应 GET 的结果是不同的,其对应关系为:

对象—GET 的结果;

文件—文件的内容;

程序—该程序的执行结果;

数据库查询—查询结果。

HEAD——要求服务器查找某对象的元信息,而不是对象本身。

POST——从客户机向服务器传送数据。在要求服务器和 CGI 做进一步处理时会用到 POST 方法。POST 主要用于发送 HTML 文本中 FORM 的内容,让 CGI 程序处理。

头信息又称元信息,即信息的信息。利用元信息可以实现有条件的请求或应答。

请求头——告诉服务器怎样解释本次请求,主要包括用户可以接受的数据类型、压缩方法和语言等。

实体头——包括实体信息类型、长度、压缩方法、最后一次修改时间、数据有效期等。

实体——请求或应答对象本身。

(3) 发送响应信息。

服务器在处理完客户的请求后,要向客户机发送响应消息。

HTTP/1.0 的响应消息格式如下：

响应消息＝状态行＋CRLF＋[实体内容]

状态行＝HTTP 版本号＋空格符＋状态码＋空格符＋原因叙述＋CRLF

状态码表示响应类型，其中 1××表示保留，2××表示表示请求成功地接收，3××表示为完成请求客户需进一步细化请求，4××表示客户错误，5××表示服务器错误。

响应头的信息包括：服务程序名，通知客户请求的 URL 需要认证，请求的资源何时能使用。

(4) 关闭连接。

客户和服务器双方都可以通过关闭套接字来结束 TCP/IP 对话。

10.3 SMTP 和 POP3

10.3.1 引言

每项 Internet 服务都是由一对计算机（用户的计算机和远程进行服务的计算机）协同完成的，这就是客户机/服务器模式。每项服务都采用一种约定或协议。在电子邮件服务中，收信和发信是两个独立的过程，分别使用一种协议。SMTP 和 POP3 就是目前使用最普遍的发信和收信协议。这些协议用于协调客户机和服务器之间的信息传递，完成对应的 Internet 服务过程。

10.3.2 SMTP 协议

SMTP 是一种提供可靠且有效电子邮件传输的协议，是建立在 FTP 文件传输服务上的一种邮件服务，主要用于传输系统之间的邮件信息并提供与来信有关的通知。

SMTP 独立于特定的传输子系统，只需要可靠、有序的数据流信道的支持。SMTP 的重要特性之一是能跨越网络传输邮件，即“SMTP 邮件中继”。通常，一个网络可以由公用互联网上 TCP 可相互访问的主机、防火墙分隔的 TCP/IP 网络上 TCP 可相互访问的主机，以及其他 LAN/WAN 中的主机，利用非 TCP 传输层协议组成。可通过 SMTP 实现相同网络上处理机之间的邮件传输，也可通过中继器或网关实现某处理机与其他网络之间的邮件传输。

在 SMTP 方式下，邮件的发送可能经过从发送端到接收端路径上的大量的中间中继器或网关主机。域名服务系统（DNS）的邮件交换服务器可以用来识别传输邮件的下一跳 IP 地址。

SMTP 命令是发送于 SMTP 主机之间的 ASCII 信息，见表 10-1。

表 10-1　SMTP 主机之间的 ASCII 信息

命　令	描　述
DATA	开始信息写作
EXPN＜string＞	在指定邮件表中返回名称
HELO＜domain＞	返回邮件服务器身份
HELP＜command＞	返回指定命令中的信息
MAIL FROM＜host＞	在主机上初始化一个邮件会话
NOOP	除服务器响应确认外，没有引起任何反应
QUIT	终止邮件会话
RCPT TO＜user＞	指明谁收到邮件
REST	重设邮件连接
SAML FROM＜host＞	发送邮件到用户终端和邮箱
SEND FROM＜host＞	发送邮件到用户终端
SOML FROM＜host＞	发送邮件到用户终端和邮箱
TURN	接收端和发送端交换角色
VRFY＜user＞	校验用户身份

10.3.3　POP3

POP 协议允许工作站动态访问服务器上的邮件，目前已发展到第 3 版，称为 POP3。POP3 允许工作站检索邮件服务器上的邮件。POP3 传输的是数据消息，这些消息可以是指令，也可以是应答。

创建一个分布式电子邮件系统有多种不同的技术支持和途径，如 POP(邮局协议)、DMSP(分层式电子邮件系统协议)和 IMAP(因特网信息访问协议)。其中，POP 创建得最早，因此也最为人们所了解；DMSP 具有较好的支持“无连接”操作的性能，但它在很大程度上仅限于单个应用程序(PCMAIL)；IMAP 提供了 POP 和 DMSP 的扩展集，并提供了对远程邮件访问的三种支持方式，即离线、在线和无连接。

POP 协议支持离线邮件处理。具体过程是：邮件发送到服务器上，电子邮件客户端调用邮件客户机程序以连接服务器，并下载所有未阅读的电子邮件。这种离线访问模式是一种存储转发服务，可将邮件从邮件服务器端送到个人终端机器上(一般是 PC 机或 Mac 机)。一旦邮件发送到 PC 机或 Mac 机上，邮件服务器上的邮件就会被删除。

POP3 并不支持对服务器上的邮件进行扩展操作，此过程由更高级的 IMAP4 完成。POP3 使用 TCP 作为传输协议。

POP3 是发送在客户机和服务器间的 ASCII 信息。POP3 命令摘要见表 10-2。

表 10-2 POP3 命令摘要

命 令	描 述
USER	用户名
PASS	用户密码
STAT	服务器上的邮件信息
RETR	获取的信息数
DELE	删除的信息数
LIST	显示的信息数
TOP＜messageID＞＜nombredelignes＞	从头开始(包含协议头)打印 X 行信息
QUIT	退出 POP3 服务器

10.4 Telnet

10.4.1 引言

远程登录(remote login)是 Internet 上最广泛的应用之一。我们可以先登录(即注册)到一台主机,然后再通过网络远程登录到其他任何一台网络主机,而不需要为每台主机连接一个硬件终端(当然必须有登录帐号)。

Telnet 是标准的提供远程登录功能的应用,几乎每个 TCP/IP 的实现都提供了这一功能。Telnet 能够运行在不同操作系统的主机之间,它通过客户进程和服务器进程之间的选项协商机制确定通信双方可以提供的功能特性。

Telnet 是一种最老的 Internet 应用,起源于 1969 年的 ARPANET,它是"电信网络协议"(telecommunication network protocol)的缩写。远程登录采用客户-服务器模式。图 10-5 所示为一个 Telnet 客户和服务器的典型连接图。

在图 10-5 中,有以下几点需要注意:

(1) Telnet 客户进程同时与终端用户和 TCP/IP 协议模块进行交互。通常我们所键入的任何信息的传输都通过 TCP 连接,连接的任何返回信息都输出到终端上。

(2) Telnet 服务器进程经常要和一种"伪终端设备"(pseudo-terminal device)打交道,至少在 UNIX 系统下是这样的。对登录外壳(shell)进程来讲,它是被 Telnet 服务器进程直接调用的,而且任何运行在登录外壳进程的程序都感觉是直接和一个终端进行交互。对于像满屏编辑器这样的应用,就像直接在和终端打交道一样。实

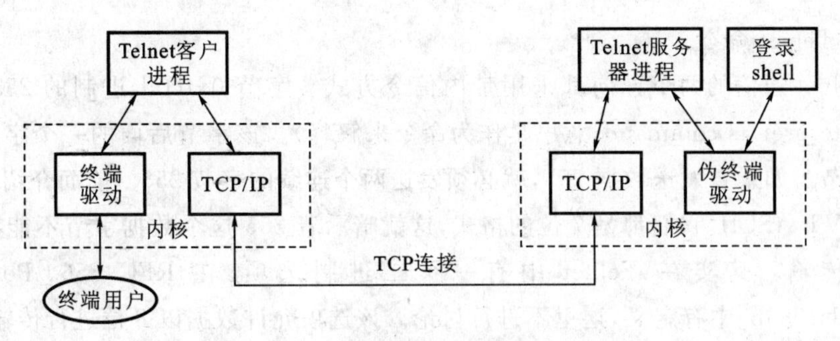

图 10-5　客户-服务器模式的 Telnet 简图

际上，如何对服务器进程的登录外壳进程进行处理，使得它好像在直接和终端交互，往往是编写远程登录服务器进程程序中最困难的方面之一。

(3) 仅仅使用了一条 TCP 连接。由于客户进程必须多次和服务器进程进行通信(反之亦然)，所以必然需要某些方法来描绘在连接上传输的命令和用户数据。

(4) 注意，在图 10-5 中，虚线框把终端驱动进程和伪终端驱动进程框了起来。在 TCP/IP 实现时，虚线框的内容一般是操作系统内核的一部分，而 Telnet 客户进程和服务器进程一般只属于用户应用程序。

(5) 把服务器进程的登录外壳进程画出来的目的是为了说明想要登录到系统必须要有一个帐号。

10.4.2　Telnet 协议

Telnet 协议可以工作在任何主机(如任何操作系统)或任何终端之间。RFC 854 [Postel 和 Reynolds 1983a]定义了该协议的规范，其中还定义了一种通用字符终端——网络虚拟终端 NVT(Network Virtual Terminal)。NVT 是虚拟设备。连接的双方即客户机和服务器都必须能把它们的物理终端和 NVT 进行相互转换。也就是说，不管客户进程终端是什么类型，操作系统都必须把它转换为 NVT 格式；不管服务器进程的终端是什么类型，操作系统都必须能把 NVT 格式转换为终端所能支持的格式。

NVT 是带有键盘和打印机的字符设备。用户敲击键盘产生的数据被发送到服务器进程，服务器进程回送的响应则输出到打印机上。在默认情况下，用户敲击键盘产生的数据是发送到打印机上的，但是这个选项是可以改变的。

1) NVT ASCII

术语 NVT ASCII 代表 7 bit 的 ASCII 字符集。网间网协议簇都使用 NVT ASCII。每个 7 位的字符都以 8 位格式发送，最高位为 0。行结束符用 2 个字符 CR(回车)和紧接着的 LF(换行)这样的序列表示，以\r\n 来表示。单独的一个 CR 也是用 2 个字符序列来表示的，它们是 CR 和紧接着的 NUL(字节 0)，以\r\0 表示。

2）Telnet命令

Telnet通信的两个方向都采用带内信令方式。字节0xff(十进制的255)叫做IAC(interpret as command,意思是作为命令来解释)。该字节后面的一个字节才是命令字节。如果要发送数据255,就必须发送两个连续的字节255。前面介绍的数据流是NVT ASCII,它们都是7位的格式,这就暗示着255这个数据字节不能在Telnet上传输。其实在Telnet中有一个二进制选项,在RFC 856[Postel和Reynolds1983b]中有定义,这里不进行讨论。该选项允许数据以8位进行传输。

表10-3列出了所有的Telnet命令。

表10-3 当前一个字节是IAC(255)时的Telnet命令集

名　称	代码(十进制)	描　述
EOF	236	文件结束符
SUSP	237	挂起当前进程(作业控制)
ABORT	238	异常中止进程
EOR	239	记录结束符
SE	240	子选项结束
NOP	241	无操作
DM	242	数据标记
BRK	243	中　断
IP	244	中断进程
AO	245	异常中止输出
AYT	246	对方是否还在运行
EC	247	转义字符
EL	248	删除行
GA	249	继续进行
SB	250	子选项开始
WILL	251	选项协商
WONT	252	选项协商
DO	253	选项协商
DONT	254	选项协商
IAC	255	数据字节255

3）选项协商

虽然可以认为Telnet连接的双方都是NVT,但是实际上Telnet连接的双方首先进行交互的信息是选项协商数据。选项协商是对称的，也就是说任何一方都可以主动发送选项协商请求给对方。

对于任何给定的选项，连接的任何一方都可以发送下面4种请求中的任意一种。

(1) WILL：发送方本身将激活(enable)选项。

(2) DO：发送方想让接收端激活选项。

(3) WONT：发送方本身想禁止选项。

(4) DONT：发送方想让接收端禁止选项。

Telnet规则规定：对于激活选项请求(如1和2)，有权同意或者不同意；对于使选项失效请求(如3和4)，必须同意。这样，4种请求就会组合出6种情况，见表10-4。

表10-4　Telnet选项协商的6种情况

	发送方		接收方	描　述
1	WILL	→		发送方想激活选项
		←	DO	接收方同意
2	WILL	→		发送方想激活选项
		←	DONT	接收方不同意
3	DO	→		发送方想让接收方激活选项
		←	WILL	接收方同意
4	DO	→		发送方想让接收方激活选项
	WONT	←		接收方不同意
5	WONT	→		发送方想禁止选项
		←	DONT	接收方必须同意
6	DONT	→		发送方想让接收方禁止选项
		←	WONT	接收方必须同意

选项协商需要3个字节：第一个是IAC字节；接着是WILL，DO，WONT和DONT这四者之一；最后一个是ID字节，指明激活或禁止选项。

目前有40多个选项是可以协商的。Assigned Number RFC文档中指明了选项字节的值，并且在一些相关的RFC文档中也描述了这些选项。表10-5列出了本章中会出现的选项代码。

Telnet的选项协商机制和Telnet协议的内容大部分相同，是对称的，连接的双方都可以发起选项协商请求。但远程登录不是对称的，客户进程完成某些任务，而服务器进程则完成其他一些任务。某些Telnet选项仅适用于客户进程(例如要求激活行模式方式)，而某些选项则仅适用于服务器进程。

表 10-5　本章中将讨论的 Telnet 选项代码

选项标识(十进制)	名　称	RFC
1	回　显	857
3	抑制继续进行	858
5	状　态	859
6	定时标记	860
24	终端类型	1091
31	窗口大小	1073
32	终端速度	1079
33	远程流量控制	1372
34	行方式	1184
36	环境变量	1408

10.5　文件传输协议 FTP

FTP 是另一个常见的应用程序，它是用于文件传输的 Internet 标准。我们必须分清文件传输(file transfer)和文件存取(file access)之间的区别，其中前者是 FTP 提供的，后者是 NFS 等应用系统提供的。由 FTP 提供的文件传输是将一个完整的文件从一个系统复制到另一个系统中。要使用 FTP，就需要有登录服务器的注册帐号，或者通过允许匿名 FTP 的服务器来使用。

FTP 与已描述的另一种应用不同，它采用两个 TCP 连接来传输一个文件。

(1) 控制连接以通常的客户服务器方式建立。

服务器以被动方式打开众所周知的用于 FTP 的端口 21 等待客户的连接，客户则以主动方式打开 TCP 端口 21 建立连接。控制连接始终等待客户与服务器之间的通信。该连接将命令从客户传给服务器，并传回服务器的应答。由于命令通常是由用户键入的，所以 IP 对控制连接的服务类型就是“最大限度地减小迟延”。

(2) 每当一个文件在客户与服务器之间传输时，就创建一个数据连接。

由于该连接的目的是用于传输，所以 IP 对数据连接的服务特点是“最大限度地提高吞吐量”。图 10-6 描述了客户与服务器及它们之间的连接情况。从图中可以看出，交互式用户通常不处理在控制连接中转换的命令和应答，这些细节均由两个协议解释器来完成；标有“用户接口”的方框的功能是按用户所需提供各种交互界面(全屏幕菜单选择、逐行输入命令等)，并把它们转换成在控制连接上发送的 FTP 命令；类似地，从控制连接上传回的服务器应答也被转换成用户所需的交互格式。从图 10-6

中还可以看出，正是这两个协议解释器根据需要激活文件传送功能的。

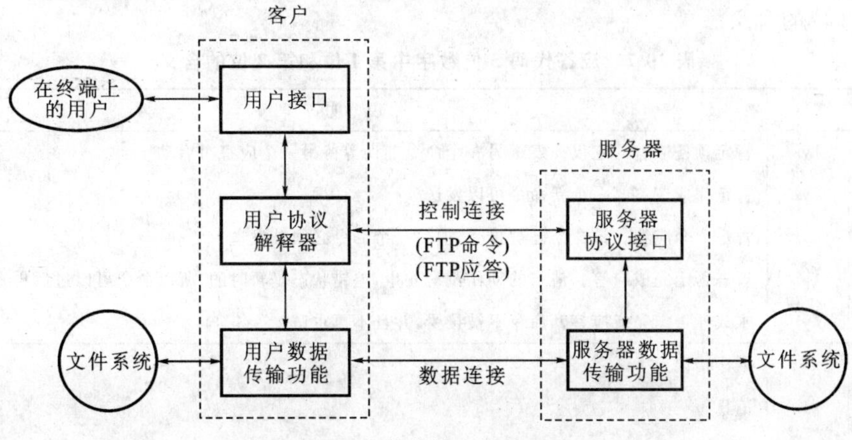

图 10-6　文件传输中的处理过程

10.5.1　FTP 命令

从客户向服务器发送的 FTP 命令超过 30 种，表 10-6 列出了一些常用的命令。

表 10-6　常用的 FTP 命令

命　令	说　明
ABOR	放弃先前的 FTP 命令和数据传输
LIST *filelist*	列表显示文件或目录
PASS *password*	服务器上的口令
PORT *n*1，*n*2，*n*3，*n*4，*n*5，*n*6	客户端 IP 地址（n_1，n_2，n_3，n_4）和端口（$n_5\times256+n_6$）
QUIT	从服务器注销
RETR *filename*	检索（取）一个文件
STOR *filename*	存储（放）一个文件
SYST	服务器返回系统类型
TYPE *type*	说明文件类型：A 表示 ASCII 码，I 表示图像
USER *username*	服务器上的用户名

10.5.2　FTP 应答

应答都是 ASCII 码形式的 3 位数字，并跟有报文选项。这是因为软件系统需要根据数字代码来决定如何应答，而选项串是面向人工处理的。由于客户通常要输出数字应答和报文串，所以一个可交互的用户可以通过阅读报文串（不必记忆所有数字应答代码的含义）来确定应答的含义。

应答 3 位代码中的每一位数字都有不同的含义，表 10-7 给出了应答代码第 1 位和第 2 位的含义。

表 10-7 应答代码 3 位数字中第 1 位和第 2 位的含义

应答		说明
第1位	1yz	肯定预备应答。它仅在发送另一个命令前期等待另一个应答时启动
	2yz	肯定完成应答。一个新命令可以发送
	3yz	肯定中介应答。该命令已被接受，但另一个命令必须被发送
	4yz	暂态否定完成应答。请求的动作没有发生，差错状态是暂时的，所以命令可以过后再发
	5yz	永久性否定完成应答。命令不被接受，并且不再重试
第2位	x0z	语法错误
	x1z	信息
	x2z	连接。应答指控制或数据连接
	x3z	鉴别和记账。应答用于注册或记账命令
	x4z	未指明
	x5z	文件系统状态

第 3 位数字给出了差错报文的附加含义。这里列出了一些典型的应答，都带有一个可能的报文串。

(1) 125：数据连接已经打开，传输开始。

(2) 200：就绪命令。

(3) 214：帮助报文（面向用户）。

(4) 331：用户名就绪，要求输入口令。

(5) 425：不能打开数据连接。

(6) 452：错写文件。

(7) 500：语法错误（未认可的命令）。

(8) 501：语法错误（无效参数）。

(9) 502：未实现的 MODE（方式命令）类型。

通常每个 FTP 命令都产生一行应答。例如，QUIT 命令可以产生如下应答：

221 Goodbye.

如果需要产生一条多行应答，则第 1 行在 3 位数字应答代码之后包含一个连字号，而不是空格；最后一行包含相同的 3 位数字应答代码，后跟一个空格符。

10.5.3 连接管理

数据连接有以下三大用途：

(1) 从客户向服务器发送一个文件。

(2) 从服务器向客户发送一个文件。

(3) 从服务器向客户发送文件或目录列表。

FTP 服务器把文件列表从数据连接上发回，而不是控制连接上的多行应答，这就避免了行的有限性对目录大小的限制，更易于客户将目录列表以文件形式保存，而不是把列表显示在终端上。

前面已经说过，控制连接需要一直保持到客户-服务器连接的全过程，但数据连接可以根据需要随时来随时走。那么怎样为数据连接选择端口号，以及由谁来负责主动打开和被动打开呢？

首先，前面说过通用的传输方式是流方式，并且文件结尾以关闭数据连接为标志，这就意味着对每个文件传输或目录列表来说都要建立一个全新的数据连接，其一般过程如下：

(1) 由于客户发出命令要求建立数据连接，所以数据连接是在客户的控制下建立的。

(2) 客户通常在客户端主机上为所在数据连接端选择一个临时端口号，客户从该端口发送一个被动的打开。

(3) 客户使用 PORT 命令从控制连接上把端口号发向服务器。

(4) 服务器在控制连接上接收端口号，并向客户端主机上的端口发布一个主动的打开。服务器的数据连接端一直使用端口 20。

图 10-7 给出了第 3 步执行时的连接状态。假设客户用于控制连接的临时端口是 1 173，客户用于数据连接的临时端口是 1 174。客户发出的命令是 PORT 命令，其参数是 6 个 ASCII 中的十进制数字，之间由逗号隔开。前面 4 个数字指明客户上的 IP 地址，服务器将向它发出主动打开(本例中是 140.252.13.34)，而后 2 位指明了 16 位端口地址。由于 16 位端口地址是从这 2 个数字中得来，所以其值在本例中就是 4×256+150=1 174。

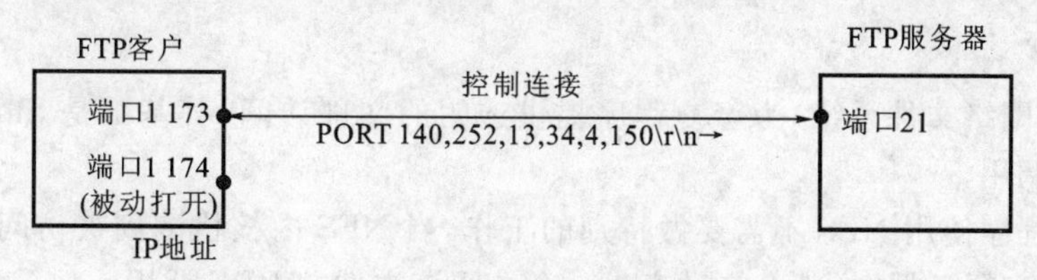

图 10-7　在 FTP 控制连接上通过的 PORT 命令

图 10-8 给出了服务器向客户所在数据连接端发布主动打开时的连接状态。服务器的端点是端口 20。

服务器总是执行数据连接的主动打开。通常服务器也执行数据连接的主动关闭，除非当客户向服务器发送流形式的文件时需要客户来关闭连接(它给服务器一个文件结束的通知)。客户也可能不发出 PORT 命令，而由服务器向正被客户使用的

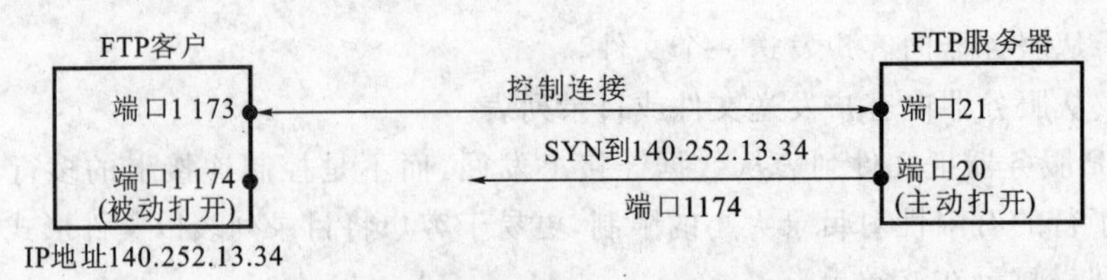

图 10-8 主动打开数据连接的 FTP 服务器

同一个端口号发出主动打开来结束控制连接。这是可行的,因为服务器面向这两个连接的端口号是不同的:一个是 20,另一个是 21。

FTP 使用 TCP 生成一个虚拟连接用于控制信息,然后生成一个单独的 TCP 连接用于数据传输。控制连接使用类 Telnet 协议在主机间交换命令和消息。

FTP 的主要功能如下:

(1) 提供文件的共享(计算机程序/数据)。

(2) 支持间接使用远程计算机。

(3) 使用户不因各类主机文件存储器系统的差异而受影响。

(4) 可靠且有效地传输数据。

尽管 FTP 可以直接被终端用户使用,但其应用主要还是通过程序来实现。

FTP 控制帧即指 Telnet 交换信息,包含 Telnet 命令和选项。然而,大多数 FTP 控制帧是简单的 ASCII 文本,可以分为 FTP 命令或 FTP 消息。FTP 消息是对 FTP 命令的响应,由带有解释文本的应答代码构成。

FTP 是文件传输的 Internet 标准。与多数 TCP 的应用不同,它在客户进程和服务器进程之间使用两个 TCP 连接:一个是控制连接,一直持续到客户进程与服务器进程之间的会话完成为止;一个是按需随时创建和撤销的数据连接。

10.6 网络文件系统 NFS

NFS(网络文件系统)为客户程序提供透明的文件访问,其基础是 Sun RPC,即远程过程调用。

客户程序使用 NFS 不需要做特别的工作,当 NFS 内核检测到被访问的文件位于一个 NFS 服务器时,就会自动产生一个访问该文件的 RPC 调用。

对 NFS 如何访问文件的细节并不感兴趣,只对它如何使用 Internet 的协议,尤其是 UDP 协议感兴趣。

使用 NFS,客户可以透明地访问服务器上的文件和文件系统。这不同于提供文件传输的 FTP,因为 FTP 会产生文件的一个完整副本,而 NFS 只访问一个进程引用文件的那一部分,并且 NFS 的一个目的就是使这种访问透明。这就意味着任何能够访问一个本地文件的客户程序不需要做任何修改,就能够访问一个 NFS 文件。

NFS是一个使用Sun RPC构造的客户服务器应用程序。NFS客户通过向一个NFS服务器发送RPC请求来访问其上的文件。这一工作可以使用一般的用户进程来实现,即NFS客户可以是一个用户进程,对服务器进行显式调用,而服务器也可以是一个用户进程。因为以下两个理由,NFS一般不这样实现:首先,访问一个NFS文件必须对客户透明,因此NFS的客户调用是由客户操作系统代表用户进程来完成的;其次,出于效率的考虑,NFS服务器在服务器操作系统中实现。如果NFS服务器是一个用户进程,每个客户请求和服务器应答(包括读和写的数据)将不得不在内核和用户进程之间进行切换,这个代价太大。

图10-9所示为一个NFS客户和一个NFS服务器的典型配置,图中有很多地方需要注意。

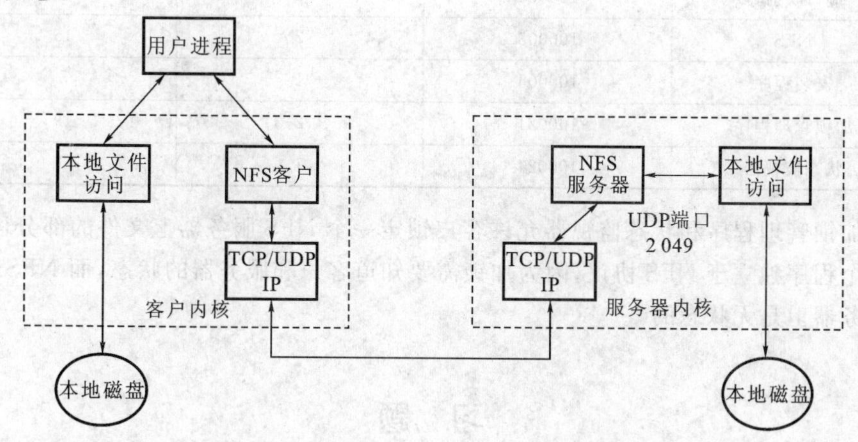

图10-9 NFS客户和NFS服务器的典型配置

(1) 访问的是一个本地文件还是一个NFS文件对客户来说是透明的。当文件被打开时,由内核决定这一点。文件被打开后,内核将本地文件的所有引用传递给名为“本地文件访问”的框中,而将一个NFS文件的所有引用传递给名为“NFS客户”的框中。

(2) NFS客户通过它的TCP/IP模块向NFS服务器发送RPC请求。NFS主要使用UDP,最新的实现也可以使用TCP。

(3) NFS服务器在端口2 049接收作为UDP数据报的客户请求。尽管NFS可以被实现成使用端口映射器,允许服务器使用一个临时端口,但是大多数的实现都是直接指定UDP端口2 049。

(4) 当NFS服务器收到一个客户请求时,它将这个请求传递给本地文件访问例程,后者访问服务器主机上的一个本地磁盘文件。

(5) NFS服务器需要一定的时间来处理一个客户请求。访问本地文件系统一般也需要一定的时间。在这段时间间隔内,服务器不应该阻止其他的客户请求得到服务。为了实现这一功能,大多数NFS服务器都是多线程的,即服务器的内核中实际上有多个NFS服务器在运行,具体怎么实现依赖于不同的操作系统。

(6) 同样,在客户主机上,NFS客户也需要一定的时间来处理一个用户进程的请求。NFS客户向服务器主机发出一个RPC调用,然后等待服务器的应答。为了给使用NFS的客户主机上的用户进程提供更多的并发性,在客户内核中一般运行着多个NFS客户,同样,其具体实现也依赖于操作系统。

实际上,NFS不仅仅由NFS协议组成,表10-8列出了NFS使用的不同RPC程序。

表10-8　NFS使用的不同RPC程序

应用程序	程序号	版本号	过程数
端口映射器	100000	2	4
NFS	100003	2	15
安装程序	100005	1	5
加锁管理程序	100021	1,2,3	19
状态监视器	100024	1	6

加锁管理程序和状态监视器允许客户锁定一个NFS服务器上文件的部分区域。这两个程序独立于NFS协议,因为加锁需要知道客户和服务器的状态,而NFS本身在服务器上是无状态的。

习　题

1. 简述DNS的工作原理。
2. 叙述HTTP协议的内部操作过程。
3. 叙述Telnet的工作原理。
4. 叙述FTP的工作原理。
5. SNMP有哪五种操作?简述SNMP的工作原理。

第 11 章　网络管理标准 SNMP

11.1 引　言

为了使一个网络正常、高效地运行，必须对该网络实施有效的管理。在网络技术刚刚出现时，一个网络可能仅有几台计算机，此时如果发生故障，网络管理人员可以现场手工查找并排除故障。随着网络技术的发展，网络规模不断扩大，软、硬件设备的异构性更加明显，在这样的网络环境下再依赖管理人员手工查找和排除故障就不现实了。因此，必须引入专门的网络管理，以便网络管理人员能够自动、高效、远程地管理网络。

11.1.1　网络管理要求

对于网络管理要求，目前有一个公认的分类，即用首字母缩写表示为 FCAPS，其含义如下：

(1) 故障管理(fault management)。用于检测、定位和排除网络硬件和软件中的故障。出现故障时，要能够确认故障、记录故障、找出故障位置并尽可能排除。

(2) 配置管理(configuration management)。掌握和控制网络的运行状态，包括网络内部设备的状态及其连接关系。在配置管理中，网络拓扑的发现就是一项核心内容。

(3) 账务管理(account management)。度量各个终端用户和应用程序对网络资源的使用情况，按照一定标准计算费用并进行保存。该功能对于 ISP 尤为重要。

(4) 性能管理(performance management)。配置管理考虑的是网络运行是否正常，而性能管理考虑的则是网络运行的好坏。性能需要用一些指标来衡量，如吞吐率、响应时间等。

(5) 安全管理(security management)。对网络资源及重要信息进行访问约束和控制。

本章主要讨论 TCP/IP 框架下的网络管理标准 SNMP(Simple Network Management Protocol，简单网络管理协议)。除了该标准，OSI 框架下的 CMIP(Common Management Information Protocol，公共管理信息协议)以及用于电信网络管理的

TMN(Telecommunication Management Network,电信管理网,http://www.nmf.org)也是著名的开放网络管理标准。一些厂商、ISP 和政府机构为了让不同的网络管理框架共存,建立了网络管理论坛(Network Management Forum,NMF,http://www.nmf.org),并推出了一系列规约。

在上述三个标准中,TMN 用于电信网络管理,此处不进行讨论。CMIP 与 OSI 框架经历了类似的命运,其功能完备,但是体系庞大,最终并没有成为实际运行的标准(颇具戏剧性的是 FCAPS 是由 CMIP 归纳的)。SNMP 则恰好相反,它的设计者遵循了一条重要的设计原则,即给被管理的系统带来的影响最小,因此该标准简单、轻便,容易部署,并最终成为网络管理的实际标准。

SNMP 标准包含三个组件:MIB(Management Information Base,管理信息库)、SNMP 通信协议和 SMI(Structure of Management Information,管理信息结构)。其中,MIB 定义了可以通过 SNMP 管理的对象全集,SNMP 通信协议定义了实施网络管理时的通信规约,SMI 定义了管理对象和传输报文的标准语法。

11.1.2 SNMP 参考模型

SNMP 标准的参考模型如图 11-1 所示。该模型中包含两类实体,即网络管理者和被管网络实体。在一个被管的区域内,通常有一个网络管理者以及多个被管网络实体。管理者和被管者通过 SNMP 通信协议交互。

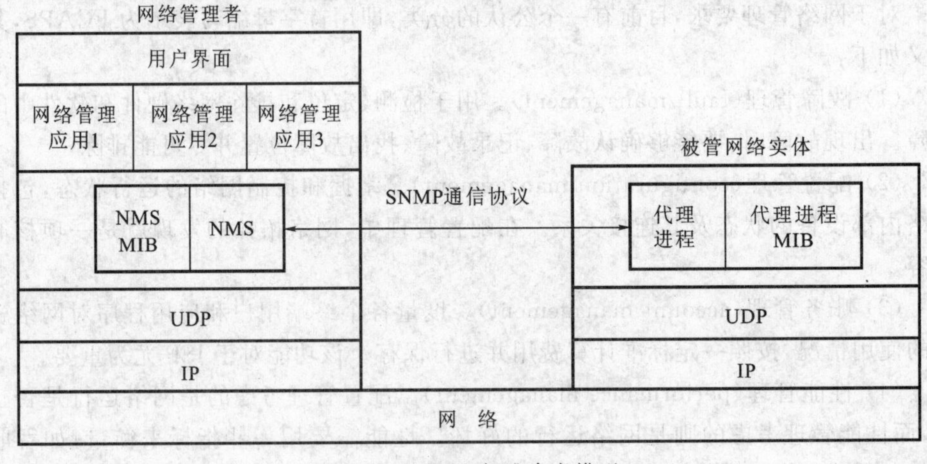

图 11-1 SNMP 标准参考模型

1) 网络管理者

网络管理者包含四个组件,即网络管理站 NMS(Network Management Station)、NMS 的 MIB、网络管理应用和用户界面。

(1) NMS。

NMS 是与被管网络实体通信的进程,可以对被管网络实体 MIB 中的对象进行读、写操作。

(2) NMS 的 MIB。

网络管理程序需要在一台计算机上运行，这台计算机包含被管理的对象，而这些对象存放在 NMS 的 MIB 中。

(3) 网络管理应用。

将 SNMP 获取的管理数据转化为用户可用的信息，比如把拓扑信息转化为一张拓扑图，用于配置管理应用，或者转化为计算网络性能参数，用于性能管理应用。

(4) 用户界面。

将各类网络管理参数通过图形化界面以一种直观的形式展现给用户。

2) 被管网络实体

被管网络实体是具有 MIB 库的网络设备，它包含两个关键部件，一是代理进程，二是代理进程的 MIB。

(1) 代理进程。

代理进程是与管理者通信的守护进程。该进程收到管理者的读信息后，会读取 MIB 中的相应对象属性并返回给管理者；该进程收到写信息后，会修改对象属性。

(2) 代理进程的 MIB。

代理进程的 MIB 包含了被管者所有可以被管理的对象。

11.2　SNMP 发展历史

从版本上看，SNMP 已经由最初的第 1 版发展到了目前的第 3 版。早在 1988 年，第一届网络研讨组就开始讨论 Internet 网络管理协议的标准化问题。当时已经有了一些网络管理标准，最终该小组决定把已有的 SGMP(Simple Gateway Monitoring Protocol，简单网关监视协议)作为网络管理的短期解决方案，并在其基础上进行适当修改。SGMP 扩充后被重新命名为 SNMP，并于 1988 年 8 月完成，其中 SMI，MIB 和 SNMP 通信协议的三个核心协约通过 RFC 1065，RFC 1066 和 RFC 1067 发布，这就是 SNMP 的第 1 版。

第 1 版 SNMP 得到了迅速的推广和应用，它采用一种非常简单的口令认证机制，而且口令是明文传输的，因此其最大的缺点就是安全性差。为此，IETF 发出了征集下一版 SNMP 建议的通知，之后就出现了百家争鸣的局面。从 1992 年 7 月开始，相继出现了 SNMPsec，SNMPv2p，SNMPv2u 和 SNMPv2 * 等版本。这些版本的共同特点就是都引入了密码技术以提高通信安全性，且主要是对 SNMPv1 中通信协议的改进，因而统称为 SNMPv2。第 2 版 SNMP 虽然考虑了安全性问题，但是更改了第 1 版的框架，而且部署也很烦琐。

1998 年 1 月，出现了 SNMP 的第 3 版，相应的规约是 RFC 2271～2275。这一版在解决安全问题的方案上参考了 SNMPv2，同时引入了基于用户的管理框架和基于视图的访问控制机制，在模型上与 SNMPv1 类似。SNMPv3 标准的最新版本于 2002 年 12 月公布。

迄今为止，SNMP 已经经过了 20 多年的发展历程。虽然 SNMPv2 和 SNMPv3 标准都已出台，但 SNMPv1 仍然被广泛使用。大部分设备都支持 SNMPv1 和 SNMPv2 标准，而很多高端路由器则支持 SNMPv3，如从 IOS12.0(3)T 版本起的 Cisco 路由器都支持 SNMPv3。考虑到应用的普遍性及 SNMPv3 涉及的密码学知识，本章将讨论 SNMPv1，对 SNMPv3 感兴趣的读者可以到 SNMPv3 工作组的主页上获取相关资源，其网址是 http://www.ietf.org/html.charters/OLD/snmpv3-charter.html。

上述三个版本主要体现了 SNMP 通信协议的发展。事实上，SMI 和 MIB 也经历了版本的变化，但是版本变化仅是做了内容上的补充，并没有本质上的修改。

11.3 管理信息库 MIB

管理信息库是所有可以由 SNMP 管理的对象的集合，例如设备的名称、类型、物理接口的详细信息、路由表、ARP 缓存等都是可以管理的对象。这些对象反映了设备的属性及运行状态。将一个网络中所有设备包含的对象属性进行汇总，就可以得到整个网络的属性及运行状态。

图 11-1 列出了被管网络实体的两个关键组件：代理进程和代理进程的 MIB。细化后的第二个组件如图 11-2 所示。

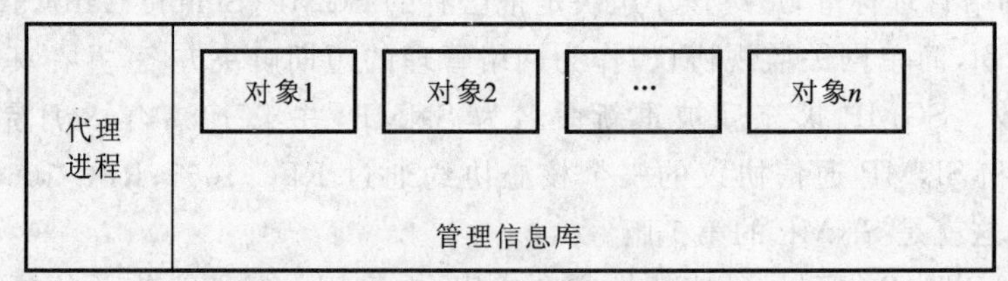

图 11-2　代理进程的 MIB 示意图

11.3.1　管理对象注册树

SNMP 管理对象包括各种由 IETF 工作组定义的标准对象、各大学和研究机构为实验建立的对象及各厂商和其他团体定义的专用对象。为确保对象的唯一性，采用树形结构来组织。图 11-3 的 ISO/CCITT 命名注册树给出了当前 SNMP MIB 对象的三个主要分支。该树中的每个节点代表一个可以被管理的对象。在该树中可以不断地添加新对象。

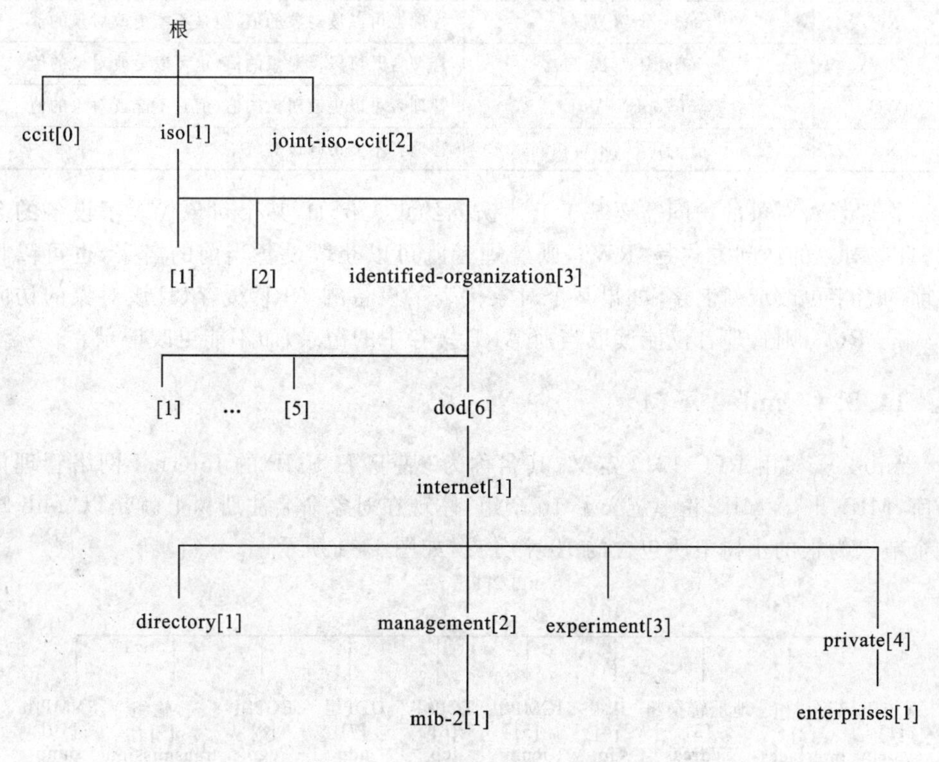

图 11-3 SNMP 对象命名注册树

11.3.2 管理对象命名

基于上述命名注册树，每个 MIB 对象的名字都是由树的根节点开始到该对象的一条路径。例如，mib-2 这个对象的名字是 iso. identified-organization. dod. internet. management. mib-2。可以看到，用这种命名方法得到的字符串较长。为此，MIB 为树中的每个节点赋予一个数字的编号，对于树中同一层的节点，这个编号由 1 开始，之后从左到右依次以 1 为单位递增。这样就可以用编号来为对象命名，例如此时 mib-2 这个对象的名字就是 1. 3. 6. 1. 2. 1。

每个对象的名字都称为 OID(Object Identifier，对象标识符)。

11.3.3 管理对象访问约束

管理者对每个对象的访问都不是随意的，即每个对象都有相应的访问约束策略。表 11-1 列出了对每个对象可能的访问方式。

表 11-1 MIB 对象访问方式

关键字	值	含义
RO	“read-only”(只读)	管理者可以读对象的值,但是不能更改对象的值
RW	“read-write”(读-写)	管理者既可以读对象的值,也可以更改对象的值
WO	“write-only”(只写)	管理者可以更改对象的值,但是不能读对象的值
NA	“not-accessible”(不可访问)	管理者不能访问该对象

管理者对对象的访问需要基于上述访问约束。例如,某个对象代表了设备的名称,且该对象的访问方式是“RW”,则管理者既可以获取设备当前的名字,也可以将当前的名字更改成新名字;如果某个对象代表了设备的 ARP 缓存,且该对象的访问方式是“RO”,则管理者仅能读取当前 ARP 缓存中的记录,而不能更改记录。

11.3.4 mib-2 子树

mib-2 子树由 RFC 1213 定义,其名称为“基于 TCP/IP 的 Internet 网络管理信息库:MIB-Ⅱ”。MIB-Ⅱ中定义了 10 个组,体现在对象命名注册树上就是以“mib-2”这个节点为根的子树中所包含的 10 个分支,如图 11-4 所示。

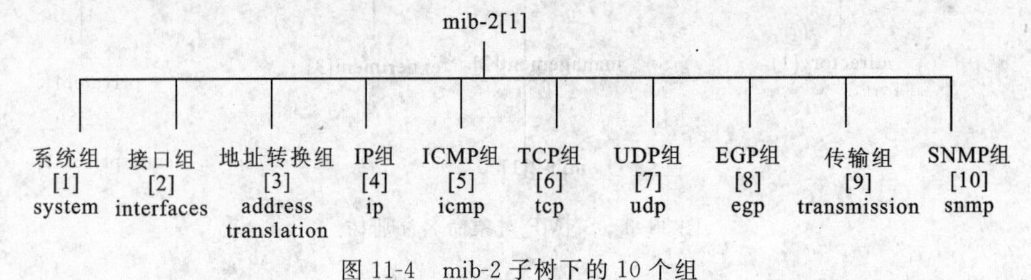

图 11-4 mib-2 子树下的 10 个组

1) 系统组

该组用于描述被管网络设备的类型和配置等信息,其下包含 7 个对象,如图 11-5 所示。

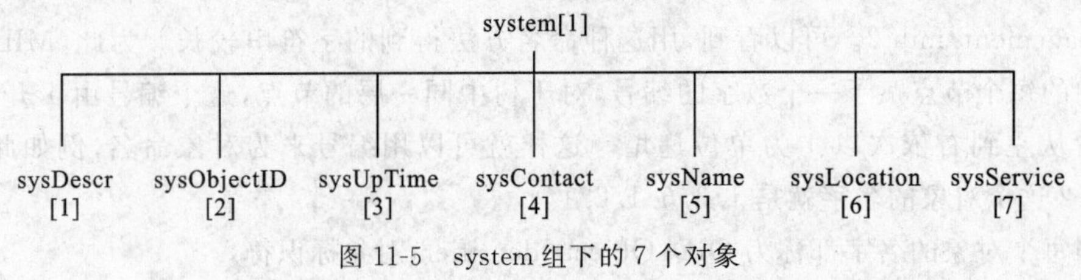

图 11-5 system 组下的 7 个对象

(1) sysDescr:描述设备的一个字符串,例如大多数 Cisco 设备给出的描述信息都是“Cisco IOS…”。

(2) sysObjectID:描述设备在企业组中的 OID。在 SNMP 对象命名注册树中包含了企业组,每个设备都是由特定企业生产的。这个对象描述了当前设备在企业组

中的对象 ID。

(3) sysUpTime：描述设备启动的时间。

(4) sysContact：描述设备责任人的名字及所在地等信息。

(5) sysName：描述设备的名字，如为一个路由器取名为"Router1"。

(6) sysLocation：描述设备所在的物理位置。

(7) sysService：描述设备所提供的服务。这是一个常数，取值由设备提供的服务在协议栈中所处的层次决定。

标准对 TCP/IP 分层模型中各个层次的编号如下："1"表示硬件层，"2"表示网络接口层，"3"表示 IP 层，"4"表示传输层，"7"表示应用层。应用层取值为 7 是由于 TCP/IP 模型与 OSI 模型不同。OSI 模型有 7 层，在传输层之上、应用层之下还有会话层和表示层，"5"和"6"就用于表示这两层。

sysService 初始化值为 0，如果它提供第 L 层的服务，就给这个数字加上 2^{L-1}。例如，一个路由器设备提供了第 3 层服务，则相应的 sysService 取值为 $2^{3-1}=4$。如果配置了一个代理服务器，这个服务器既有三层转发功能，也能提供端到端的应用层服务，则 sysService 取值为 $2^{3-1}+2^{4-1}+2^{7-1}=76$。

2) 接口组

接口组描述了设备所有物理接口的信息。该组包含两个对象：一个描述了设备物理接口的总数(ifNumber)，另一个是接口表(ifTable)，其中的每个表项(ifEntry)都详细描述了每个物理接口的信息，如接口的类型(以太口还是串口)、速度(10 Mbit/s 还是 100 Mbit/s)、MTU 及物理地址等，如图 11-6 所示。

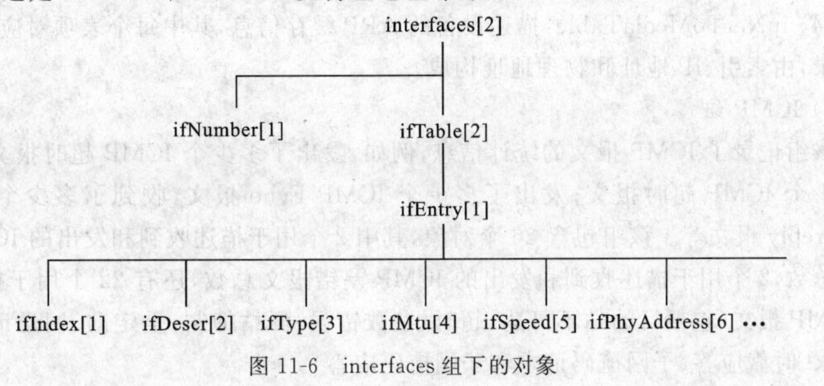

图 11-6　interfaces 组下的对象

3) 地址转换组

该组描述了 IP 地址与物理地址的对应关系，目前已经被 IETF 标记为"不推荐使用"。

4) IP 组

该组提供了与 IP 层相关的信息，例如设备配置的 IP 地址表、路由表及 ARP 表等。它目前包含 48 个对象，本节仅讨论其中与本书联系较为紧密的 4 个对象，如图

11-7 所示。

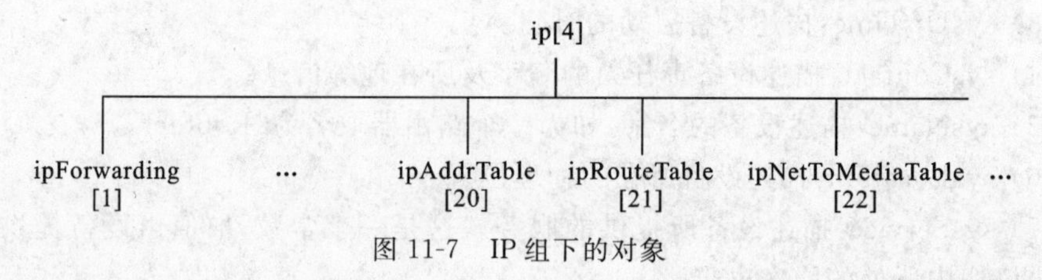

图 11-7　IP 组下的对象

(1) ipForwarding：描述设备是否具备转发功能。"1"表示具备转发功能，"2"表示不具备转发功能。

(2) ipAddrTable：描述设备所配置的所有 IP 地址的相关信息，如 IP 地址对应的物理接口索引、子网掩码等。

(3) ipRouterTable：描述设备的路由表信息，其中每个表项(ipRouteEntry)对应一条路由信息，包括目的地、在哪个接口转发、下一跳、掩码、路由协议等，如图 11-8 所示。

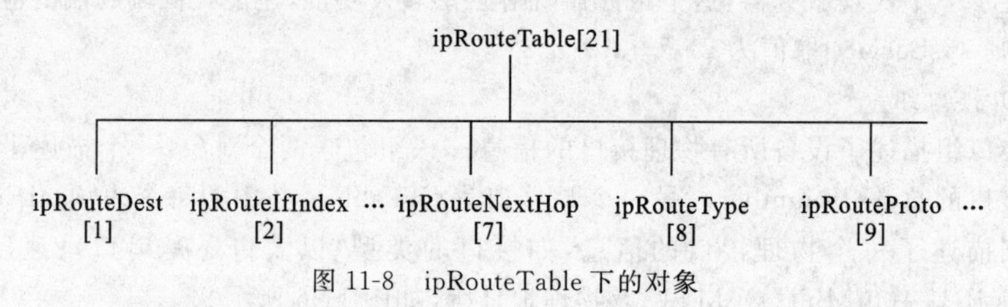

图 11-8　ipRouteTable 下的对象

(4) ipNetToMediaTable：描述设备的 ARP 缓存信息，其中每个表项对应一条缓存记录，由索引、IP 地址和物理地址构成。

5) ICMP 组

该组记录了 ICMP 报文的统计信息，例如，发出了多少个 ICMP 超时报文，收到了多少个 ICMP 超时报文；发出了多少个 ICMP Echo 报文，收到了多少个 ICMP Echo-reply 报文等。该组包含 26 个对象，其中 2 个用于描述收到和发出的 ICMP 报文的总数，2 个用于描述收到和发出的 ICMP 差错报文总数，还有 22 个用于描述 10 种 ICMP 报文(包括目的站不可达、超时、参数错误、源站抑制、重定向、回送请求、时戳请求、时戳应答、子网掩码请求和子网掩码应答)。

6) TCP 组

该组用于记录 TCP 相关的统计信息，如发生的错误、现存的 TCP 连接等。该组包含 21 个对象，其中包含了 TCP 连接表(tcpConnTable)，用于表示当前的 TCP 连接信息，包括连接状态、本地地址、本地端口号、远程地址和远程端口号。

7) UDP 组

该组用于记录与 UDP 组相关的统计信息，如收到和发出的 UDP 报文数量等。

该组包含 8 个对象，除了一些统计计数器外，还包括一个 UDP 表（udpTable），用于描述本地地址和本地 UDP 端口号。

8）EGP 组

该组包含了外部网关协议所需的管理对象，如收到和发出的 EGP 报文及出错的统计量等。它包含 9 个对象，其中一个是 EGP 邻居表（egpNeighTable），用于描述邻居的详细信息。

9）传输组

传输组与物理网络类型密切相关。该组包含各类可能的物理网络技术对象，其中第 5 个对象是 X.25，第 7 个对象是以太网，第 9 个对象是令牌环网等。

10）SNMP 组

该组给出了 SNMP 自身的统计量及差错信息，例如总共收到和发出了多少个 SNMP 报文、版本错误发生了多少次、团体名错误发生了多少次等。

上述 10 个组实际上覆盖了 TCP/IP 分层模型中的各层，如图 11-9 所示。

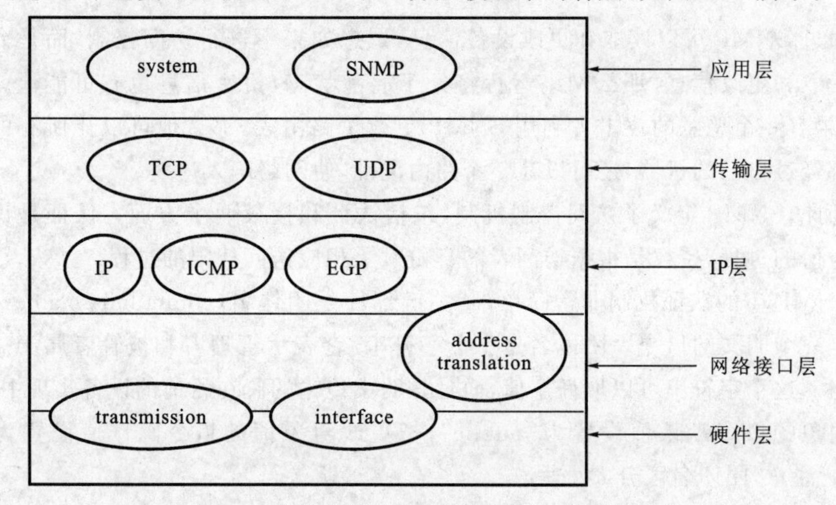

图 11-9 mib-2 下各组与 TCP 协议栈中各层的关系

上述 10 个组是 IETF 最初认为比较通用的 10 个组。除了这 10 个组外，IETF 又进行了扩充，引入了 BGP 组、RIP 组、OSPF 组、打印机组和 MODEM 组等，此处不再一一列举。

11.4 SNMP 通信协议

上一节讨论了可以通过 SNMP 管理的对象，它们存放在被管理设备的 MIB 中。事实上，利用 SNMP 实施网络管理的过程就是读取和更改这些对象取值并进行分析的过程。例如,管理者想知道某个设备由谁负责,那么他可以向这个设备发送查询请求,并指定获取对象 sysContact 的值。由于每个对象都有唯一的标识,因此该设备会根据这个标识找到相应的取值,并把该值返回给管理者。上述过程可以通过图 11-10 来描述。

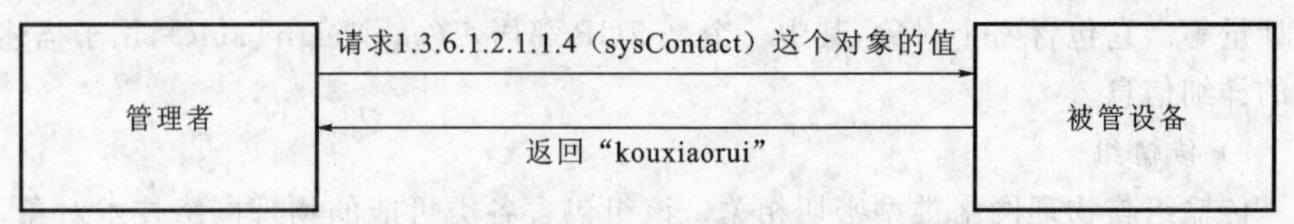

图 11-10　利用 SNMP 管理设备的过程实例

在上述过程中,发出请求和发送回应这个通信过程所遵循的标准由 SNMP 通信协议规定。SNMP 通信协议规定了以下内容:访问控制机制、通信规约及报文格式。

11.4.1　访问控制机制

通过 SNMP 可以读取和更改设备信息,试想如果不进行访问控制,而是允许任何人读取和更改信息,那么网络运行将处于混乱状态,机密信息也有可能泄露。例如,如果有一个恶意的攻击者利用 SNMP 更改了路由表,那么他可以让所有的通信数据都经过自己的机器,还可以让整个路由混乱,使网络陷入瘫痪。

为此,SNMP 定义了访问控制机制,包括认证和授权两个方面。认证是识别访问者身份的过程,授权是根据访问者的身份赋予相应访问权限的过程。

SNMPv1 的认证机制非常简单,其关键部件是团体名(community name),实际上就是一个明文的口令。团体名是一个字符串,它表示管理者和被管者属于一个共同的组。这个字符串可以取任意值,而且是明文传输的。在目前的设备实现中,通常把读对象的口令默认值设置为“public”,把更改对象值的口令默认值设置为“private”。注意,团体名区分大小写。

认证过程如下:管理者在请求报文中包含团体名;被管设备收到请求后,检查其中包含的团体名字符串,并与存储于配置文件中的团体名字符串进行比较,如果相同,则认为请求可信,否则认为不可信,请求被丢弃。

这种机制实现简单,却是一种极不安全的认证机制,因为团体名在网络上是以明文传输的,攻击者很容易利用嗅探得到,甚至可以通过猜测获取,这也是 SNMP 随后版本被提出的原因。

一旦请求得到认证,就可以实施授权操作。授权基于视图,每个视图都是一组对象的集合。对于每个视图都有两种访问方式:只读和读写。团体中的每个成员都知道对每个视图的具体访问方式。标准已经规定了对每个对象的访问方式,所以基于上述两种约束策略,可以创建一个矩阵(见表 11-2),列出最终对对象的访问方式。

表 11-2　SNMP 访问约束矩阵

	MIB 对象只读	MIB 对象读写	MIB 对象只写	MIB 对象不可访问
团体访问的只读方式	get get-next trap	get get-next trap	允许操作	不允许操作
团体访问的读写方式	get get-next trap	get get-next set trap	get get-next set trap	允许操作

表 11-2 中列出的 get 和 get-next 对应 SNMP 中的读操作，前者用于读取单个变量的值，后者用于读取表格变量的值；set 对应 SNMP 中的写操作；trap 则是被管者在发生故障时主动向管理者发出的通告信息。它们的细节将在讨论 SNMP 报文格式时给出。

下面给出一个示例来说明 SNMPv1 的授权机制。假设某个团体定义的一个视图中包含了 system 组和 ip 组，并且规定可以对这个视图实施读写操作，而标准规定 system 组中的 sysUpTime 对象访问方式是只读，那么最后管理者仅能对这个对象实施读操作(get)。如果被管者的代理进程发现管理者要修改这个变量的值，则这个请求被拒绝。

11.4.2　报文格式

SNMP 的协议流程即请求/响应。请求和响应报文的格式相同。

1）请求和响应报文

SNMPv1 的请求和响应报文的格式如图 11-11 所示。

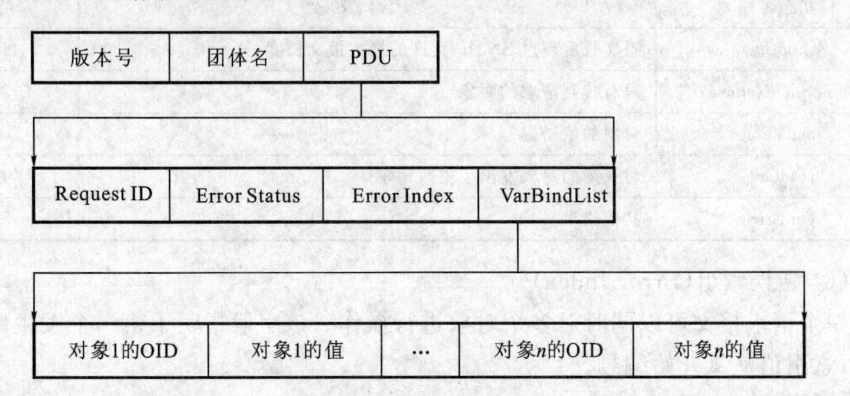

图 11-11　SNMP 报文

(1) 版本号。

描述 SNMP 的版本，第 1 版对应“0”。如果版本号不正确，则报文会被丢弃。

(2) 团体名。

团体名就是 SNMPv1 认证所使用的团体名字符串。

(3) PDU。

PDU(Protocol Data Unit，协议数据单元)是报文的数据区。SNMPv1 规定 PDU 可以是以下 5 种类型之一：

① GetRequest-PDU，用于读取单个对象的值，如读取 system 组中的 sysName 等。

② GetNextRequest-PDU，用于读取表格对象的值，如读取 ip 组中的路由表 ipRouteTable。

③ SetRequest-PDU，用于修改某个对象的值。

④ GetRequest-PDU，用于响应读写操作。

⑤ Trap-PDU，被管者向管理者主动报告异常事件。

Trap-PDU 的格式比较特殊，将专门讨论。其余 4 类 PDU 包含 4 个字段：Request ID，Error Status，Error Index 和 VarBindList。

(4) 请求 ID(Request ID)。

该字段唯一标识每个请求，并匹配请求和响应。

(5) 错误状态(Error Status)。

该字段描述出错情况。在响应报文以外的其他报文中，该字段必须为 0。在响应报文中，该字段指出了请求的执行状况。若该值为 0，则表示没有发生差错，否则表示有差错发生。差错值及其原因的对应关系见表 11-3。

表 11-3 错误状态字段取值及含义

状态名称	含 义	值
tooBig	报文长度超过 SNMP 允许的最大报文长度	1
noSuchName	没有找到请求的对象	2
badValue	对象的值错误	3
readOnly	对只读的对象发出了更改请求	4
genError	其他错误	5

(6) 错误索引(Error Index)。

一个请求报文可以同时对多个对象进行操作。该字段指明了第一个发生错误的对象，索引值从 1 开始编号。

(7) 变量绑定表(VarBindList)。

此处的“变量”指对象。一个请求报文可以同时对多个对象进行操作，每个对象

在这个表中占用一项。每个变量包含两个字段,即对象标识符和值。

(8) 对象标识符(OID)。

管理者要请求对哪个对象操作,就要把这个对象的OID写在这个字段中,然后在响应报文中,被管者的代理进程就会在响应报文中复制这个字段。

(9) 对象值。

如果是对某个对象进行读操作,则在请求报文中该字段为空,但是在响应报文中会把该对象对应的取值放在这个字段。如果是对某个对象进行写操作,则在请求报文中要设置该字段。

例如,管理者先后向被管理者发出两个请求:第一个是读请求,要读system组中的sysContact和sysName对象的值;第二个是写请求,要更改这两个对象的值,相应的改为"lixiang"和"mainrouter",则上述过程中通信报文变量绑定表区域的设置情况如图11-12所示。

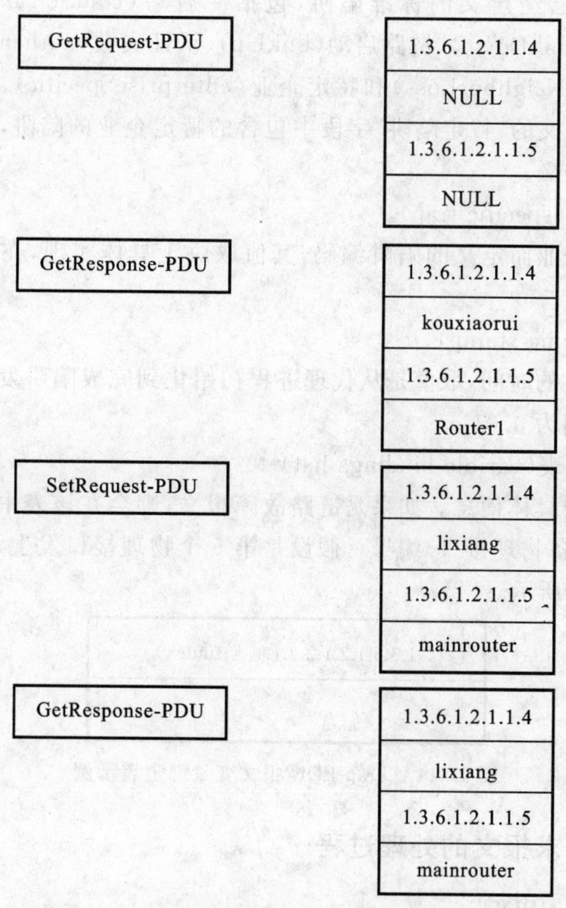

图11-12　读请求和写请求中变量绑定表内容示例

2）Trap-PDU

Trap-PDU 的格式如图 11-13 所示。

企业	代理进程地址	一般陷阱	特定陷阱	时间戳	VarBindList

图 11-13　Trap-PDU 的格式

(1) 企业(enterprise)。

指明产生陷阱的网络设备的对象标识，实际上就是该设备 system 组中的 sysObjectID。

(2) 代理进程地址(agent address)。

进一步指明陷阱发送者的 IP 地址。

(3) 一般陷阱(generic trap)。

表示 SNMP 已经定义的标准陷阱，包括冷启动(coldStart)、热启动(warm-Start)、链路故障(linkDown)、链路启动(linkUp)、认证失败(authenticationFailure)、egp 邻站消失(egpNeighborLoss)和特定企业(enterpriseSpecific)。其中，特定企业陷阱指出了在该报文的“特定陷阱”字段中包含的特定企业的陷阱，其具体含义根据设备类型进一步定义。

(4) 特定陷阱(specific trap)。

包含为特定企业而定义的陷阱编码，其值取决于具体实现，在相应厂商的设备 MIB 中定义。

(5) 时间戳(time stamp)。

指明产生陷阱的时间，取值是从代理进程初始化到完成陷阱发生所经过的单位时间数。单位时间为 0.01 s。

(6) 变量绑定表(varible bindings list)。

包含了陷阱的具体信息。如果是链路故障报文，则会在该表中加入发生差错的物理链路(对应设备物理接口)编号。假设是第 5 个物理接口发生了故障，则此时变量设置如图 11-14 所示。

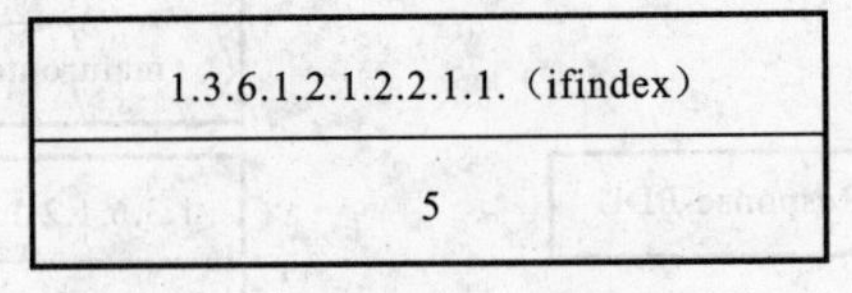

1.3.6.1.2.1.2.2.1.1.（ifindex）
5

图 11-14　Trap-PDU 报文变量绑定表示例

11.4.3　请求报文的处理过程

1）GetRequest-PDU

网络管理站用这个 PDU 来读取对象值，相应的回应是 GetResponse-PDU。代理进程收到这个请求后,首先核实变量绑定表中的对象是否存在,访问方式是否匹配。如果所有对象都找到并且提取了值,而且最后得到的相应报文符合长度要求,则 Error Status 字段设置为 0,Error Index 字段设置为 0,否则设置相应的错误信息。

无论发生差错与否,响应报文都会复制请求中所有对象的 OID 字段并尽可能正确填写获得的对象值。

GetRequest-PDU 处理过程示意图如图 11-15 所示。

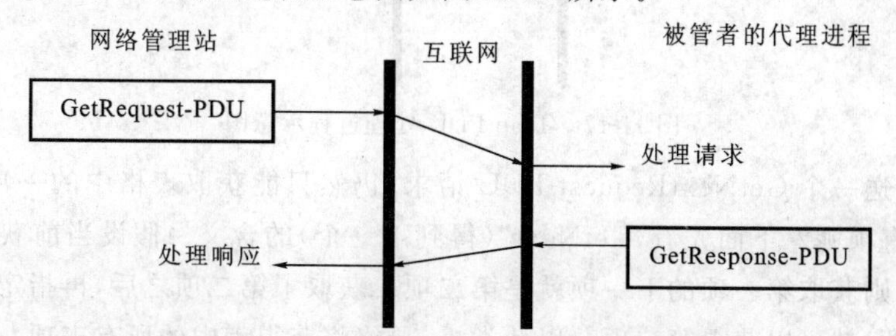

图 11-15　GetRequest-PDU 处理过程示意图

2）SetRequest-PDU

管理者用这个 PDU 来更改对象的值,被管者对它的处理过程与处理 GetRequest-PDU 的过程类似,如图 11-16 所示。

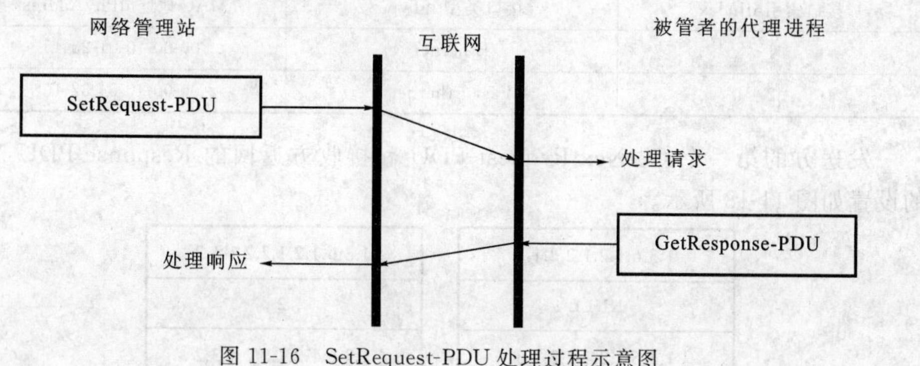

图 11-16　SetRequest-PDU 处理过程示意图

3）Trap-PDU

陷阱是一种异步的通知机制,被管者的代理进程用它向管理站报告异常事件。代理进程向管理者发出 Trap-PDU 后,管理者不再回应报文,整个交互是单向的。上述过程如图 11-17 所示。

GetNextRequest-PDU 也是一个读请求操作,通常用于读取表格变量,操作过程较为复杂,将在下一节进行讨论。

11.4.4　读取表格对象值的方法

管理者可以使用 GetNextRequest-PDU 获取表格对象中所有表项的值。事实

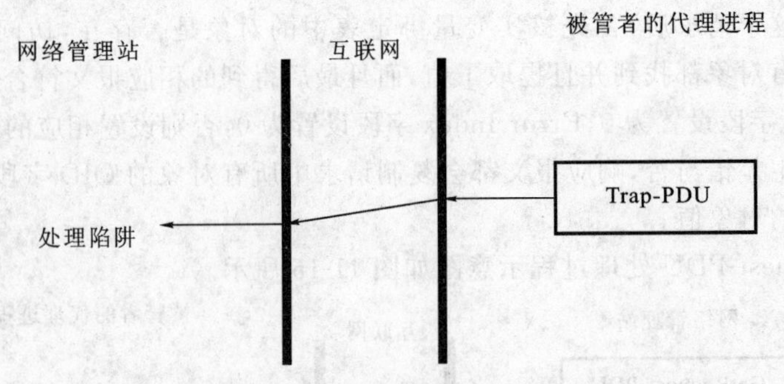

图 11-17 Trap-PDU 处理过程示意图

上，每次发送一个 GetNextRequest-PDU 请求，仍然只能获取表格中的一项，那么如何获取所有项呢？下面先看“GetNext”（得到下一个）的含义。假设当前获得的表项是第一项，则获取第一项的下一项就是第二项。获取了第二项之后，再指定获取第二项的下一项，就可以获得第三项。以此类推，最终将获得表中的所有表项。

表 11-4 给出了一个物理接口表，表中三个对象的 OID 依次为 1. 3. 6. 1. 2. 1. 2. 2. 1. 1，1. 3. 6. 1. 2. 1. 2. 2. 1. 3 和 1. 3. 6. 1. 2. 1. 2. 2. 1. 6。

表 11-4 IP/MAC 映射关系表示例

接口索引 ifIndex	接口类型 ifType	MAC 地址 ifPhyAddress
1	Ethernet	00-00-10-01-23-45
2	Fast Ethernet	00-00-10-54-32-10

发送方的第一个 GetNextRequest-PDU 和接收方返回的 Response-PDU VBL 的设置如图 11-18 所示。

1.3.6.1.2.1.2.2.1.1	1.3.6.1.2.1.2.2.1.1.2
NULL	2
1.3.6.1.2.1.2.2.1.3	1.3.6.1.2.1.2.2.1.3.2
NULL	Fast Ethernet
1.3.6.1.2.1.2.2.1.6	1.3.6.1.2.1.2.2.1.6.2
NULL	000010543210

图 11-18

请求中包含的 OID 设置为三个对象的 OID，值为空；返回的 OID 是“ifIndex. 2”，“ifType. 2”和“ifPhyAddress. 2”，即第二个表项。

发送方的第二个 GetNextRequest-PDU 和接收方返回的 Response-PDU VBL 的设置如图 11-19 所示。

1.3.6.1.2.1.2.2.1.1.2
NULL
1.3.6.1.2.1.2.2.1.3.2
NULL
1.3.6.1.2.1.2.2.1.6.2
NULL

1.3.6.1.2.1.2.2.1.1.1
1
1.3.6.1.2.1.2.2.1.3.1
Ethernet
1.3.6.1.2.1.2.2.1.6.1
000010012345

图 11-19

请求中包含的 OID 指示第二个对象实例，获取其下一个实例时得到第一个实例，因此，相应的 OID 分别是“ifIndex. 1”，“ifType. 1”和“ifPhyAddress. 1”。

发送方的第三个 GetNextRequest-PDU 和接收方返回的 Response-PDU VBL 的设置如图 11-20 所示。

1.3.6.1.2.1.2.2.1.1.1
NULL
1.3.6.1.2.1.2.2.1.3.1
NULL
1.3.6.1.2.1.2.2.1.6.1
NULL

1.3.6.1.2.1.2.2.1.2.1
Eth0
1.3.6.1.2.1.2.2.1.4.1
1500
1.3.6.1.2.1.2.2.1.7.1
1

图 11-20

请求中包含的 OID 指示第一个对象实例。由于表中仅包含两个表项，因此将得到后一个对象的实例信息，即“ifDescr. 1”，“ifMtu. 1”和“ifAdminStatus. 1”，此时请求方可以判断表格内容已经读取完毕。

11.4.5　端口的使用

SNMP 通信协议是应用层协议，基于 UDP 使用了两个端口，即 161 和 162。被管者开放 161 端口，等待管理者的读-写请求。管理者访问被管者时，本地开放的端口任意。管理者开放 162 端口，等待被管者的 Trap 消息。

11.5　管理信息结构 SMI

SMI 定义了 SNMP 标准所需的信息组织和表示方法，提供了 MIB 对象的标准描述方法，定义了 SNMP 通信双方交换报文的标准格式。简言之，SMI 就是一种标准的语法准则。

11.5.1 抽象标记语法 1

SNMP 引入的最基本的语法规则就是 ASN.1(Abstract Syntax Notation One,抽象标记语法 1),它是一种表示数据的标准方法,由 ISO 在 ISO 8824 中定义。由于不同的计算机表示数据的方式并不兼容,所以必须有一种双方共同遵守的约定。ASN.1 用于描述 MIB 管理对象、SNMP 报文,还可以规定网络管理站和被管网络实体代理进程之间通信数据的标准格式。

既然是一种语法规则,就必须要定义数据类型。SNMP 用到 ASN.1 中的三类数据类型,即简单类型(simple)、简单结构类型(simple-constructed)和应用类型(application-wide)。

1) 简单类型

SNMP 需要使用三种简单类型,见表 11-5。

表 11-5 SNMP 需要使用的三种简单类型

数据类型	用 途
INTEGER	整 数
OCTET STRING	字符串
OBJECT IDENTIFIER	OID

简单类型是其他各种数据类型的基础。下面给出几种简单类型的应用实例:system 组中的 sysDescr 是一个字符串,对应的数据类型是 OCTET STRING;interface 组中的接口总数 ifNumber 是一个整数,对应的数据类型是 INTEGER。

2) 简单结构类型

列表(list)和表格(table)都属于简单结构类型,分别用 SEQUENCE 和 SEQUENCE OF 表示,前者类似于 C 语言中的结构,后者类似于数据结构中常用的线性表,见表 11-6。

表 11-6 SNMP 需要使用的两种简单结构类型

数据类型	用 途
SEQUENCE	用于列表,包含 0 个或者多个元素,每个元素都可能对应一种数据类型
SEQUENCE OF	用于表格,包含 0 个或者多个元素,每个元素对应的数据类型相同

下面给出几个简单结构类型的应用实例:SNMP 报文中包含了很多字段,并且每个字段都不同,因此可以用 SEQUENCE 来描述;路由表是个表格,可以用 SEQUENCE OF来描述,但每个表项都用 SEQUENCE 来描述。

3) 应用类型

这是专门为 SNMP 定义的数据类型,见表 11-7。

表 11-7　SNMP 的 6 种应用数据类型

数据类型	用　途
IpAddress	以网络字节顺序表示的 IP 地址。定义如下： IpAddress::=[APPLICATION 0] IMPLICIT OCTET STRING (SIZE (4))
Network Address	可以表示不同类型的网络地址。由于仅使用 IP 地址，所以与 IpAddress 等效。定义如下： Network Address::=CHOICE{ internet IpAddress}
Counter	计数器，取值范围为 0～4 294 967 295，达到最大值后锁定，直到复位。定义如下： Counter::=[APPLICATION 1] IMPLICIT INTEGER (0.. 4294967295)
Gauge	时间计数器，取值范围为 0～4 294 967 295，以 0.01 s 为单位递增，达到最大值后锁定，直到复位。定义如下： Guage::=[APPLICATION 2] IMPLICIT INTEGER (0.. 4294967295)
TimeTicks	时间计数器，取值范围为 1～4 294 967 295，以 0.01 s 为单位递增。定义如下： TimeTicks::=[APPLICATION 3] IMPLICIT INTEGER (1.. 4294967295)
Opaque	特殊的数据类型，把数据转化为 OCTET STRING，从而可以记录任意的 ASN.1 数据。定义如下： Opaque::=[APPLICATION 4] IMPLICIT OCTET STRING

下面给出几个数据类型的实例：路由表中的下一条 ipRouteNextHop 是一个 IP 地址，可以用 IpAddress 类型来描述；system 组中的 sysUpTime 是一个时间计数器，可以用 TimeTicks 类型来描述。

11.5.2　MIB 对象定义格式

SMI 规定了 MIB 中所有对象的格式，它们遵守同一模板，如图 11-21 所示。

(1) 对象描述符和对象标识符(OBJECT)：分别描述对象的名字和 OID。

(2) 语法(SYNTAX)：描述对象值的类型(ASN.1 描述)。

(3) 定义(DEFINITION)：给对象一个直观的描述。

(4) 访问(ACCESS)：定义对象的访问约束策略，包括只读、读写、只写和不可访问 4 种。

(5) 状态(STATUS)：指明对象是必备的(mandatory)、可选的(optional)或者废弃的(obsolete)。

```
OBJECT:
        对象描述符和对象标识符
SYNTAX:
        对象抽象数据结构的ASN.1语法
DEFINITION:
        对象的描述
ACCESS:
        对象的访问方式
STATUS:
        该对象是必备的、可选的或者废弃的
```

图 11-21　MIB对象定义模板

图11-22给出了sysName对象的标准描述方式。该定义指明了sysName是一个对象，值的类型是一个字符串，长度在0～255个字符之间，访问方式是可读写，该对象是必备的。此外，这个对象是system组中的第5个对象，相应的OID是1.3.6.1.2.1.1.5。

```
sysName OBJECT-TYPE
  SYNTAX DisplayString  (size (0..255))
  ACCESS read-write
  STATUS mandatory
  DESCRIPTION
  "An administratively-assigned name for this
managed node. By convention, this is the
node's fully-qualified domain name."
: : ={system 5}
```

图 11-22　sysName对象的标准描述方式

11.5.3　基本编码规则BER

BER(Basic Encode Rule)由ISO 8825定义，说明了字段是如何编码以便在网络上传输的。BER一个字节中最高是第8比特，最低是第1比特。第8比特是在互联网上传输的第一个比特。

SNMP采用BER规定了SNMP报文的编码方式。事实上，该报文及报文中的每个字段都被编码为TLV三元组，即类型、长度和值。而在OSI文档中，则成为"ILC"，即Identifier/Length/Contents(标签/长度/内容)，其中标签指明了类型，长度指明了数据区的长度，内容则是真正的数据部分。

1）标签字段

标签字段占用1字节，包含3个组成部分，格式如图11-23所示。

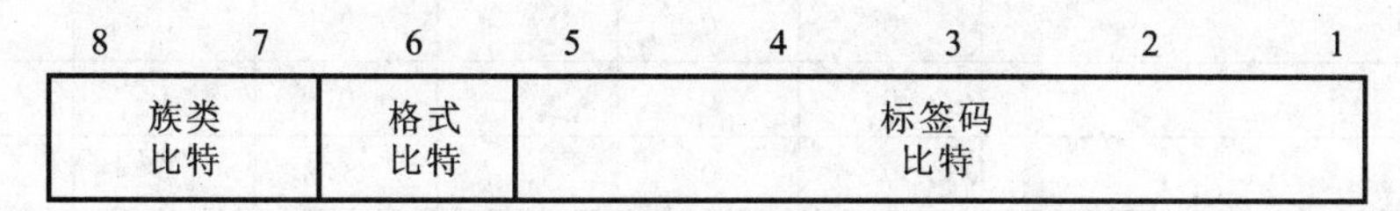

图11-23　标签字段的三个组成部分

(1) 族类比特(Class Bites)。

它是标签字段的第8、第7比特，可以表示4种族类。其中，简单类型和简单结构类型属于通用(universal)族类；应用数据类型属于应用(application-wide)族类；具体上下文(context-specific)族类用于定义PDU；专用(private)族类供厂商或企业内部使用，见表11-8。

表11-8　族类比特及含义

第8比特	第7比特	类　型
0	0	通用族类
0	1	应用族类
1	0	具体上下文族类
1	1	专用族类

(2) 格式比特。

它是标签字段的第6比特，用于指定数据是简单类型还是结构类型。其中，"0"表示简单类型，"1"表示结构类型。

(3) 标签码比特。

它是标签字段的第5～1比特，取值与族类相关。对于通用族类，有5个标签码值，见表11-9。

表11-9　通用族类标签码比特值及含义

类　型	第5～1比特					S/C
INTEGER	0	0	0	1	0	S
OCTET STRING	0	0	1	0	0	S
NULL	0	0	1	0	1	S
OBJECT IDENTIFIER	0	0	1	1	0	S
SEQUENCE SEQUENCE OF	1	0	0	0	0	C

表11-9中，S/C说明格式类型，其中S是简单类型，C是结构类型。

对于应用族类，也有5个标签码值，见表11-10。

表 11-10　应用族类标签码比特值及含义

类　型	第5～1比特					S/C
IpAddress	0	0	0	0	0	S
Counter	0	0	0	0	1	S
Guage	0	0	0	1	0	S
TimeTicks	0	0	0	1	1	S
Opaque	0	0	1	0	0	S

对于具体上下文族类，也有5个标签码值，对应5种PDU，见表11-11。

表 11-11　具体上下文族类标签码比特值及含义

类　型	第5～1比特					S/C
GetRequest-PDU	0	0	0	0	0	S
GetNextRequest-PDU	0	0	0	0	1	S
GetResponse-PDU	0	0	0	1	0	S
SetRequest-PDU	0	0	0	1	1	S
Trap-PDU	0	0	1	0	0	S

综上所述，SNMP用到的标签字段取值及含义见表11-12。

表 11-12　SNMP相关标签值及含义

类　型	比　特								十六进制值
	8	7	6	5	4	3	2	1	
INTEGER	0	0	0	0	0	0	1	0	02h
OCTET STRING	0	0	0	0	0	1	0	0	04h
NULL	0	0	0	0	0	1	0	1	05h
OBJECT IDENTIFIER	0	0	0	0	0	1	1	0	06h
SEQUENCE SEQUENCE OF	0	0	1	1	0	0	0	0	30h
IpAddress	0	1	0	0	0	0	0	0	40h
Counter	0	1	0	0	0	0	0	1	41h
Gauge	0	1	0	0	0	0	1	0	42h
TimeTicks	0	1	0	0	0	0	1	1	43h
Opaque	0	1	0	0	0	1	0	0	44h
GetRequest-PDU	1	0	1	0	0	0	0	0	A0h
GetNextRequest-PDU	1	0	1	0	0	0	0	1	A1h
GetResponse-PDU	1	0	1	0	0	0	1	0	A2h
SetRequest-PDU	1	0	1	0	0	0	1	1	A3h
Trap-PDU	1	0	1	0	0	1	0	0	A4h

2）长度字段

长度字段占用的字节数不定。在表示长度时，可以使用两种格式：短限定格式和长限定格式。

(1) 短限定格式。

用一个字节表示长度，该字节的最高位为 0。短限定格式可以表示 0～127 之间的长度。

(2) 长限定格式。

用多个字节表示长度。第一个字节为长度标识符，描述了随后用多少个字节来表示长度，字节首位设置为 1。假设长度标识符字节指示随后 4 个字节表示长度，则后续 4 个字节拼接起来指示数据部分的长度。

表 11-13 列出了几个长度表示的例子。表中第 2 行和第 3 行表明，对 0～127 之间的数字既可以使用短限定格式表示，也可以使用长限定格式表示。

表 11-13　长度字段表示示例

数据长度	长度字段的二进制表示	格　式
0	00000000	短限定格式
1	00000001	短限定格式
1	10000001 00000001	长限定格式
128	10000001 10000000	长限定格式
256	10000010 00000001 00000000	长限定格式

3）内容

这是真正的数据部分，具体内容随应用的不同而不同。

假设 SNMP 报文中的团体名字段是"public"，则该字段用 BER 编码表示的形式如图 11-24 所示。图中标签字段取值 04h，说明这是一个字符串；长度字段使用短限定格式，占用 1 个字节，指明团体名长度是 6 个字节；而内容字段占用了 6 个字节，分别存放团体名中的每个字符。

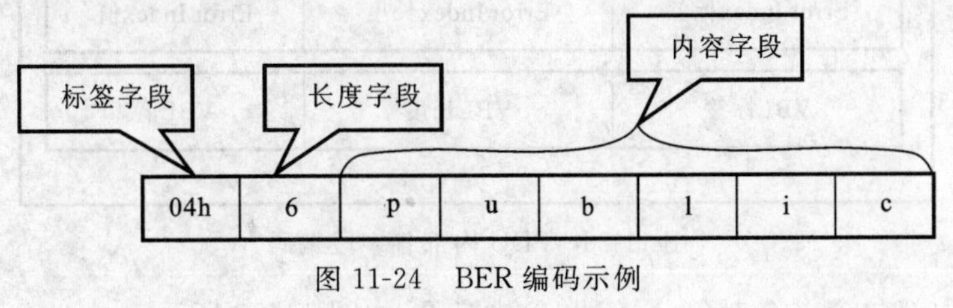

图 11-24　BER 编码示例

11.5.4　用 BER 对 SNMP 报文进行编码

在 SNMP 通信协议传输数据之前，必须用 BER 对报文进行编码。整个报文及报文中的每个字段都被编码成 TLV 三元组的形式，如图 11-25 所示。

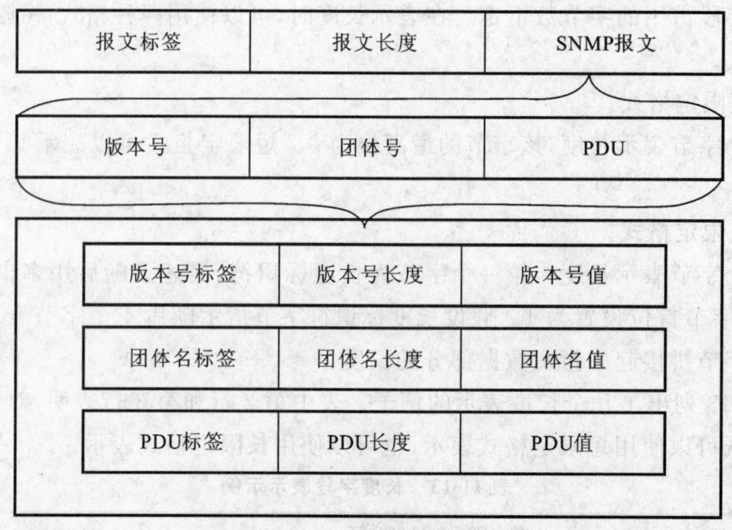

图 11-25　SNMP 报文编码

PDU 值部分包含 4 个字段，这 4 个字段又被进一步编码，如图 11-26 所示。

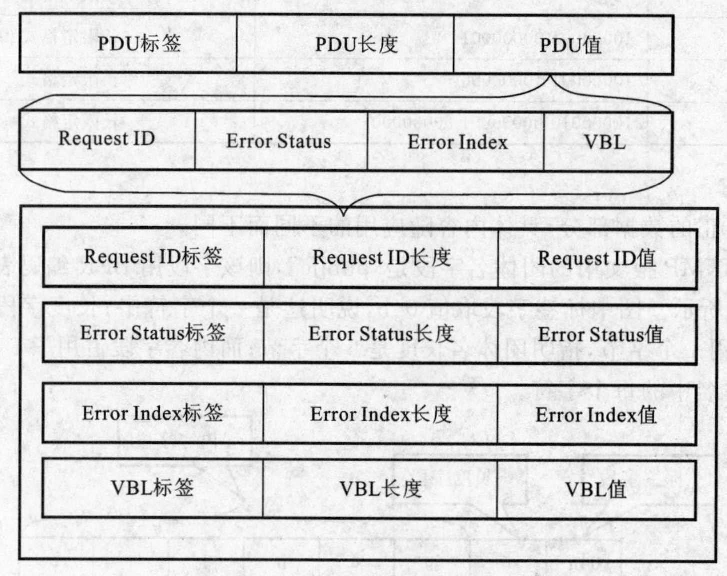

图 11-26　PDU 内部各字段编码

VBL 内部包含多个对象，它们也会被编码，如图 11-27 所示。

每个对象都包含了 OID 和值两个字段，这两个字段也会被编码，如图 11-28 所示。

接收方在收到一个 SNMP 报文后，要将报文中真正的内容部分还原出来。

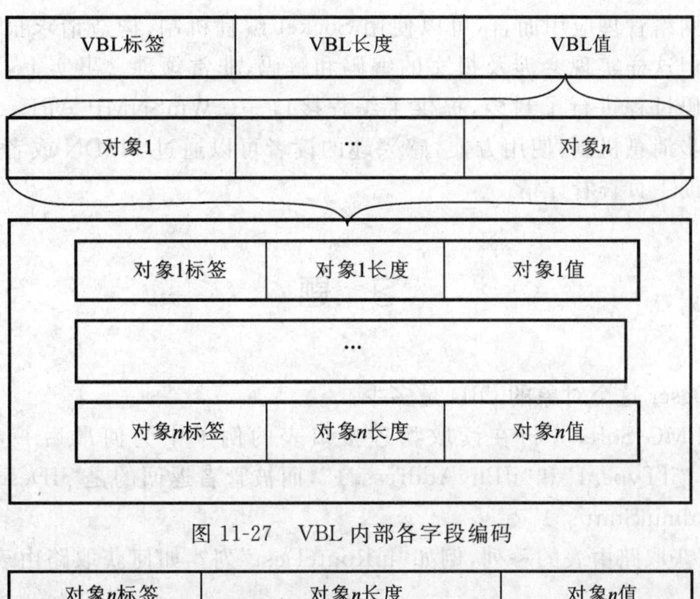

图 11-27　VBL 内部各字段编码

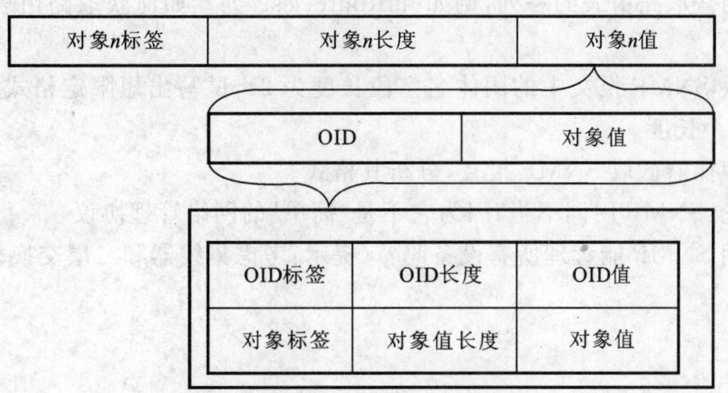

图 11-28　每个对象内部各字段编码

11.6　SNMP 的应用

SNMP 广泛用于网络管理的应用开发中。目前，比较知名的网络管理产品有 HP 的 OpenView，SunSofe 的 Solstice，Cabletron 的 Spectrum 和 IBM 的 NetView 等。这些产品都具有完善的网络管理功能，并提供友好的可视化图形界面。其中，OpenView 除了管理功能外，还提供二次开发接口，用户可以根据自己的需要开发网络管理应用。

要利用 SNMP 获取某些设备的属性，还有一个易于使用的软件——MG-Soft mib browser，其主页是 http://www.mg-soft.com。利用这个软件可以读取 MIB 库中各个对象的值，使用非常方便。

对开发网络管理应用而言，可以使用 Socket 编程机制，构造请求报文并对回应进行处理。但这样实现会涉及报文的编码和解码，非常烦琐。事实上，Windows 已经对上述编码过程进行了封装，提供了编程接口——WinSNMP API。这套编程接口采用了异步消息机制，使用方便，感兴趣的读者可以通过 MSDN 或者微软公司提供的在线帮助主页查看详情。

习　题

1. sysDescr 这个对象的 OID 是多少？

2. 使用 MG-Soft，分析在读取物理接口表的例子中为何最后一步请求的是“ifIndex. 1”，“ifType. 1”和“ifPhyAddress. 1”，而被管者返回的是“ifDescr. 1”，“ifMtu. 1”和“ifAdminStatus. 1”？

3. 如何获取路由表的一列，例如“ipRouteDest”列？如何获取路由表的一行，例如第一行？

4. 假设 SNMP 报文中的团体名字段长度为 24，试写出短限定格式和长限定格式表示的这个长度。

5. 用嗅探器截取 SNMP 报文，分析其格式。

6. 讨论：SNMP 用词不当，因为它不是“简单”的网络管理协议。

7. 利用 SNMP 能管理所有设备吗？（提示：考虑集线器和二层交换机）

第12章　常见操作系统的TCP/IP协议实现

本章将介绍目前常见的操作系统中的TCP/IP协议栈的实现机制。当然，无法概括各系统实现的所有细节问题，也无法包括所有的操作系统，只讨论Windows和UNIX/Linux中TCP/IP协议栈的整体体系结构及一些重要的机制。它们的实现有很多相同之处，本章将大部分的篇幅都安排在讲述Windows的TCP/IP协议实现上，主要介绍Windows的TCP/IP协议的整体结构和功能，而对于UNIX/Linux的TCP/IP协议实现的详细信息，读者可以参考相关的资料。

12.1　Windows的TCP/IP协议实现

作为当今最主流的操作系统，Windows操作系统对企业网络传输起着巨大的作用。Microsoft Windows允许企业级互联和基于Windows平台之间的计算机建立连接。在Window中添加TCP/IP能获得如下的功能：

(1) 一个标准、可以路由的企业网络互联协议，也是可用协议中最完整和最为大众所接受的。所有的现代网络操作系统都支持TCP/IP，大型网络的大部分网络通信都依赖于TCP/IP。

(2) 一种连接不同系统的技术。许多标准的连接程序都可用来在不同系统之间访问和传输数据，包括文件传输协议(FTP)和Telnet(一种终端仿真协议)。Windows包括几种这样的标准程序。

(3) 一个健壮、可扩展、跨平台的客户/服务器框架。Microsoft TCP/IP提供Windows套接字接口，它是理想的客户机/服务器应用程序开发工具，能在其他厂商与Windows套接字兼容的协议栈上运行。

(4) 一种访问Internet的方法。Internet包括成千上万的世界性网络及互联的研究机构、大学、图书馆和公司。

Windows TCP/IP的核心协议元素、服务及它们之间的接口如图12-1所示。传输驱动程序接口(TDI)和网络设备接口规范(NDIS)是公共的，有关它们的描述可以从Microsoft公司得到。另外，还有许多高层接口可供用户模式的应用程序使用，最常用的有 Window 套接字、远程过程调用(RPC)和 NetBIOS。

下面按照自下而上的顺序逐一说明 Windows 平台下的 TCP/IP 协议栈。

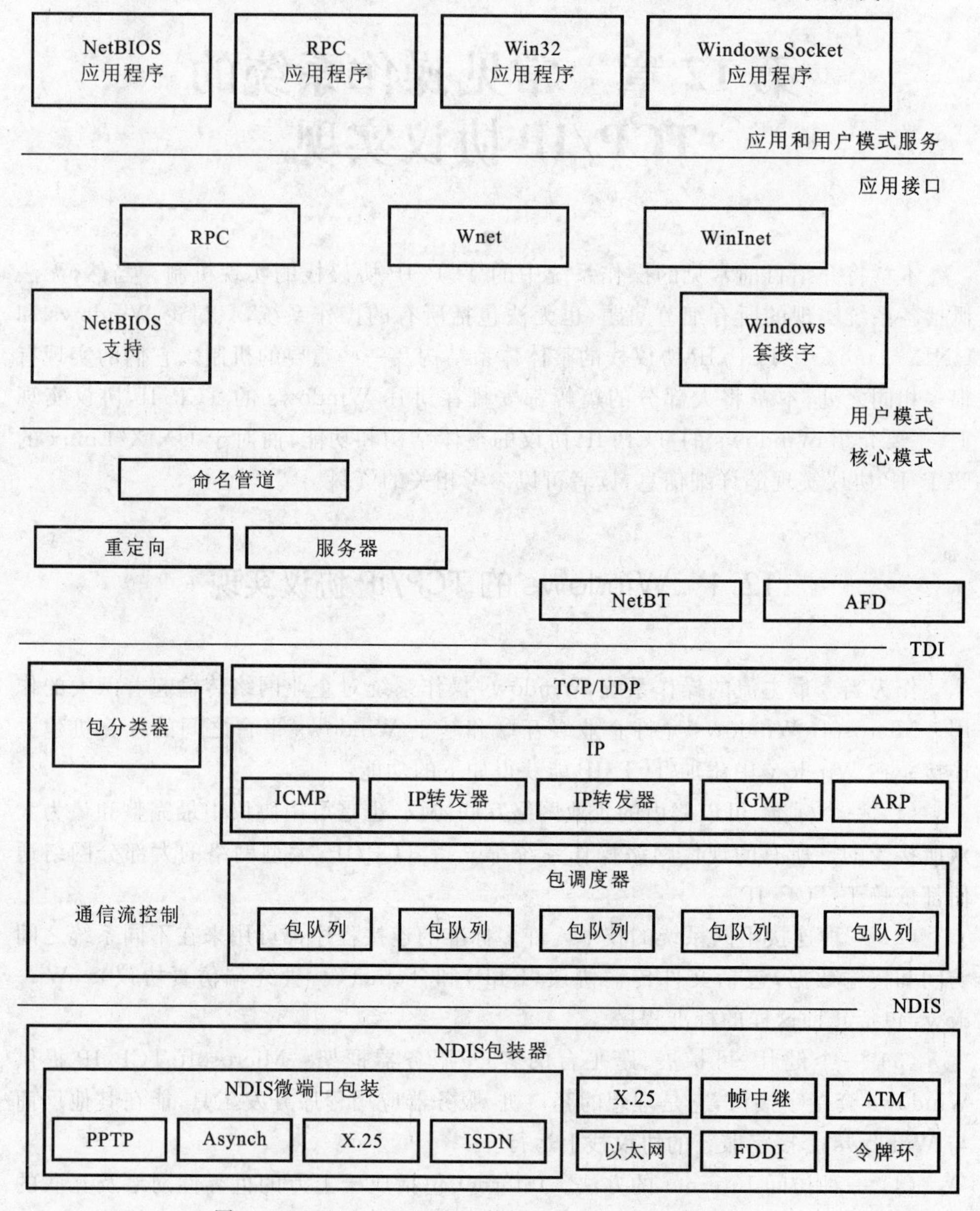

图 12-1　Windows TCP/IP 协议栈组成元素及服务接口

12.1.1　物理链路层

Windows 网络协议使用网络设备接口规范(NDIS)网卡驱动程序进行通信。开放系统互联(OSI)模型中数据链路层的大部分功能都在该协议栈中实现,这使得开发网卡驱动程序更简单。NDIS5.0 包括以下扩展功能:

(1) NDIS 电源管理(网络电源管理和网络唤醒需要此功能)。

(2) 即插即用。

(3) 对诸如 TCP 和 UDP 检验和之类任务的任务分载机制和快速包转发。

(4) 支持 QoS。

(5) 支持中间驱动器(广播式 PC)、虚拟局域网(VLAN)、面向 QoS 的包调度和 NDIS (对 IEEE 1394 网络设备的支持都需要此功能)。

当系统请求电源级别改变时,NDIS 能切断网络适配器的电源。用户或系统都能启动该请求,例如用户想使计算机进入睡眠状态,或者系统因为键盘或鼠标不活动而请求改变电源级别。另外,如果网络适配器支持,则断开网络连线也能启动该请求。在这种情况下,系统会在切断网络适配器电源之前等待一段可配置的时间,因为连接断开可能只是网络中临时线路改变的结果,并非真的断开电缆与网络的连接。

NDIS 电源管理策略的前提是没有网络活动,这意味着在切断网络适配器电源之前,所有上层网络组件必须同意该请求。如果网络上还存在活动会话或者打开的文件,断电请求就会被其中一个或所有相关组件拒绝。

计算机也能被网络事件从低电源级别中唤醒。以下情况会导致唤醒信号:

(1) 检测到网络链路状态的改变(例如电缆重新连上)。

(2) 接收到网络唤醒帧。

(3) 接收到巨包(Magic Packet)。巨包是包含连续 16 个接收方网络适配器介质访问(MAC)地址复制的数据包。

在驱动器初始化时,NDIS 查询微端口驱动器的能力以判定是否支持诸如巨包、模式匹配和链路状态改变唤醒等唤醒方式,并决定每种唤醒方式所要求的最低电源状态。然后,网络协议只需查询微端口的能力,在运行时协议设置使用对象标识符的唤醒策略,例如启用唤醒、设置包模式和删除包模式等。

目前,Windows TCP/IP 支持网络电源管理,它在微端口初始化时注册如下包模式:

(1) 直接 IP 包。

(2) 请求站 IP 地址的 ARP 广播。

(3) 请求站计算机名的 TCP/IP 的广播。

与 NDIS 兼容的驱动程序适用于不同厂家的网络适配器。NDIS 接口允许不同类型的多个协议驱动程序绑定到同一个网络适配器驱动程序上,也允许将同一个协议绑定到多个网络适配器驱动程序上。NDIS 规范描述了实现这一点的多路复用机制。绑定可以通过 Windows 网络或拨号连接文件夹查看和改变。

Windows TCP/IP 对以下技术提供支持:光纤分布式数据接口(FDDI)、令牌环

(IEEE 802.5)、异步传输模式(ATM)。

链路层功能分布在网络适配器/驱动程序组合和低层协议栈驱动程序上。对于LAN介质,网络适配器/驱动程序组合的过滤功能基于帧的目的MAC地址来实现。在正常情况下,LAN硬件过滤掉的目的地址不是以下地址之一的所有来帧:

(1) 适配器的单播MAC地址。

(2) 广播地址(对以太网,广播地址是0xFFFFFFFFFFFF)。

(3) 通过协议驱动程序利用硬件注册的多播地址。

如果某个帧将这些地址之一作为其目的MAC地址,就能通过计算检验和来检查该帧的比特级完整性。所有通过了目的地址检验和检查的帧,都通过硬件中断提交给网络适配器驱动程序。网络适配器驱动程序是在计算机上运行的软件,因此接收任何帧都需要一定的CPU处理时间。网络适配器驱动程序通过接口卡把帧送入系统内存,然后按组成帧时的顺序提交给特定的绑定传输驱动程序。NDIS5.0规范提供了该过程的更多细节。

当一个包经过一个或一系列网络时,其源MAC地址是把该包放到传输介质上的网络适配器的MAC地址,而其目的MAC地址总是通过该传输介质欲到达的网络适配器的MAC地址。这意味着在路由网络中,源MAC地址和目的MAC地址在经过网络层设备(路由器或第三层交换机)的每一段时都会改变。

12.1.2 IP层

IP层的功能是收发IP数据包。在IP层,除了实现IP协议外,还实现了ARP,RARP和ICMP等协议。

1) ARP

地址解析协议(ARP)为外出包进行IP地址到介质访问控制地址的解析。将外出数据报封装成帧时,必须填上其源MAC地址和目的MAC地址。决定帧的目的MAC地址是ARP的任务。在IP路由选择过程中,一个外出IP数据报将选择接口(网络适配器)和转发IP地址。对于外出IP数据报,ARP将其转发IP地址与ARP高速缓存进行比较,以查找包将发往的网络适配器。如果有匹配项,ARP就使用从高速缓存中得到的MAC地址;如果没有,ARP就在本地子网上广播ARP请求帧,要求拥有所查询IP地址者回送它的MAC地址。当收到ARP响应时,以新信息更新ARP高速缓存,并用它作为包的数据链路层地址。

Windows能根据系统要求自动调整ARP高速缓存的大小。如果一个表项2 min内未被任何外出数据报使用,就从ARP高速缓存中删除掉。被访问过的表项赋以追加时间,每次增加2 min,直到最大生命值时间10 min。10 min后,从ARP高速缓存中删除该表项,如果要继续使用,必须通过ARP请求帧重新查找。

除了通过接收ARP应答来创建ARP高速缓存表项外,还可根据从ARP请求中得到的映射信息来更新 ARP 表项。换句话说,如果 ARP 请求发送者的 IP 地址在高速缓存中,就用发送者的 MAC 地址更新表项。通过这种方法,含有发送者的静态或动态 ARP 高速缓存表项的结点,可以用发送者的当前 MAC 地址进行更新。接口或 MAC 地址发生改变的结点将更新 ARP 高速缓存,使其含有本结点下次发送 ARP 请求时要用到的表项。

在将目的 IP 地址解析成 MAC 地址时,ARP 仅能对一个外出 IP 数据报进行排队。如果基于 UDP 的应用程序连续地向同一目标地址发送多个 IP 数据报,则某些数据报会因为不存在相应 ARP 高速缓存表项而被丢弃。

2) IP 路由

路由选择是 IP 层的基本功能。数据报由网络适配器提交给 IP,每个数据报都有源 IP 地址和目的 IP 地址。IP 模块检查每个数据报的目的地址,并与本地维持的 IP 路由表相比较,以决定采取什么行动。对每个数据报都有三种可能,即提交给本地主机 IP 层之上的高层协议或者通过本地某一网络适配器转发或丢弃。

Windows IP 路由表的每个表项包含如下信息。

(1) 目的网络:路由对应的网络 ID。目的网络可以是分类地址、子网、超网或主机路由的 IP 地址。

(2) 子网掩码:用来匹配目的 IP 地址和目的网络。

(3) 网关:到目的网络的转发 IP 地址或下一路程段的 IP 地址。

(4) 接口:网络接口对应的 IP 地址,用于转发 IP 数据报。

(5) 度量:标示路由代价的数字。利用它可以在到达同一目的地的多条路由中选择一条最佳的。通常采用的度量是到目的网络的路程段数(经过的路由器数)。

如果两条路由有相同的目的网络和子网掩码,则度量较小的路由就是最佳路由。

路由表项可用来存储以下类型的路由:

(1) 直接相连网络 ID 的路由。这些路由用于直接相连的网络 ID。对直接相连的网络而言,网关的 IP 地址就是该网络接口的 IP 地址。

(2) 远程网络 ID 的路由。这些路由用于那些不直接相连,但通过其他路由器可达的网络 ID。对远程网络而言,网关的 IP 地址就是位于转发结点和远程网络之间的本地路由器的 IP 地址。

(3) 主机路由。主机路由是面向特定 IP 地址的路由。主机路由允许在每个 IP 地址的基础上进行路由选择。对主机路由而言,目的网络就是特定主机的 IP 地址,子网掩码为 255.255.255.255。

(4) 默认路由。默认路由在未找到特定网络 ID 或主机路由的情况下使用。默认路由的目的网络是 0.0.0.0,子网掩码为 0.0.0.0。

要决定一条转发 IP 数据报的路由,过程如下:

(1) 对于路由表中的每条路由,IP 模块将目的 IP 地址与子网掩码进行按位逻辑

“与”操作，并将结果与目的网络进行匹配，如果匹配，IP 模块就将该路由标记为目的 IP 地址的匹配路由。

(2) IP 模块从所有匹配路由中选择子网掩码位数最多的路由。该路由与目的 IP 地址相匹配的位数最多，因而也是对该 IP 数据报最特殊的路由。这也就是所谓的寻找最长或最接近的匹配路由。

(3) 如果找到多条最接近的匹配路由，IP 模块就选取度量最小的。

(4) 如果找到多条带最小度量的最接近匹配路由，IP 模块就从中随机选取一个。

在选定的路由上决定转发 IP 地址或下一路程段的 IP 地址时，过程如下：

(1) 如果网关地址与接口地址相同，就将转发 IP 地址设为 IP 包的目的 IP 地址。

(2) 如果网关地址与接口地址不同，就将转发 IP 地址设为网关的 IP 地址。

路由决定过程的最终结果是从路由表中选定一条路由。路由选择产生一个转发 IP 地址(网关 IP 地址或 IP 数据报的目的 IP 地址)和一个接口(通过接口 IP 地址标识)。如果路由决定过程未能找到路由，IP 模块就宣告一个路由选择错误。对于发送主机，路由选择错误在内部被提交给 TCP 或 UDP 等上层协议；对于路由器，该 IP 数据报被丢弃并向源主机发送一个 ICMP“目的地不可达-主机不可达”消息。

Windows 提出了默认网关度量的新配置选项。该度量可对任意时刻的活动默认网关进行更好的控制。该度量默认值为 1，低度量路由比高度量路由好。在默认网关情况下，计算机使用度量最小的默认网关，除非该网关是不活动的。在这种情况下，死寂网关探测器把开关值切换到列表中下一个具有最小度量的默认网关。默认网关度量可以通过 TCP/IP 高级配置选项进行设置。DHCP 服务器能提供一个基本度量和一组默认网关。如果 DHCP 服务器提供的基本度量为 100，并提供 3 个默认网关，那么这三个网关的度量分别为 100，101 和 102。DHCP 提供的基本度量不适用于静态配置的默认网关。

大多数自治系统(AS)路由器用路由选择信息协议(RIP)或开放最短路径优先(OSPF)同其他路由器交换路由表信息。Windows 以路由选择和远程访问服务支持这些协议。Windows 也支持 RIP，方法是使用 RIP 进行侦听。该功能是可选的网络服务。在默认情况下，基于 Windows 的系统并不像路由器那样工作，也不在接口间转发 IP 数据报。路由选择和远程访问服务包含在 Windows 中，可以启用并通过配置提供完全的多协议路由选择服务。

3) 重复 IP 地址检测

重复 IP 地址检测保证一个 IP 结点所使用的 IP 地址在其所连接的网段上是唯一的。当协议栈第一次初始化时，Windows 给主机自身 IP 地址发送 ARP 请求包解析自己的 IP 地址，称之为伴随 ARP。如果任何其他主机响应了这样的 ARP 请求，该 IP 地址就已经被占用了。ARP 高速缓存项在收到 ARP 请求后会更新。因而，在向占用地址系统发送了单播 ARP 应答后，被占用地址系统会广播一个附加的伴随 ARP 请求，以便网络中其他主机能在它们的 ARP 高速缓存中维持正确的地址映射。当计算机不与网络相连时，用户可以用重复的 IP 地址启动它，在这种情况下不会检测到冲突。但是如果用户随后把它加入到网络中，当它第一次对其他 IP 地址发送 ARP 请求时，任何使用该冲突地址的 Windows 计算机都将检测到冲突并保持运行。如果两台计算机都运行 Windows，那么 IP 在两台有重复地址的计算机上都保持运行。检测到冲突的计算机将显示一条出错消息并在系统日志中产生详细的日志。Windows DHCP 允许客户机执行重复 IP 地址检测，条件是客户机进入 DHCP 选择状态。如果检测到重复 IP 地址，DHCP 客户机就向 DHCP 服务器发送一个 DHCP 拒绝数据包，然后进入 DHCP 初始化状态。在收到 DHCP 拒绝数据包后，DHCP 服务器将该 IP 地址置为不可用。

12.1.3　传输层

1）TCP

传输控制协议（TCP）为应用程序提供基于连接、可靠的字节流服务。Windows 网络依靠 TCP 来实现登录过程、文件和打印共享、域控制器之间的信息复制、浏览、列表传输和其他常用功能。另外，它还能用于一对一的通信。TCP 使用检验和来检查 TCP 报头和 TCP 段中有效载荷的传输错误，以减小网络出错而未被检测到的概率。

（1）TCP 接收窗口大小的计算和窗口缩放。

TCP 接收窗口大小是指每次在一个连接上能缓存的接收数据量（以字节计）。在接收主机等待应答数据并更新窗口之前，发送主机只能发送这么多数据。Windows TCP/IP 能在大多数情况下进行自我调节，因而它要比以前版本使用更大的默认窗口。TCP 的窗口大小能适应连接建立期间所协商的最大段长（MSS）的平缓增加，而不是采用硬编码的默认窗口大小。接收窗口能适应 MSS 的平缓增加提高了大批数据传输过程中使用的满载 TCP 段的比例。在默认情况下，接收窗口大小按如下方式计算：

① 发往远程主机的第一个连接请求通告一个接收窗口大小，一般为 16 千字节（KB），即 16 384 字节。

② 一旦建立了连接，接收窗口大小就舍入成连接建立期间所协商的 TCP 最大段长（MSS）的整数倍。

③ 如果舍入值不到 MSS 的 4 倍，就把它调整到 4×MSS，同时最大值限制为 64 KB，除非窗口缩放选项被启用。

④ 基于以太网的 TCP 连接，其窗口大小正常时为 17 520 字节，或舍入到 16 KB

(即 12 个 1 460 字节的字段)。

为了提高高带宽、高延迟网络的性能,Windows TCP 支持 RFC 1323 中定义的 TCP 窗口缩放。通过在 TCP 三次握手期间商定一个窗口缩放因子,支持 TCP 接收窗口的大小可大于 64 KB,最大可达 1 GB。在阅读支持可变窗口主机之间所建立的连接的有关信息时,必须记住段中通告的窗口大小要乘以商定的缩放因子。窗口缩放因子只在三次握手的前两个段中出现。缩放因子是 2^S,其中 S 为商定缩放因子。例如,缩放因子为 3 的通告窗口大小为 65 535 ,实际接收窗口大小为 524 280,即 $2^3 \times 65\,535$。

(2) TCP 采用延迟应答来减少传输介质中的包数。

Windows TCP 采用变通的方法实现延迟 ACK,并不对每个接收到的 TCP 段都发送应答。TCP 在给定连接上收到数据,只有当以下条件符合时才回送应答:

① 没有为以前接收到的段发送过 ACK。

② 接收到一个段,但在该连接上 200 ms 之内没有接收到其他段。

③ 通常为连接上接收到的每个其他 TCP 段都发送 ACK,直到延迟 ACK 定时器(200 ms)超时。

Windows 支持一项称为选择性应答(SACK)的重要特性。SACK 对使用较大的 TCP 窗口的连接很重要。当 SACK 未启用时,接收者只能应答连接上接收到的最后一个数据,或接收窗口的左边界。当 SACK 启用时,接收者连续地使用 ACK 编号来应答接收窗口的左边界,但接收者也能对不连续的接收数据块单独进行应答。SACK 在 TCP 连接建立期间用 TCP 报头选项来协商 SACK 的使用,并标明接收数据块的左右边界,而且可以指示多个接收块。在默认情况下,SACK 是启用的。当一个段或一系列段以非连续模式到达时,接收者能准确地通知发送者哪个数据已收到,这也隐含表明了哪个数据没有到达。发送者能够有选择地重发所缺数据,而不必重发已成功接收的整个数据块。

(3) TCP 重发。

当每个出站段传递给 IP 时,TCP 都启动一个重发定时器。如果在定时器超时前没收到给定段中数据的应答,就重发该段。对于新的连接请求,重发定时器初始化为 3 s。重发超时(RTO)在外出段的基础上应进行调整,以匹配使用平滑往返时间(SRTT)计算的连接特性和 Karn 算法。给定段的定时器位在每次重发该段后加倍。采用这种算法,TCP 能适应连接的"正常"延迟。高延迟链路上的 TCP 连接比低延迟链路上的要经历更长的时间才超时。

在某些情况下无须要发定时器超时就要进行重发,最常见的一种情况是快速重发。如果支持快速重发的接收者接收到的数据中所包含的序列号超过期望值,则某些数据就很可能丢失。为了帮助发送者意识到这件事,接收者立即发送 ACK,其应答序列号设为所期望的序列号。对于到达数据流中每个在丢失数据之后的段,接收者采用同样的方法处理。当发送者开始接收到一系列应答同一序列号的ACK，并且该序列号比当前发送的序列号小时，它就能推断出某一(某些)段已丢失。支持快速重发算法的发送者立即发送接收者所期望的段，接收者将用这些段来填充接收数据中的缺口，而不必等到该段重发定时器超时。这种优化在高丢失率网络环境中极大地提高了性能。

(4) TCP保持活动消息。

TCP保持活动包只是一个简单的ACK，其序列号比本连接的当前序列号小1。主机接收到这种ACK后，以当前序列号应答。保持活动可用来证实本连接的远程计算机仍是可用的。TCP保持活动包每个时间段发送一次，时间段的长短由KeepAliveTime的值(默认为7 200 000 ms，即2 h)决定，前提是没有其他数据或更高级别的保持活动包在本连接中传输。如果保持活动包没有被应答，就在每个时间段重发一次，时间段的长度与KeepAliveInterval的值相等。默认时KeepAliveInterval的值为1 s。在NetBT连接中，正如许多Windows联网组件所使用的那样，会以更高的频率发送NetBIOS保持活动数据包，因此在NetBIOS连接上就不再发送正常的TCP保持活动包。TCP保持活动功能默认时是关闭的。

(5) 慢启动算法和拥塞避免。

Windows TCP支持慢启动和拥塞避免算法。一个连接建立后，TCP首先只缓慢地发送数据来估计连接的带宽，以避免淹没接收主机或通路上的其他设备和链路。发送窗口大小设为两个TCP段，当两个段都被应答后，窗口大小就扩大为三个段；当三个段都被应答后，发送窗口大小再次扩大。如此进行，直到每次突发传输的数据量达到远程主机所声明的接收窗口大小。此时，慢启动算法就不再用了，改用声明的接收窗口进行流控制。在传输中的任何时刻都可能发生拥塞，如当重发定时器超时，或接收到说明已经有TCP段被路由器丢弃的ICMP“源中止”消息时，就可检测到拥塞。发生这种情况时，TCP拥塞避免算法就减小发送窗口的大小，并使其逐步减小到拥塞发生时的窗口大小的一半，然后使用慢启动算法来增大发送窗口，使其达到接收主机接收窗口的大小。

(6) 糊涂窗口综合症。

糊涂窗口综合症(SWS)是指声明的接收窗口小于一个完整的TCP段。糊涂窗口综合症会导致发送很小的TCP段，致使网络使用效率非常低。Windows TCP/IP实现了RFC 1122中描述的发送端和接收端SWS避免。接收端SWS避免的实现是在增加的数据小于一个TCP段之前不打开接收窗口；发送端SWS避免的实现是在接收端声明发送完整TCP段的有效窗口大小之前不发送更多数据。发送端SWS应避免有例外情况，参见RFC 1122。

(7) TCP TIME-OUT延时。

TCP连接关闭后，该连接就进入一种称为TIME-OUT的状态，以确保新连接不会使用相同的协议、源 IP 地址、目的 IP 地址、源端口和目的端口，直到经过了足够长的时间，能确定不会有任何被错误路由或延迟的段突然出现为止。套接字对不应当被再次使用的时间长度的定义见 RFC 793，一般为最大生命周期的两倍(2MSL)或 240 s(4 min)，这也是 Windows 的默认值。但是在使用默认值时，某些在短时间内执行大量出站连接的应用程序可能在端口被重用之前耗尽所有的可用端口。Windows 对这种情况提供两种控制方法。

① 用注册表表项 TcpTimedWaitDelay(HKLM\SYSTEM\CurrentControlSet\Services\Tcpip\Parameters)来改变这个时间值。Windows 允许将该值设成只有 30 s，这样在大多数情况下就不会有问题了。

② 通过注册表表项 MaxUserPort(HKLM\SYSTEM\CurrentControlSet\Servicesl\Tcpip\parameters)来配置源出站连接的用户可访问的临时端口数。在默认情况下，当应用程序为出站调用申请任何套接字时，将采用端口号在 1 024～5 000 范围内的端口。用户可通过注册表表项 MaxUserPort 设置出站连接可使用的最高端口号，例如，将值设为 10 000 将有大约 9 000 个可供出站连接使用的用户端口。

(8) 吞吐量。

Windows TCP/IP 在大多数网络条件下都适用，它能为每个连接动态地提供可能的最大吞吐量和最佳可靠性。TCP 应设计成在不同的链路条件下都能提供最优性能。一个链路的实际吞吐量与很多因素有关，最主要的有链路速度(每秒可传输的比特数)、传播延迟、窗口大小(TCP 连接上可发送的未响应数据量)、链路可靠性、网络和中间设备拥塞。

影响吞吐量的关键因素是通信信道(又称管道)的容量，即带宽延迟量，它等于往返时间乘以带宽(比特率)。如果某一链路的比特级错误很少，那么最佳性能时的窗口大小应大于或等于带宽延迟量，以使发送者能充满管道。不启用窗口缩放时，可用的最大窗口为 65 535，因为窗口域在 TCP 报头只占 16 位；启用窗口缩放时，窗口大小可达 1 GB。

吞吐量不能超过窗口大小除以往返时间。

如果链路有很多比特级错误或经常严重拥塞以至于要丢弃包，那么使用更大的窗口不能提高性能。Windows 支持 SACK，以改善高丢失率环境下的性能；也支持 TCP 时标，以改善 RTT 估计。

(9) 延迟。

传播延迟取决于向不同传输方向传送光或电信号的延迟及传输设备和中间系统的延迟。

传输延迟取决于传输介质的速度和介质访问控制模式的本质属性。

对于特定路径，传播延迟是固定的，但传输延迟取决于包大小和拥塞情况。

低速时，传输延迟是限制因素；高速时，传播延迟就可能成为限制因素。

2）UDP

用户数据报协议(UDP)提供无连接、不可靠的传输服务。它通常用于使用广播或多播 IP 数据报的一到多通信。由于 UDP 数据报的传送是得不到保证的，所以使用 UDP 的应用程序必须通过简单的重发或其他可靠性机制来补偿丢失的 UDP 数据报。Windows 网络使用 UDP 进行登录、浏览和 NetBIOS 名字解析。

UDP 可用于 NetBIOS 名字解析(方法是通过 NetBIOS 名字服务器单播或子网广播)，也可用于将域名系统(DNS)主机名解析成 IP 地址。NetBIOS 名字解析由 UDP 端口 137 完成，DNS 查询使用 UDP 端口 53。由于 UDP 本身不保证数据报的传送，这两种服务在收不到查询回答时，就使用自己的重发机制。UDP 广播数据报一般不用 IP 路由器转发，因此路由环境下的 NetBIOS 名字解析需要 WindowsInternet 名字服务(WINS)之类的名字服务器，或者使用静态数据库文件，如 Lmhost 文件。

12.1.4　TCP/IP 开发接口

Windows 网络应用程序可采用多种方法通过 TCP/IP 协议栈进行通信。有些方法如命名管道等要通过网络重定向器，它是工作站服务的一部分。许多老的应用程序是根据 NetBIOS 接口编写的，由 TCP/IP 上的 NetBIOS 支持。这里只简单说明 Windows 套接字接口。

Windows 套接字定义了一个编程接口，该接口基于加利福尼亚大学伯克利分校的套接字接口，还包括一组扩展设计以充分利用 Windows 的消息驱动特性。该规范的 1.1 版本于 1993 年 1 月发布，2.2.0 版本于 1996 年 5 月发布，Windows 2000 支持版本 2.2，通常又称 Winsock2。

有很多可用的 Windows 套接字应用程序。Windows 中包含大量的基于 Windows 套接字的应用程序，如 Ping 和 Tracert 工具、FTP 和 DHCP 客户机及服务器，以及 Telnet 客户，也有很多基于 Winsock 的高级编程接口。

Windows 套接字应用程序一般使用 gethostbyname 函数把主机名解析成 IP 地址。在默认情况下，gethostbyname 函数采用以下的名字查找步骤：

(1) 检查请求的名字是否与本主机名匹配

(2) 检查主机文件是否有匹配的名字。

(3) 如果配置了 DNS 服务器，就查询它。

(4) 如果没找到匹配项，就进行 NetBIOS 名字解析过程，直至进行 DNS 名字解析。

某些应用程序使用 gethostbyaddr 函数把 IP 地址解析成主机名。gethostbyaddr 调用执行以下动作(默认情况下)：

(1) 检查主机文件，以寻找匹配地址项。

(2) 如果配置 DNS 服务器,就询问它。

(3) 向被查询的 IP 地址发送一个 NetBIOS 适配器状态请求,如果它已注册给该适配器的一组 NetBIOS 名字进行应答,就从中分析计算机名字。

Winsock2 支持 IP 多播,但目前只有 IP 族数据报和原始套接字支持 IP 多播。

保留值参数:Windows 套接字服务器应用程序通常创建一个套接字,然后在该套接字上用 listen 函数接收连接请求。传递给 listen 函数的参数之一是保留值参数,说明应用程序希望 Windows 套接字为本套接字排队的连接请求数。

12.2 UNIX/Linux 的 TCP/IP 协议实现

Linux 是开放源码的操作系统,它具有强大的网络功能。Linux 的网络实现是以 4.3BSD 为模型的,它支持 BSD Sockets(及一些扩展)和所有的 TCP/IP 网络。选择这个编程接口是因为它很流行并且有助于应用程序从 Linux 平台移植到其 UNIX 平台,因此可以看出,虽然 UNIX 操作系统和 Linux 操作系统存在着一定的区别,但它们的系统结构和大多的实现技术都是相同的。在 TCP/IP 协议的实现上,两者也大致相同。本节主要以 Linux 操作系统中的 TCP/IP 协议的实现为基础说明 UNIX/Linux 操作系统中的 TCP/IP 协议的实现机制。

在 UNIX 和 Linux 系统中,协议栈的实现通常都采用 BSD 或 STREAMS 两种结构之一。从概念上看,STREAMS 结构是一种模块化的系统结构,具有很好的灵活性和扩展性,而 BSD 结构是一种分层结构。图 12-2 说明了这两种结构的区别。

从图 12-2 可以看出,BSD 结构比较简单,但扩展性不如 STREAMS 结构。STREAMS 结构可以在同一个系统中同时实现多种传输协议而提供统一的结构和对上层的接口。

12.2.1 Linux 网络协议栈

在 Linux 中,协议栈是作为内核的一部分实现的,因此它包含在内核代码中,如图 12-3 所示。

从图 12-3 可以看出,Linux 的协议栈可以支持多种协议。在物理链路层,除了支持以太网外,还可以支持帧中继、FDDI 等;而在传输层,除了支持 TCP/IP 协议簇中的 UDP 和 TCP 外,还可以支持 AppleTalk 和 IPX 等传输层协议。尽管 Linux 对多种协议均支持,但本书中只讨论与 TCP/IP 协议相关的部分。

12.2.2 Linux 网络数据处理流程

基于上述 Linux 中严格的分层实现体系,在 Linux 系统中,一个应用程序发送/

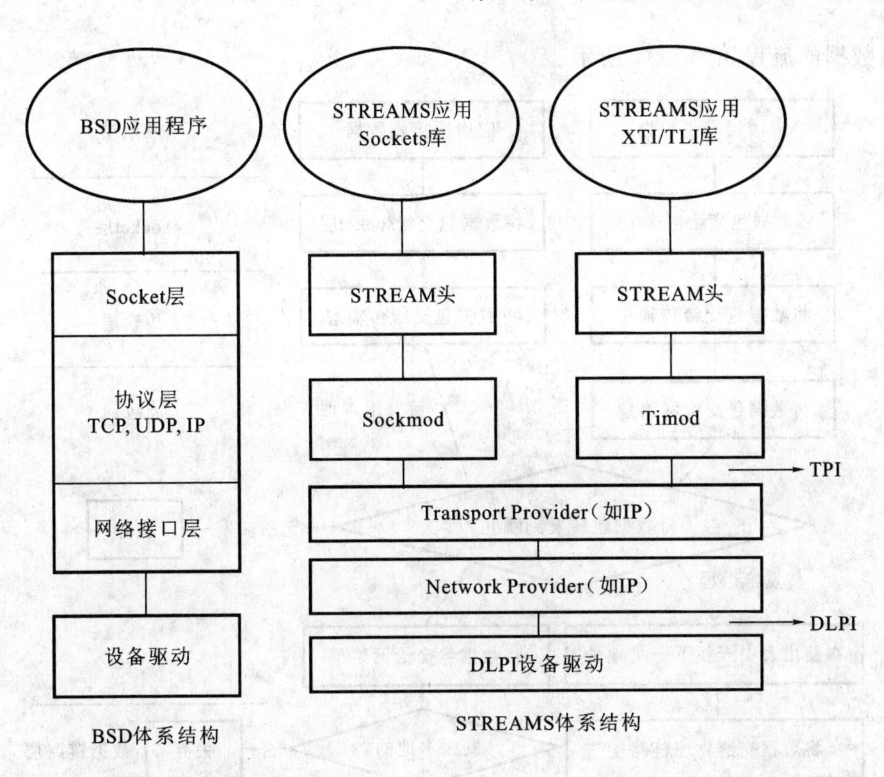

图 12-2　BSD 协议栈结构和 STREAMS 协议栈结构

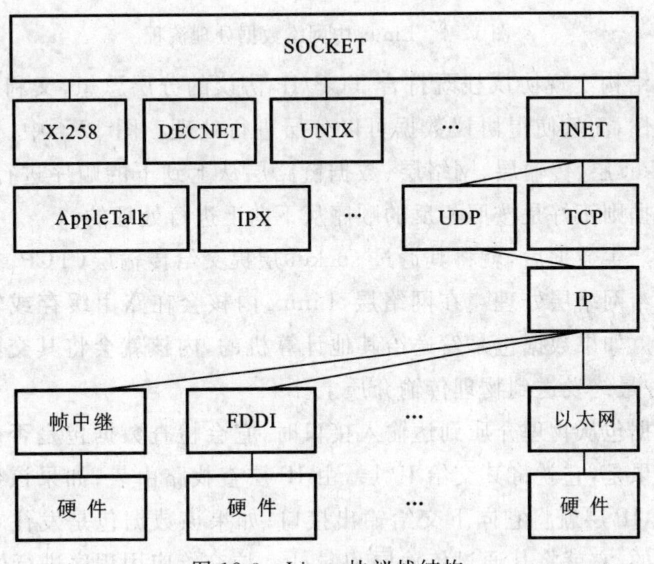

图 12-3　Linux 协议栈结构

接收数据的流程如图 12-4 所示。

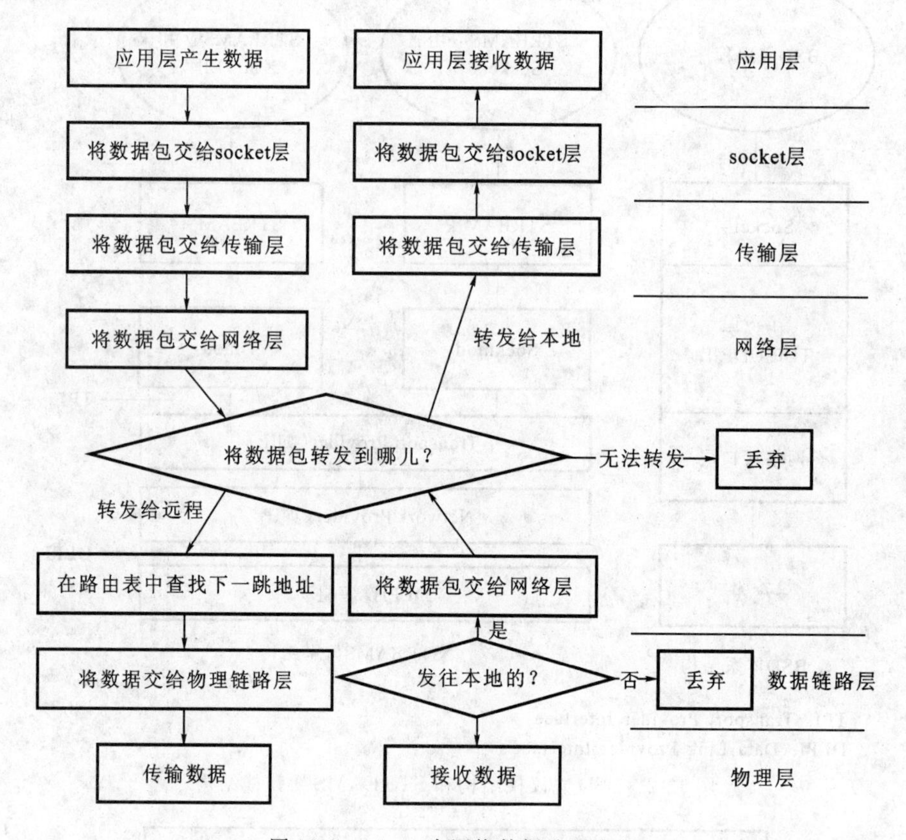

图 12-4　Linux 中网络数据处理流程

使用分层结构实现协议栈既符合 TCP/IP 协议的分层思想，又利于协议栈的灵活性和可扩展性，而且使得协议数据可以分层进行处理。图 12-4 中，数据的发送是按应用层、socket 层、传输层、网络层、数据链路层从上到下的顺序进行分层处理的，而接收到的数据则正好是按照相反的顺序从下向上进行处理的。

应用程序产生数据后，就将其通过 socket 层提交给传输层（TCP 或 UDP），然后传输层将其交给网络层处理。在网络层，Linux 内核会在路由缓存或转发信息库中查找路由信息。如果数据包是发送给其他计算机的，内核就会将其交给链路层输出到网络接口，并最终发送到物理传输介质上。

当一个数据包从物理介质到达输入接口时，它会检查数据包是否确实是发往该计算机的。如果是，它就将其交给 IP 层，由 IP 层查找路由表；如果该数据包是发往其他计算机的，IP 层就将它向下交给输出接口；如果该数据包是发往本地计算机的上层应用程序的，它就将其通过传输层和 socket 层交给应用程序进行处理。

12.2.3　Linux 的 IP 路由

从图 12-4 可以看出，IP 层在数据的发送和接收过程中起着关键的作用，它能够判断一个数据包应该通过哪条路径到达它的目的地。因为 Linux 系统可以是一个主机系统或是一个路由器，所以 IP 层路由表的具体实现和查找机制在数据发送和接收过程中非常重要。

当装载 Linux 的内核时，会读取一系列的配置文件并执行一系列的任务，其中包括建立计算机网络连接的过程。该过程会配置好计算机的地址，初始化好网络接口，建立好路由表并向其中添加静态路由。

整个的配置过程可以是动态的，也可以是静态的。配置地址的方式可以有两种：如果计算机有一个固定的地址，系统管理员可以在配置文件中指定，那么系统启动时计算机的地址就是该地址了；如果计算机没有固定的地址，那么主机可以使用DHCP 协议来从 DHCP 服务器获得计算机的地址、路由器和 DNS 服务器等信息。

Linux 中使用路由表来维护转发信息。转发信息表(FIB)用来保存所有可能的转发地址，路由缓存比 FIB 小但查找速度快，是经常使用的路由表。当一个 IP 数据包需要发送到远程主机时，IP 层首先在路由缓存中查找合适的项。如果找到合适的项，IP 就使用它进行数据包的转发；如果没找到，IP 就从 FIB 中进行查找，并将找到的表项添加到路由缓存中，然后使用该表项进行数据包的转发。

根据网络状态的变化，路由表需要进行相应的改变。Linux 中路由缓存会经常变化，但 FIB 几乎是静态的，只有在网络状态发生变化时才会发生改变。

习　题

1. 简述 Windows 平台下的 TCP/IP 协议栈。
2. 简述 Linux 网络数据处理流程。

附录A　多协议标签交换 MPLS

A.1　MPLS 技术背景

MPLS(Multiprotocol Label Switching)是多协议标签交换的简称。

所谓多协议，是指 MPLS 支持多种网络层协议，例如 IP、IPv6 和 IPX 等，而且兼容包括 ATM 、帧中继、以太网、PPP 等在内的多种链路层技术。

所谓标签交换，就是对报文附上标签，根据标签进行转发。

Internet 的迅速发展为 Internet 服务提供商(ISP)提供了巨大的商业机会，同时也对其骨干网络提出了更高的要求，人们希望 IP 网络不仅能够提供电子邮件、上网等服务，还能够提供宽带、实时性业务。ATM 曾经是被普遍看好的能够提供多种业务的交换技术，但是由于实际的网络中已经普遍采用 IP 技术，纯 ATM 网络已经不可能，现有 ATM 一般用来承载 IP，因此希望 IP 也能提供等如 ATM 的多种类型的服务。MPLS 就是在这种背景下产生的一种技术，它吸收了 ATM 的 VPI/VCI 交换等思想，集成了 IP 路由技术的灵活性和二层交换的简捷性，在面向无连接的 IP 网络中增加了 MPLS 这种面向连接的属性。采用 MPLS 建立"虚连接"的方法，为 IP 网增加了一些管理和运营的手段。随着网络技术的迅速发展，MPLS 应用逐步转向 MPLS 流量工程和 MPLS VPN 等。在 IP 网中，MPLS 流量工程技术成为一种主要的管理网络流量、减少拥塞、在一定程度上保证 IP 网络的 QoS 的重要工具。在解决企业互联，提供各种新业务方面，MPLS VPN 也越来越被运营商看好，成为 IP 网络运营商提供增值业务的重要手段。

MPLS 是 20 世纪 90 年代中期新兴的多层交换技术，由 IETF(Internet Engineering Task Force，因特网工程任务组)提出，由 Cisco 和 Juniper 等网络设备大厂商主导。MPLS 技术最初是为了提高路由交换设备的转发速度，但随着硬件技术和网络处理器的发展，这一优势已经不明显了。该技术本身和靠硬件推动提高转发速度是有本质区别的。MPLS 是三层路由和二层交换的集合模型，是可以在多种第二层媒介上进行标签交换的网络技术。这一技术结合了第二层交换和第三层路由的特点，第三层的路由在网络的边缘实施，而在 MPLS 的网络核心则采用第二层交换(无需分析 IP 报文头)，即 MPLS 技术将报文的三层选路和报文的转发分开。这一点和传统的路由器有很大区别，传统的路由器将选路和转发集于一身，在报文路径上的每跳路由器都要先分析 IP 报头，然后选路再转发。这也是采用 MPLS 技术能够提高转发速度的原因之一。目前出现的三层交换机采用硬件实现了三层的线速转发，但是仍然没有脱离“逐跳选路转发”的思想（只是由硬件完成）。

虽然 MPLS 提高转发速度这一优势已经不存在，但由于它具有将二层交换和三层路由技术结合起来的固有优势，所以在解决 VPN（虚拟专用网）、CoS（服务分类）和 TE（流量工程）这些 IP 网络的重大问题时仍具有其他技术无可比拟的地方，因此 MPLS 技术获得了越来越多的关注。MPLS 的应用逐步转向 MPLS VPN 和 MPLS 流量工程等。

A.2 MPLS基本原理

A.2.1 术语

1）标签（Label）

标签是一个比较短、定长的，通常只具有局部意义的标识。标签通常位于数据链路层的数据链路层封装头和三层数据包之间，通过绑定过程同 FEC 相映射，用来识别一个 FEC。

2）转发等价类（FEC）

FEC（Forwarding Equivalence Class）是 MPLS 中的一个重要概念。MPLS 实际上是一种分类转发技术，它将具有相同转发处理方式（目的地相同、使用转发路径相同、服务等级相同等）的分组归为一类，称为转发等价类。一般来说，划分分组的 FEC 依据的是其网络层的目的地址。属于相同转发等价类的分组在 MPLS 网络中将获得完全相同的处理。

3）LSR（Label Switching Router）

LSR 是 MPLS 的网络核心交换机，它提供标签交换和标签分发功能。在 MPLS 体系的文档 RFC 3031 中介绍了 LSR 是一个有能力转发原始三层报文（如 IP 报文或者 IPv6 报文等）的 MPLS 节点，对于 MPLS 在 IP 的应用，意味着 LSR 同时有能力执行正常的 IP 报文转发。

4）LER（Label Switching Edge Router）

在 MPLS 的网络边缘，进入 MPLS 网络的流量由 LER 分为不同的 FEC，并为这些 FEC 请求相应的标签；离开 MPLS 网络的流量由 LER 弹出标签还原为原始的报文。因此，LER 提供了流量分类、标签映射和标签移除功能。LER 一定是 LSR，但是 LSR 不一定是 LER。

5) LSP(Label Switched Path)

LSP 是标签交换路径。一个 FEC 的数据流在不同的节点被赋予确定的标签,数据转发按照这些标签进行。数据流所走的路径就是 LSP,它是一系列 LSR 的集合。可以将 LSP 看做类似穿越 MPLS 核心网络的一条隧道。

6) Label PUSH

Label PUSH 是标签转发的基本动作之一,是组成标签转发信息表的一部分,其作用是给报文压入一个 new label。

PUSH 动作一般用于 MPLS 域的边缘设备将 IP 报文转发进入 MPLS 隧道时压入一个 Label 进行转发。但在 MPLS 核心网,MPLS 报文转发时,若存在跨域或跨 ISP 操作,也需要压入一个 Inner label。

7) Label SWAP

Label SWAP 是标签转发的基本动作之一,是组成标签转发信息表的一部分,其作用是给 Incoming 的 MPLS 报文替换下一跳标签。

具体操作是将欲转发的 MPLS 报文的外层标签删除,然后压入一层新获得的下一跳标签。

8) Label POP

Label POP 是标签转发的基本动作之一,是组成标签转发信息表的一部分,其作用是将一个 MPLS 报文去除标签,以下一层协议转发。

POP 动作一般用于 MPLS 域的边缘设备,当 MPLS 报文出 MPLS 域进入 IP 转发域时,需要将标签弹出。

A. 2. 2 MPLS 数据结构

MPLS 协议在 OSI 中的位置如图 A-1 所示。

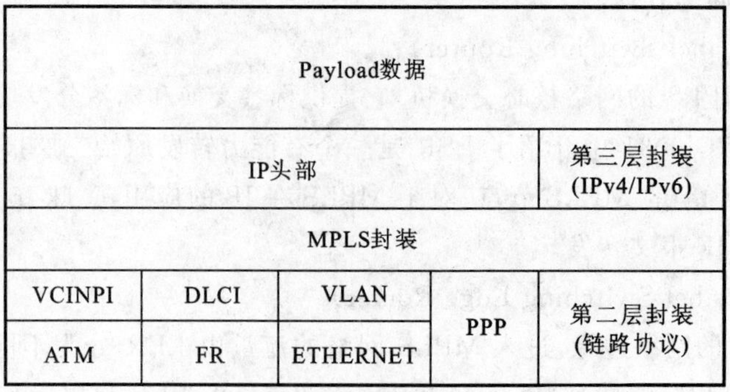

<table>
<tr><td colspan="5">Payload数据</td></tr>
<tr><td colspan="4">IP头部</td><td>第三层封装
(IPv4/IPv6)</td></tr>
<tr><td colspan="5">MPLS封装</td></tr>
<tr><td>VCINPI</td><td>DLCI</td><td>VLAN</td><td rowspan="2">PPP</td><td rowspan="2">第二层封装
(链路协议)</td></tr>
<tr><td>ATM</td><td>FR</td><td>ETHERNET</td></tr>
</table>

图 A-1 MPLS 协议在 OSI 中的位置

MPLS是一种能承载任意协议(IPv4/v6,IPX,ATM,AppleTalk等)数据,工作在任何链路协议(Ethernet,ATM,FR,PPP等)之上,提供优质QoS保证,支撑更大规模的网络应用,可以替代IP寻址转发的协议载体。

MPLS是一种比ATM更简单、灵活,更易于扩展的标签交换技术。有人称它为2.5层协议,因为它通常工作在链路层协议之上,网络层IP协议之下。

MPLS标签结构(见图A-2)总长度为32 bit,可分为以下几个域段:

(1) Label:一个固定20 bit长度的值,用于标识一组报文的转发行为,类似于IP地址,但功能不像IP地址那么单一,标签只是局部有效。

(2) Exp:一个3 bit长度的值,保留,用于试验,现通常用做CoS(Class of Service)这里可以实现8种优先级,支持语音、视频、数据的不同服务类型,类似于IP的ToS域段。

(3) S:本域段只有1 bit长度,用于表示当前标签是否属于标签栈底,其中1表示是,0表示不是。

(4) TTL:Time-To-Live,8 bit长度的值,用于防止报文传输时的环路,和IP协议中的TTL相同。

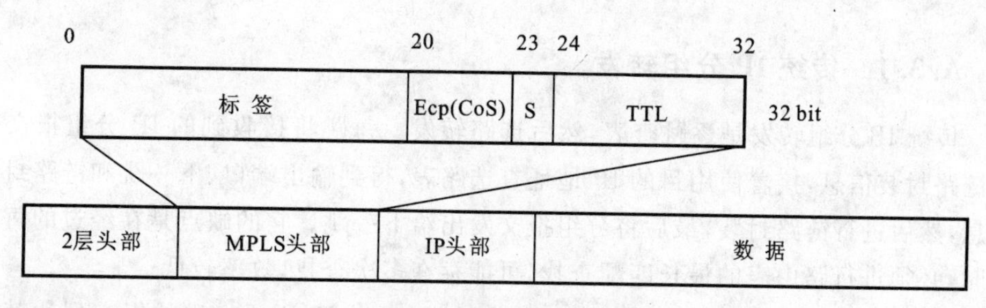

图A-2 MPLS标签结构

理论上,标记栈可以无限嵌套,从而提供无限的业务支持能力。标记栈一般是2~3层,这是MPLS技术最大的魅力所在。

A.3 MPLS数据转发原理

基本的MPLS网络如图A-3所示。MPLS域的数据以标签进行高速交换。从LER到LER,MPLS为不同的IPv4域和IPv6域提供了快速、优质的LSP转发通道。LER负责将IP或ATM报文压入标签,封装成MPLS报文,然后将其投入MPLS隧道。另外,LER还负责将MPLS报文的标签弹出,让其转发入IP或ATM域。

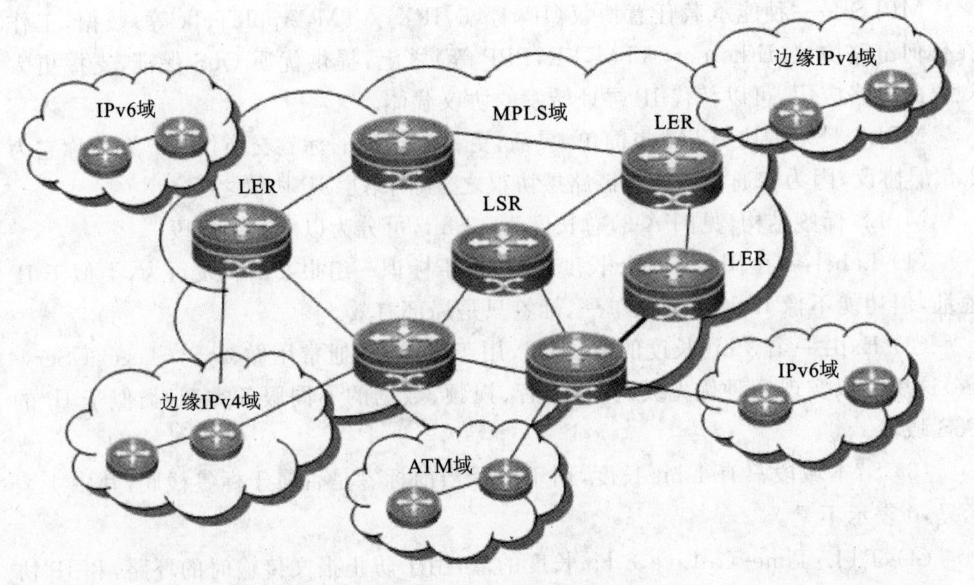

图 A-3　基本的 MPLS 网络

A. 3. 1　传统 IP 分组转发

传统 IP 分组转发是逐跳查表，然后选路转发。每跳将接收到的 IP 分组报文去除链路封装信息，接着使用目的 IP 地址查选路表，得到输出端口、下一跳和链路封装信息，然后进行链路封装，最后将分组报文发出给下一跳。它的缺点是在经过的每一跳时，必须进行路由表的最长匹配查找，可能存在多次查找，效率较低。

MPLS 最基本的功能就是代替 IP 分组转发，发送 IP 所要发送的报文到达其目的地。

A. 3. 2　MPLS 分组转发

1）标签分配与分发

标签分配是根据输出端口和下一跳相同的 IP 路由的选路信息划分为一个转发等价类，然后从 MPLS 标签资源池中取一个标签（邮票标记）分配给这个转发等价类的。同时，节点主机记录下此标签和这个 IP 转发等价类的对应关系，最后将这个对应关系封装成消息报文，通告身边的节点主机。这个通告过程称为标签的分发。

2）MPLS 标签分组

MPLS 标签分组是将 IP 分组报文（或其他）封装上定长且具有特定意义的标签，以标签标识此报文为 MPLS 分组报文。封装标签的方式按照协议栈结构的层次进行，封装的标签应置于分组报文协议栈的栈头。封装了标签的分组报文就好像贴了邮票的信件一样，能邮到它的目的地。

3) MPLS 分组转发方式

MPLS 分组转发分为三个过程：进入 LSP、在 LSP 中传输和脱离 LSP。

(1) 进入 LSP。

进入 LSP 是根据 IP 分组报文的目的 IP 地址查 IP 选路表(FIB)，此时查到的 IP 选路表已经和下一跳标签转发表关联，接着从下一跳标签转发表中可以得到这个 IP 分组所分配的标签和下一跳地址等。一般输出端口信息是在 IP 选路表(FIB)中得到的。将得到的标签封装 IP 分组报文为 MPLS 标签分组报文，再根据 QoS 策略处理 EXP，同时处理 TTL，最后将封装好的报文发送给下一跳。这样 IP 分组报文就进入了 LSP 隧道。

(2) 在 LSP 中传输。

在 LSP 中传输是逐跳使用 MPLS 分组报文中的协议栈顶的标签(入标签)，直接以标签 Index 方式查询入标签映射表，得到输出端口信息和下一跳标签转发表的索引，然后使用其索引查询下一跳标签转发表，从中得到标签操作的动作、欲交换的标签和下一跳地址等。如 MPLS 分组报文未到达 LSP 终点，则查表得到的标签操作动作一定为 SWAP，然后使用查表得到的新标签替换 MPLS 分组报文中的旧标签，同时处理 TTL 和 EXP 等，最后将替换完标签的 MPLS 分组报文发送给下一跳。

(3) 脱离 LSP。

脱离 LSP 是 MPLS 分组转发的最后一站。使用 MPLS 分组报文中的协议栈顶的标签(即入标签)，以标签 Index 方式直接查询入标签映射表，得到输出端口信息和下一条标签转发表的索引，接着用查到的索引继续查询下一跳标签转发表，从中可以得到标签操作动作 PHP 或 POP 和下一跳地址等。具体是 PHP，还是 POP，主要取决于下一跳标签分发协议是否使支持 PHP 功能。在实现上，PHP 和 POP 动作的流程差不多。两个动作都应该删除 MPLS 分组报文中的标签，同时处理 TTL 和 EXP，接着封装下一跳链路协议，最后将封装好的 IP 分组报文发给下一跳。

MPLS 分组转发的优点是在穿越 LSP 隧道的过程中，每一跳的查表使用的都是标签，且标签是定长 20 bit 的值。标签查表是以标签为索引，直接 Index 线性的标签映射表。在同等算法模型上，使用标签查表比使用 IP 地址最长比配查表速度要快得多。虽然现在硬件技术先进，ASIC 的 IP 地址最长匹配查表可以和标签查表相媲美，但是要实现同等的数据转发需要付出更大的硬件成本代价。MPLS 分组转发的优点并不仅仅局限于这点。

MPLS 并不是一种业务或者应用，它实际上是一种隧道技术，也是一种将标签交换转发和网络层路由技术集于一身的路由与交换技术平台。这个平台不仅支持多种高层协议与业务，而且在一定程度上可以保证信息传输的安全性。

A.4 标签分发协议

MPLS作为一个新的网络体系，同样有其自身的信令协议或者说路由协议。MPLS中一个基本的概念就是两个LSR必须对用来在它们之间传输流量的标签的意义达成共识。共识通过一系列过程达到，称为标签分发协议(Label Distribution Protocol，LDP)。通过LDP，一个LSR通知另一个LSR它所做出的标签绑定。MPLS体系结构[RFC 3031]把一个标签分发协议定义为一系列过程，通过这些过程一个LSR通知另一个LSR用来在它们之间转发流量的标签的意义。

支持MPLS标签分发的协议有如下几种：

1) LDP (Label Distribution Protocol)

LDP是MPLS的标签分发协议之一，主要用于建立普通的LSP隧道，提供普通的标签交换业务。

2) RSVP(Resource Reservation Protocol)

RSVP是MPLS的标签分发协议之一，但它主要用于建立TE的LSP隧道，拥有普通LDP没有的功能，如发布带宽预留请求、带宽约束、链路延时和显式路径等。

3) CR-LDP(Constraint-Based Routing using LDP)

CR-LDP是MPLS的标签分发协议之一，是在LDP的基础上扩展的协议，通过引入新的TLV同样支持MPLS TE的相关属性，如显式路径、带宽、亲和属性、优先级与抢占等。

4) MP-BGP(Border Gateway Protocol)

MP-BGP是在BGP的基础上扩展的协议，引入了Community属性，支持VPN路由和标签的分发，用于实现MPLS L3 VPN业务。

5) PIM

PIM是实现MPLS多播的标签分发协议。

本节所要介绍的标签分发协议是IETF在RFC 3036中所定义的独立标签分发协议LDP。LDP主要用于IP的单播转发。利用LDP，LSR通过把网络层的路由信息直接映射到链路层交换路径，在网络中建立标签交换路径LSP(Label Switch Path)。LDP将FEC(Forwarding Equivalence Class)与它创建的每条LSP联系在一起。与LSP相关的FEC决定了哪个分组被映射到该LSP上。LSP在网络中的扩展(或者说延伸)通过每个LSR把一个FEC的入标签和该FEC对应的下一跳的出标签“接合”完成。

A.4.1 LDP的消息类型

(1) 发现(discovery)消息：用于通告和维护网络中LSR的存在。

(2) 会话(session)消息:用于建立、维护和结束 LDP 对等实体之间的会话连接。

(3) 通告(advertisement)消息:用于创建、改变和删除特定 FEC 标签绑定。

(4) 通知(notification)消息:用于提供消息通告和差错通知。

A.4.2　LDP 会话的建立过程

(1) 邻居发现。

(2) 会话发起。

(3) 会话协商。

(4) 协商失败处理。

(5) 会话维持。

具体流程如图 A-4 所示。

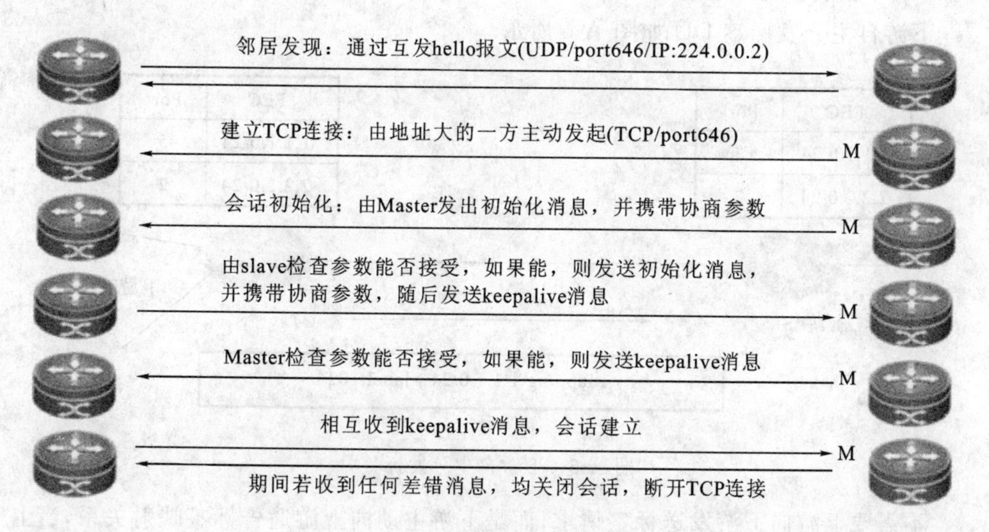

图 A-4　LDP 会话的建立过程

A.4.3　标签的分配和管理

1) 标签分发方式

标签分发方式分为下游按需分发标签 DOD(Downstream On Demand)和下游自主分发标签 DU(Downstream Unsolicited)。

(1) 下游按需分发标签。

下游按需分发标签 DOD 如图 A-5 所示。

上游向下游发送标签映射请求消息,下游收到消息后根据请求的 FEC 从标签资源池中分配标签资源,然后将分得的标签和对应的 FEC 回应给请求的上游,同时记录下这种对应的关系。目前这种分发方式很少使用。

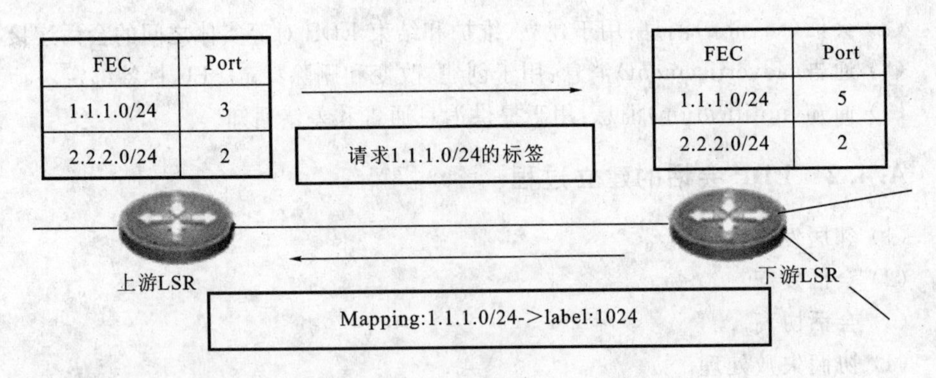

图 A-5　下游按需分发标签

（2）下游自主分发标签。

下游自主分发标签 DU 如图 A-6 所示。

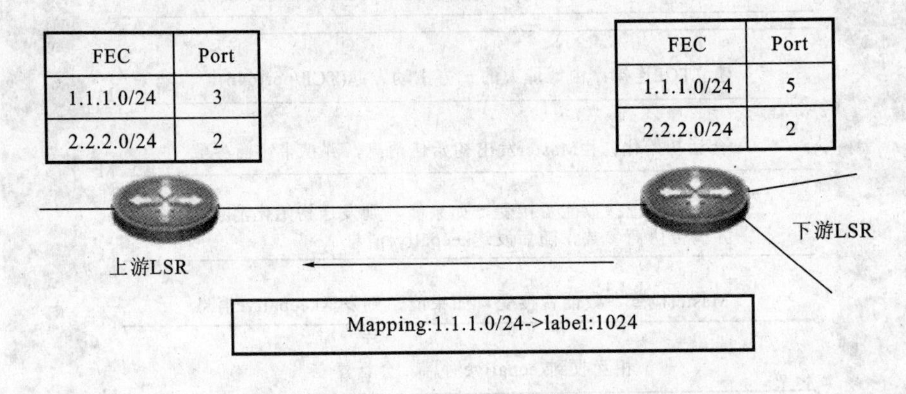

图 A-6　下游自主分发标签

不需要上游向下游发送标签请求，而是下游主动向上游通告标签映射关系，当上游收到后记录标签和 FEC 的映射关系，同时下游也记录这种映射关系。DU 方式是目前使用最多的标签分发方式。

2）标签控制方式

标签控制方式分为有序方式（Ordered）和独立方式（Independent）。

（1）有序方式。

有序方式是指除 LER 以外，LSR 必须等收到下游的标签映射才能向上游发布标签映射。LER 是路由的起点，标签映射最先由它发起。有序控制方式是目前使用最多的标签控制方式。

（2）独立方式。

独立方式是指 LSR 不需要等到下游的标签映射关系到达，而能独自地向上游分发标签映射。

3）标签保留方式

标签保留方式分为保守方式(Conservative Retention Mode)和自由方式(Liberal Retention Mode)。

(1) 保守方式。

保守方式是指当同一条路由存在多个下一跳时，在所有邻居对这条路由的标签映射中，只选择最优的一跳作为标签转发的出口映射，而其他的全部丢弃，如图 A-7 所示。

优点：节省内存和标签空间。

缺点：当 IP 路由收敛、下一跳改变时 LSP 收敛慢。

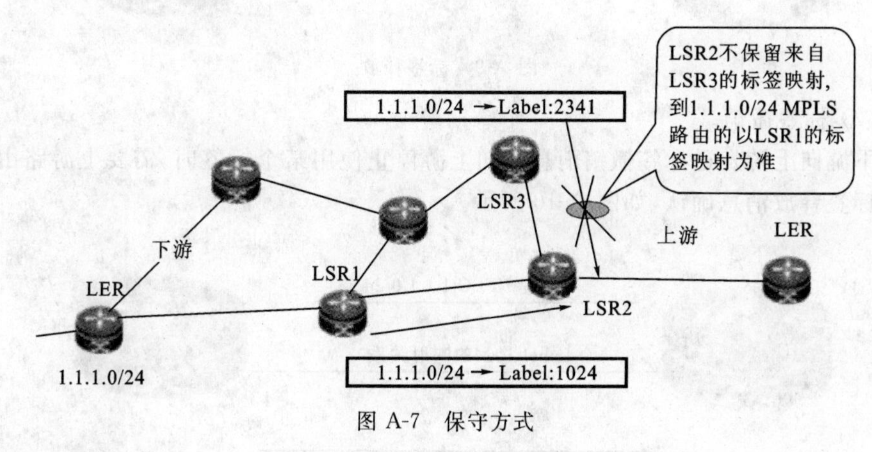

图 A-7　保守方式

(2) 自由方式。

自由方式是指同一条路由存在多个下一跳时，保留所有邻居对这条路由的标签映射，只选择最优的一跳作为标签转发的出口映射，如图 A-8 所示。

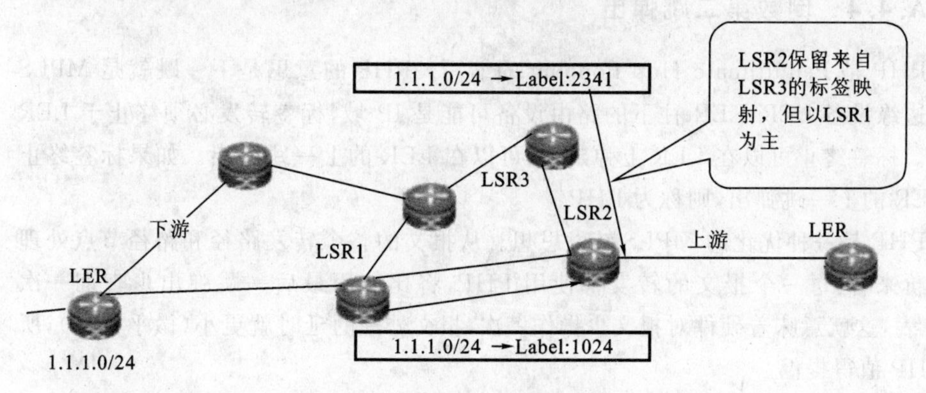

图 A-8　自由方式

优点：当 IP 路由收敛、下一跳改变时减少了 LSP 收敛时间。

缺点：需要更多的内存和标签空间。

4）标签拆除方式

标签拆除方式分为标签释放和标签撤销。

（1）标签释放。

上游主动发送标签释放消息通知下游释放某一标签，以后不再使用该标签发送数据。标签释放消息不需要确认消息，如图 A-9 所示。

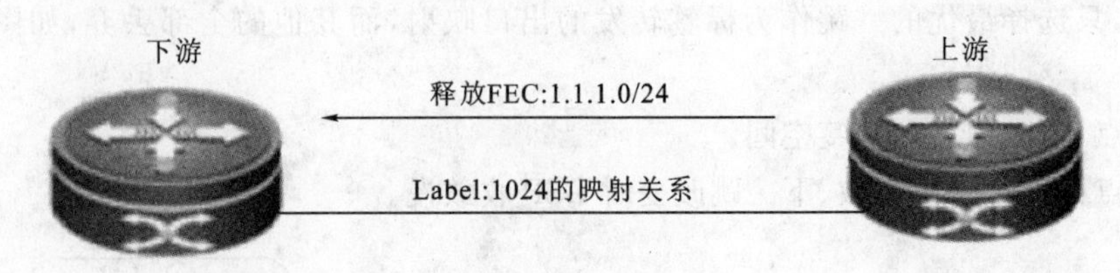

图 A-9　标签释放

（2）标签撤销。

下游向上游发送标签撤销消息通知上游停止使用某个标签时，需要上游路由器发送标签释放消息确认，如图 A-10 所示。

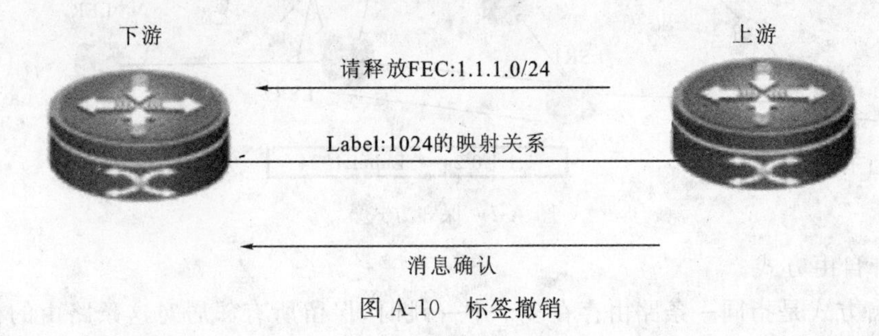

图 A-10　标签撤销

A.4.4　倒数第二跳弹出

PHP 是 Penultimate Hop Popping 的缩写。PHP 的意思是下一跳就是 MPLS 域的边缘设备 LER，LER 往下的路由设备可能是 IP 域，标签转发必须终止于 LER 设备。标签终止可以在 LER 上弹出，也可以在 LER 的上一跳弹出。如果标签终止在 LER 的上一跳弹出，则称为 PHP。

PHP 是一种优化的 MPLS 转发思想。从报文的整个转发路径和路径节点处理的代价来看，每一个报文的转发都使用 PHP，将比使用最后一跳弹出少查询一次 ILM 表，这就意味着硬件对报文少操作一次，报文处理的延时就更小（微乎其微），所以 PHP 值得提倡。

PHP 的实现是 MPLS 分组报文在 LER 的上一跳，使用入标签查 ILM 表得到输出端口信息和 NHLFE 索引，接着用 NHLFE 索引查询 NHLFE 表得到 PHP 动作和下一条地址，然后将标签从 MPLS 分组报文中删除，以 IP 报文方式发送给 LER，待 LER 收到后，再以 IP 方式查表转发报文。

当收到标签值为 3 的标签映射信息时，就表明自己是倒数第二跳了，转发方式必须以 PHP 方式进行，且标签转发必须终结于自己。

A.4.5　流合并

流合并是指将大量的数据流聚合成单个下行流。执行合并的设备将多个流合成一个可以被后续 MPLS 节点作为一个流进行处理的流。被合并的流用一个标志表示。一旦被合并的报文被发送出去，这些报文在到达合并设备之前的任何到达标志都将消失。流合并是 MPLS 可扩展性的主要功能。

1）在基于帧的环境中合并

在基于帧的环境中合并是比较简单的，执行合并的设备将多个上行标志映射成单个下行标志，这对已有的 MPLS 标志交换过程没有任何改变。

2）在 ATM 环境中合并

在 ATM 环境中合并要相对复杂一些。在 ATM 环境中，数据报文封装在 AAL5 PDU 中，它们通过 ATM 信元发送出去。这些信元拥有一个特定的 VPI/VCI 值，而且同一个 VPI/VCI 中的所有信元按照顺序传输。沿着数据路径的所有 ATM 交换机强制保持信元的顺序。组装 PDU 的设备希望这些信元相互邻接，并按照正确的顺序被接收。

如果在 ATM 环境中直接进行 MPLS 流合并，就会出现问题。在这种情况下，来自多个到达 VC 的信元被交错合并成一个输出的 VC，要重组原来的 PDU 就会出现问题，因为 ATM 信元头中不包含恢复原有顺序的信息。

在 ATM 环境中有两种方法可以避免流合并时的信元错乱。

(1) VC 合并。这种方法是将多个到达的 VC 合并成单个输出的 VC。MPLS 结点在执行合并时，将来自一个 AAL5 帧的信元与来自另一个 AAL5 帧的信元隔开。要达到这个目的，当某个帧正在传输时，ATM 会延迟另一个帧的发送，只有当帧结束提示到达时，下一个帧才会被整个地进行传输。这种类型的缓冲及存储转发功能在已有的 ATM 交换机中并不多见。

(2) VP 合并。这种方法是将多个到达的 VP 合并成单个输出的 VP。被合并的 VP 中各 VCI 用来区分来自多个源的不同帧。

VP 合并对于更高程度地兼容利用 ATM 的传输功能很有优势，而且它对已有的网络具有可操作性。VP 合并的另一个好处是它在合并点不会带来延时，而且不需要新的缓冲区。VP 合并的主要缺点是它需要在每个 VP 中协调分配 VCI。

MPLS 体系结构既支持 VP 合并，又支持 VC 合并。加入到 MPLS 中的 ATM 交换机必须有能力确定其邻居交换机是执行 VP 合并、VC 合并，还是不能进行合并。

A.5　MPLS体系发展

目前IETF已经在RFC 3031中描述了MPLS的体系架构，在基本的MPLS控制信令及在Layer3 MPLS VPN上的应用和QoS方面的应用技术较为成熟，并且出台了相应的标准。Layer2MPLS VPN最近几年发展迅速，技术也在不断成熟，虽然大多数标准都处于草案阶段，但是由于业界几个主流的厂商的支持，也逐渐形成事实上的标准。近几年来MPLS在流量工程方面的应用也迅速发展起来，IETF对其相应的标准和草案更新得比较快，技术也日益成熟。

为了使技术领域专业化及更快地推向应用，IETF在2003年成立了L2VPN的工作组，专门研究VPLS(Virtual Private LAN Service)和VPWS(Virtual Private Wire Service)的技术和应用；在2004年成立了L3VPN的工作组，研究L3VPN的技术和应用，其中MPLS在L3VPN的应用是该工作组研究的一个重要方向。

MPLS工作组继续从事MPLS体系的研究和MPLS的信令协议的研究，以及包括MPLS流量工程方面应用的研究。

可以说MPLS技术结合了灵活的IP路由和高效的二层交换技术，为无连接的IP网络引入了连接的概念，非常适合在一个基础IP骨干网络上承载多种业务，现在已经在广泛用在VPN、流量工程和QoS等领域，今后必将有更大的发展。

附录 B Sniffer 技术介绍

B.1 Sniffer 软件简介

B.1.1 概述

Sniffer 软件是 NAI 公司推出的功能强大的协议分析软件。下面介绍 Sniffer 软件如何利用 Sniffer Pro 网络分析器的强大功能和特征解决网络问题。

与 NetXray 相比较，Sniffer 支持的协议更丰富，例如 NetXray 并不支持 PPPOE 等协议，但在 Sniffer 上能够进行快速解码分析；NetXray 不能在 Windows 2000 和 Windows XP 上正常运行，但 Sniffer Pro 4.6 可以运行在各种 Windows 平台上。

Sniffer 软件比较大，运行时需要的计算机内存也比较大，否则运行比较慢，这也是它与 NetXray 相比的一个缺点。

B.1.2 功能简介

下面列出了 Sniffer 软件的一些功能，其详细介绍可以参考 Sniffer 的在线帮助。

(1) 捕获网络流量进行详细分析。

(2) 利用专家分析系统诊断问题。

(3) 实时监控网络活动。

(4) 收集网络利用率和错误等。

在进行流量捕获之前，首先应选择网络适配器，确定从计算机的哪个网络适配器上接收数据。适配器位置：File－＞select settings，如图 B-1 所示。

选择网络适配器后才能正常工作。如果该软件安装在 Windows 98 操作系统上，则 Sniffer 可以选择拨号适配器对窄带拨号进行操作。如果安装了 Enternet 500 等 PPPOE 软件，还可以选择虚拟出的 PPPOE 网卡。如果安装在 Windows 2000/XP 操作系统上，则无上述功能，这和操作系统有关。

下面对报文的捕获及网络性能监视等功能进行详细的介绍。图 B-2 所示为软件中快捷键的位置。

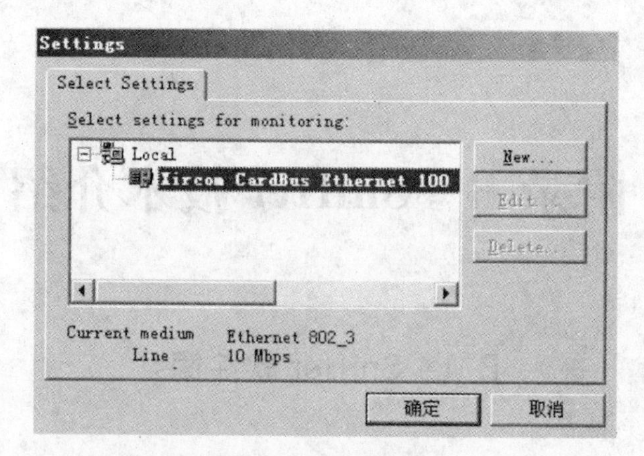

图 B-1　Settings 面板

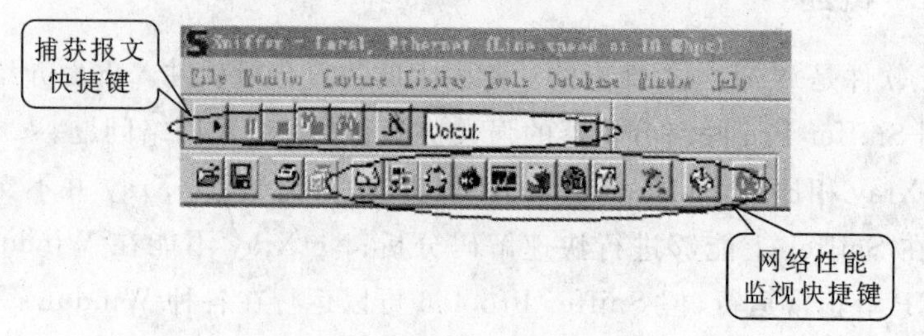

图 B-2　软件中快捷键的位置

B.2　报文捕获解析

B.2.1　捕获面板

报文捕获功能可以在报文捕获面板中完成。图 B-3 所示为捕获面板的功能图，图中显示的是处于开始状态的面板。

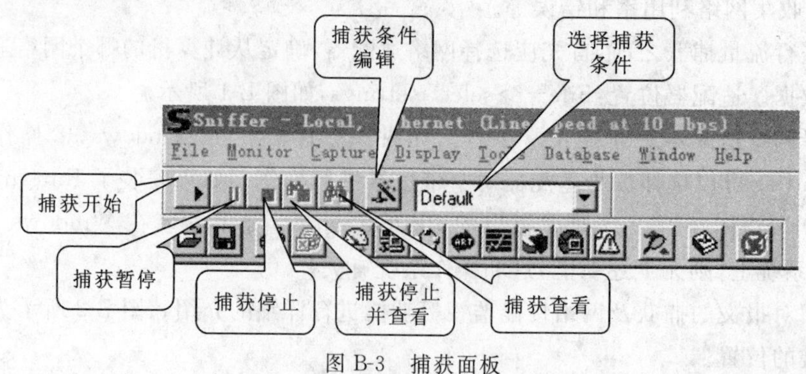

图 B-3　捕获面板

B.2.2　捕获过程报文统计

在捕获过程中可以通过图 B-4 所示的面板查看捕获报文的数量和缓冲区的利用率。

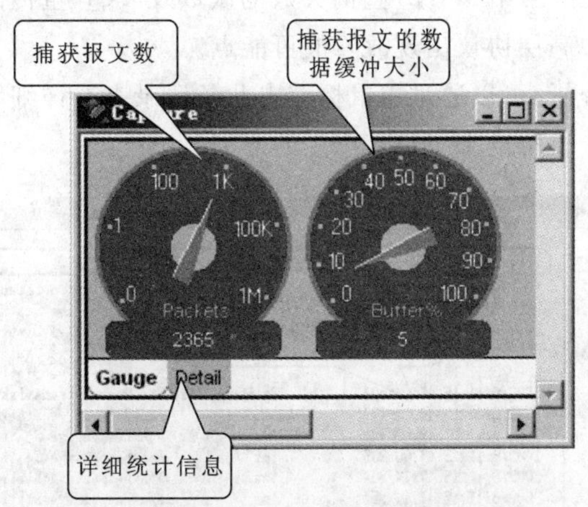

图 B-4　查看捕获报文的数量和缓冲区的利用率

B.2.3　捕获报文查看

Sniffer 软件提供了强大的分析能力和解码功能。如图 B-5 所示，软件对于捕获的报文提供了一个 Expert 专家分析系统进行分析，还有解码选项及图形和表格的统计信息。

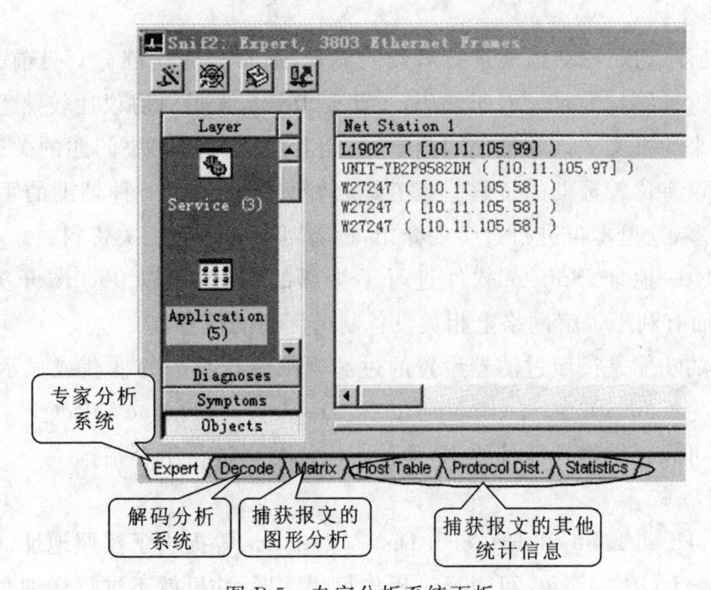

图 B-5　专家分析系统面板

1）专家分析

专家分析系统提供了一个多功能的分析平台，对网络上的流量进行了一些分析。分析出的诊断结果可以通过查看在线帮助获得。

图 B-6 显示了在网络中 WINS 查询失败的次数及 TCP 重传的次数统计等内容，可以方便了解网络中高层协议出现故障的可能点。

对于某项统计分析，可以通过用鼠标双击此条记录查看详细统计信息，而且对于每一项都可以通过查看帮助来了解其产生的原因。

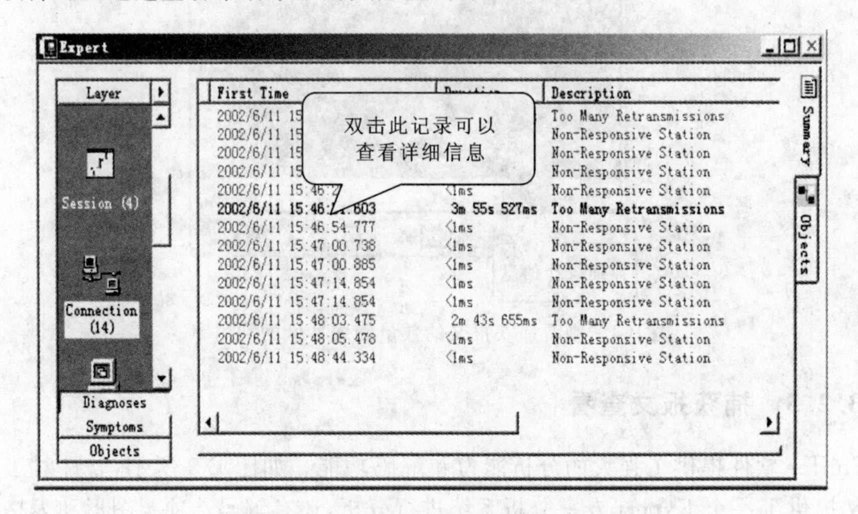

图 B-6　专家分析系统的查询功能

2）解码分析

图 B-7 所示为对捕获报文进行解码的显示，通常分为三部分。目前大部分此类软件都采用这种结构显示。对于解码，主要要求分析人员对协议比较熟悉，这样才能看懂解析出来的报文。该软件使用简单，利用其解码分析解决问题的关键是要对各种层次的协议有比较透彻的了解。该工具软件只是提供了一种辅助的手段，因其涉及的内容太多，这里不再进行过多的介绍，读者可参阅其他相关资料。

对于 MAC 地址，Sniffer 软件进行了头部的替换，如以 00e0fc 开头的替换成 Huawei，从而有利于了解网络上相关设备制造厂商的信息。

过滤器的功能是按照过滤器设置的过滤规则进行数据的捕获或显示，在菜单上的位置分别为 Capture－>Define Filter 和 Display－>Define Filter。

过滤器可以根据物理地址或 IP 地址与协议选择进行组合筛选。

3）统计分析

Matrix，Host Table 和 Protocol Dist. Statistics 等提供了按照地址、协议等内容进行的组合统计，比较简单，可以通过操作很快掌握，这里就不进行详细介绍了。

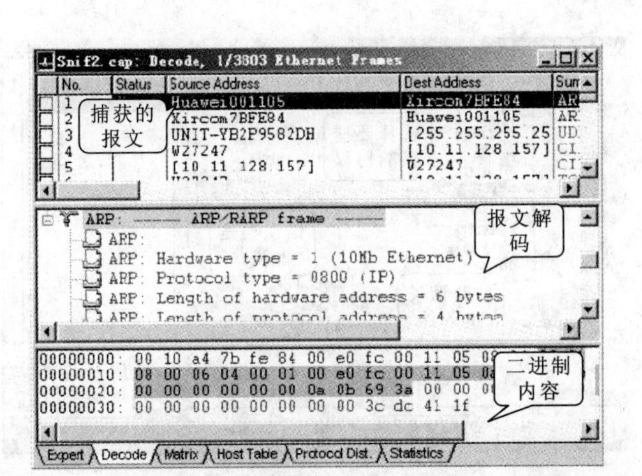

图 B-7　对捕获的报文进行解码

B.2.4　设置捕获条件

1）基本捕获条件

基本捕获条件(见图 B-8)有两种：

(1) 链路层捕获，即按源 MAC 和目的 MAC 地址进行捕获，输入方式为十六进制连续输入，如 00E0FC123456。

(2) IP 层捕获，即按源 IP 和目的 IP 进行捕获，输入方式为点间隔方式，如 10.107.1.1。如果选择 IP 层捕获条件，则 ARP 等报文将被过滤掉。

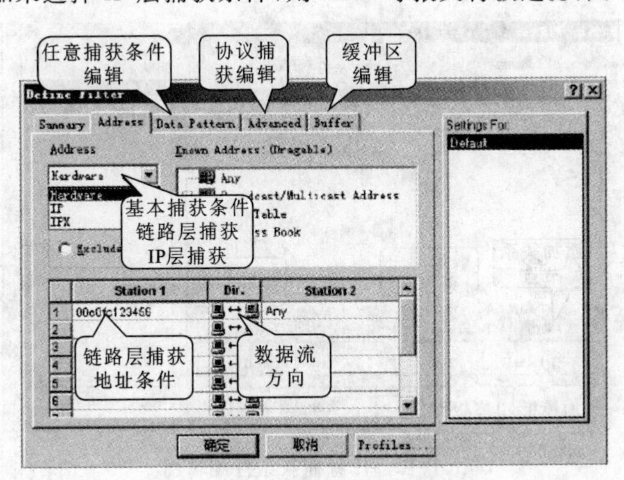

图 B-8　基本捕获条件编辑图

2）高级捕获条件

在“Advance”页面下，可以编辑协议的高级捕获条件，如图 B-9 所示。

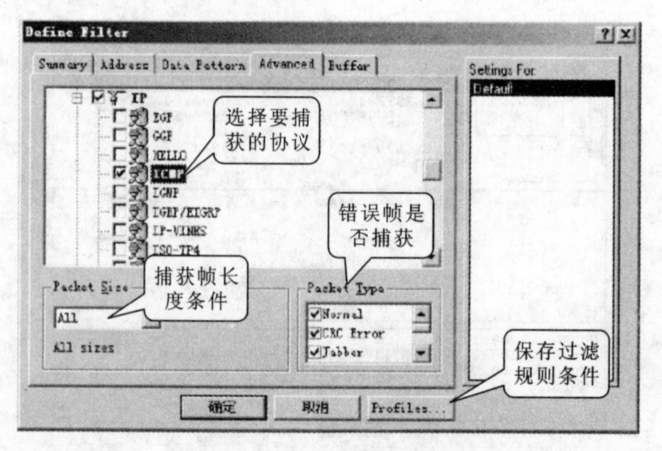

图 B-9　高级捕获条件编辑图

在协议选择树中选择需要捕获的协议条件，如果什么都不选，则表示忽略该条件，捕获所有协议。

在捕获帧长度条件下，可以捕获等于、小于、大于某个值的报文。

在错误帧是否捕获栏，可以选择当网络上有所列错误时是否捕获协议。

保存过滤规则条件按钮“Profiles”可以将当前设置的过滤规则进行保存。在捕获主面板中可以选择保存的捕获条件。

3）任意捕获条件

在 Data Pattern 下，可以编辑任意捕获条件，如图 B-10 所示。

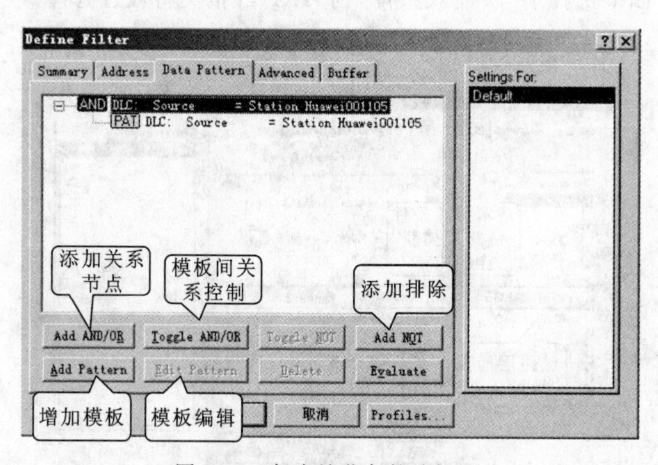

图 B-10　任意捕获条件编辑图

通过这种方法可以实现复杂的报文过滤，但很多时候得不偿失，有时截获的报文本来就不多，还不如自己看节省时间。

B.3　报文发送

B.3.1　编辑报文发送

Sniffer 软件的报文发送功能比较弱。图 B-11 为 Sniffer 报文发送的主面板图。发送报文前,需要先编辑报文发送的内容。点击发送报文编辑按钮,可得到如图 B-12 所示的报文编辑窗口。

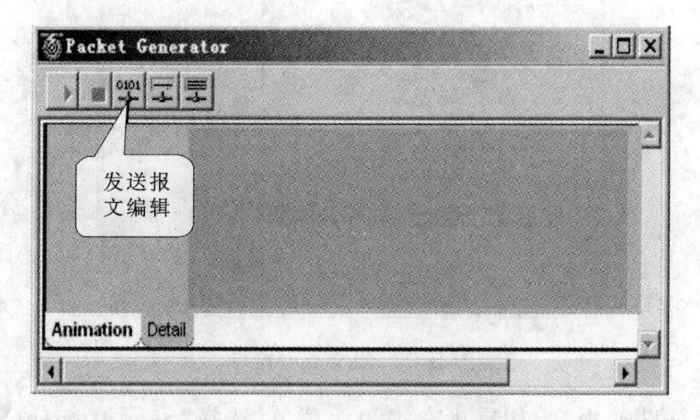

图 B-11　Sniffer 报文发送主面板

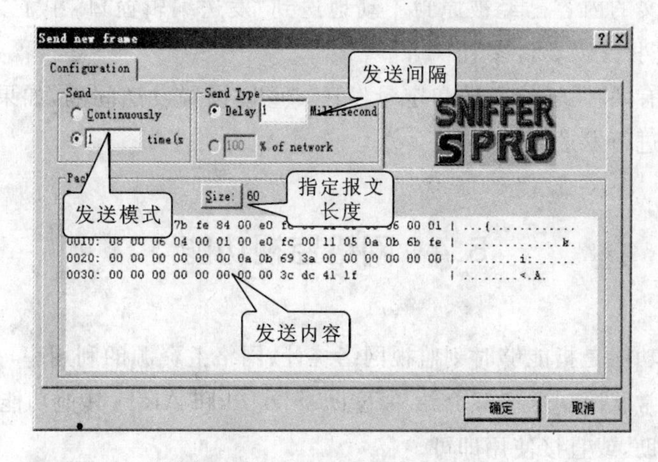

图 B-12　Sniffer 报文编辑窗口

首先要指定数据帧发送的长度,然后从链路层开始,一个一个地将报文填充完成。如果 NetXray 支持可以解析的协议,则从“Decode”页面中可看到解析后的直观表示。

B.3.2 捕获编辑报文发送

将捕获到的报文直接转换成发送报文,然后修改即可。图 B-13 所示为一个捕获报文后的报文查看窗口。

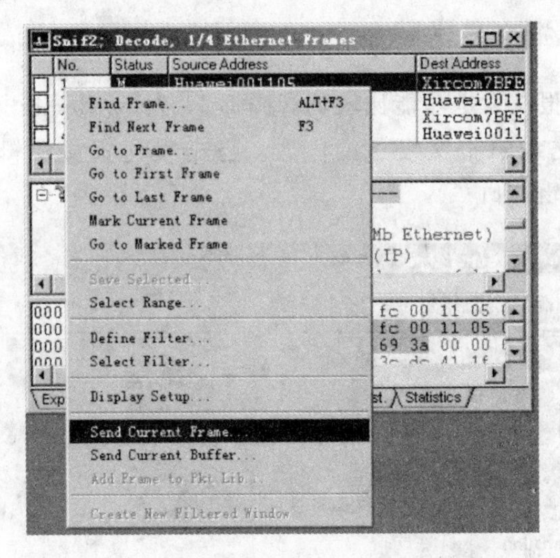

图 B-13 报文查看窗口

选中某个捕获的报文,用鼠标右键激活菜单,选择“Send Current Frame”,这时就会发现该报文的内容已经被原封不动地送到“发送编辑窗口”中了。此时进行修改,比全部填充报文简单许多。

发送模式有两种:连续发送和定量发送。可以设置发送间隔,如果为 0,则表示以最快的速度进行发送。

B.4 网络监视功能

网络监视功能是指能够时刻监视网络统计、网络上资源的利用率,并且能够监视网络流量的异常状况。这里只介绍一下 Dashboard 和 ART,其他功能比较简单,可以参看在线帮助,或直接使用即可。

B.4.1 Dashboard

Dashboard 可以监控网络的利用率、流量及错误报文等内容。通过应用软件可以清楚地看到此功能,如图 B-14 所示。

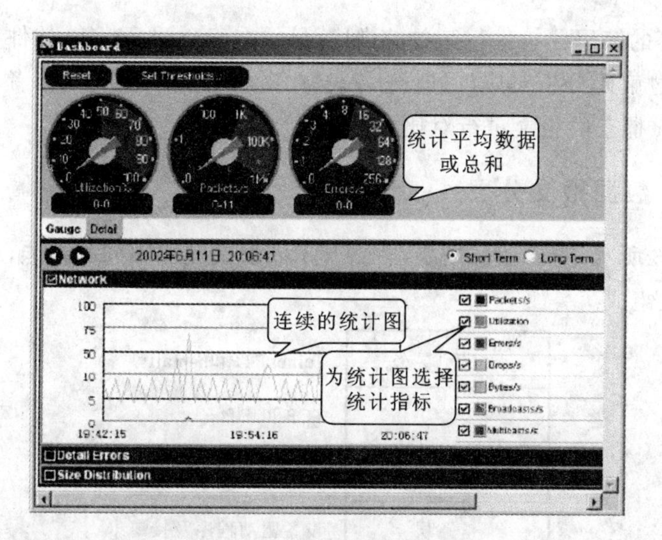

图 B-14 Dashboard 主界面

B.4.2 Application Response Time(ART)

Application Response Time(ART)可以监视 TCP/UDP 应用层程序在客户端和服务器的响应时间，如 HTTP，FTP，DNS 等。ART 主窗口如图 B-15 所示。

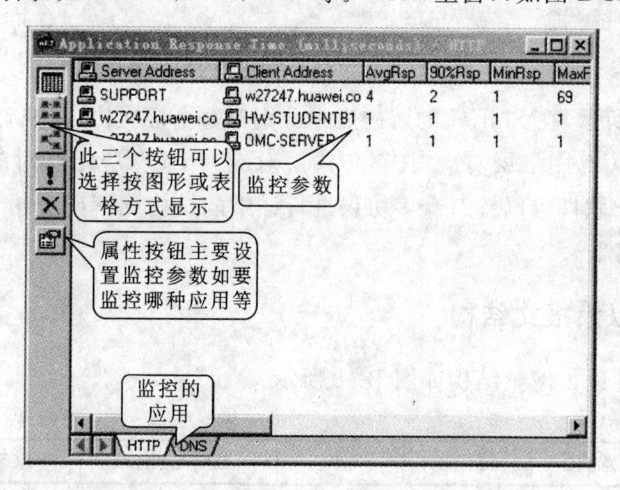

图 B-15 Application Response Time 主窗口

B.5 数据报文解码详解

本节主要对数据报文分层、以太报文结构、IP 协议、ARP 协议、PPPOE 协议、

Radius 协议等的解码分析进行简单的描述，目的在于介绍 Sniffer 软件在协议分析中的功能，并通过解码分析对协议进行进一步了解。对于其他协议，读者可以通过协议文档和 Sniffer 捕获的报文进行对比分析。

B.5.1 数据报文分层

如图 B-16 所示，对于四层网络结构，其不同层次完成不同的功能，而且每一层次都由众多协议组成。

应用层	Telnet FTP和E-mail等
传输层	TCP和UDP
网络层	IP, ICMP, IGMP
链路层	设备驱动程序及接口卡

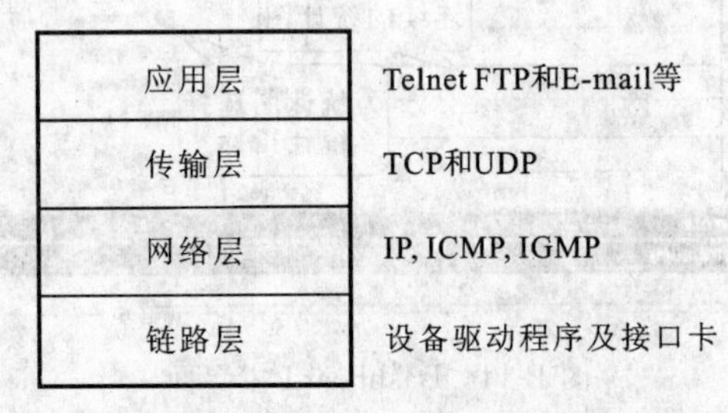

图 B-16　数据报文的四个层次

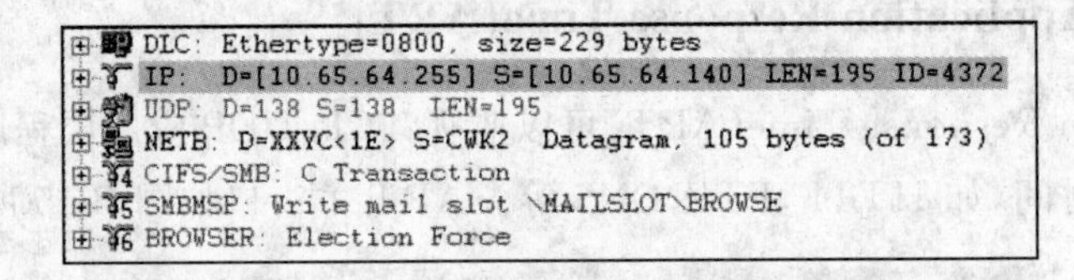

图 B-17　Sniffer 中对四个层次的解码分析

如图 B-17 所示，在 Sniffer 的解码表中分别对每个层次协议进行解码分析，其中链路层对应“DLC”，网络层对应“IP”，传输层对应“UDP”，应用层对应“NETB”等高层协议。Sniffer 软件可以针对众多协议进行详细的结构化解码分析，并采用树形结构良好地表现出来。

B.5.2 以太报文结构

Ethernet Ⅱ以太网帧结构如图 B-18 所示。

Ethernet Ⅱ

DMAC	SMAC	Type	DATA/PAD	FCS

图 B-18　Ethernet Ⅱ以太网帧结构

Ethernet Ⅱ以太网帧类型的报文结构为：目的 MAC 地址（6 字节）＋源 MAC 地址（6 字节）上层协议类型（2 字节）＋数据字段（46～1 500 字节）＋校验（4 字节）。

Sniffer 软件会在捕获报文时自动记录捕获的时间，并在解码显示时显示出来，为分析问题提供了很好的时间记录。

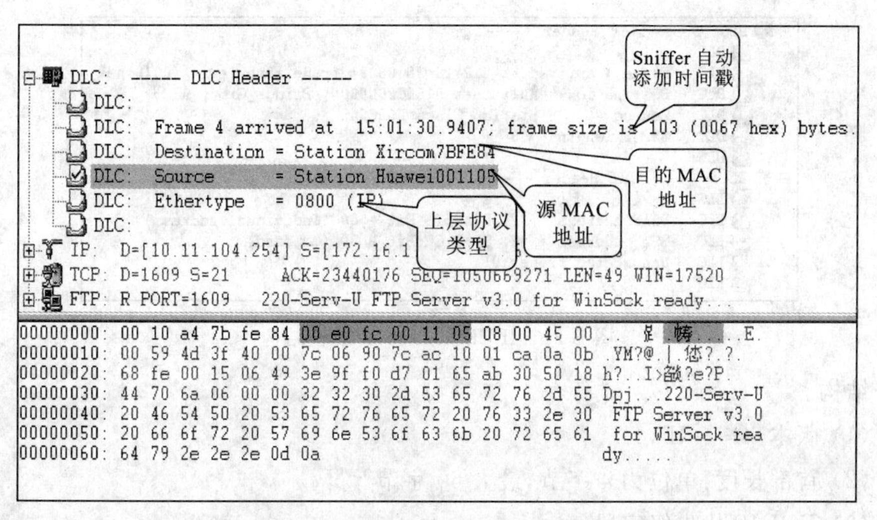

图 B-19　EthernetⅡ以太网帧的解码框

源 MAC 地址和目的 MAC 地址在解码框中可以将前 3 个字节代表厂商的字段翻译出来，方便解决定位问题，例如网络上两台设备 IP 地址设置冲突，可以通过解码翻译出厂商信息方便地将故障设备找到，如 00e0fc 为华为，010042 为 Cisco 等。如果需要查看详细的 MAC 地址，则用鼠标在解码框中点击此 MAC 地址，在列出的表格中就会突出显示该地址的 16 进制编码。

对 IP 网络层来说，Ether type 字段承载的是上层协议的类型，其中 0x800 为 IP 协议，0x806 为 ARP 协议。IEEE 802.3 以太网报文结构如图 B-20 所示。

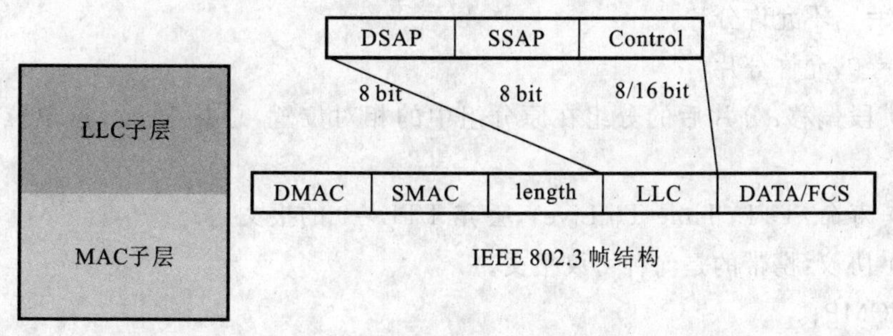

图 B-20　IEEE 802.3 以太网报文结构

图 B-21 为 IEEE 802.3 SNAP 帧结构，与 EthernetⅡ的不同点是，目的地址和源地址后面的字段代表的不是上层协议类型，而是报文长度，并多了 LLC 子层。

B.5.3　IP 协议

IP 报文结构为 IP 协议头＋载荷，其中对 IP 协议头部的分析是 IP 报文分析的主要内容之一。关于 IP 报文的详细信息请参考相关资料，这里只给出 IP 协议头部的

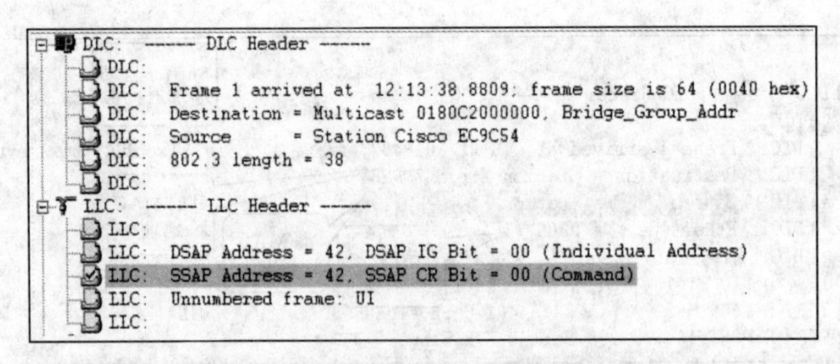

图 B-21 IEEE 802.3SNAP 帧结构

一个结构。

(1) 版本:4——IPv4。

(2) 首部长度:单位为 4 字节,最大 60 字节。

(3) ToS:IP 优先级字段。

(4) 总长度:单位字节,最大 65 535 字节。

(5) 标识:IP 报文标识字段。

(6) 标志:占 3 比特,只用到低位的 2 比特。

MF(More Fragment):

MF=1,后面还有分片的数据包;

MF=0,分片数据包的最后一个。

DF(Don't Fragment):

DF=1,不允许分片;

DF=0,允许分片。

(7) 段偏移:分片后的分组在原分组中的相对位置,总共 13 比特,单位为 8 字节。

(8) 寿命:TTL(Time To Live),丢弃 TTL=0 的报文。

(9) 协议:携带的是何种协议报文。

1:ICMP;

6:TCP;

17:UDP;

89:OSPF。

(10) 头部检验和:对 IP 协议首部的校验和。

(11) 源 IP 地址:IP 报文的源地址。

(12) 目的 IP 地址:IP 报文的目的地址。

图 B-22 所示为 Sniffer 对 IP 协议首部的解码分析结构,与 IP 首部各个字段相

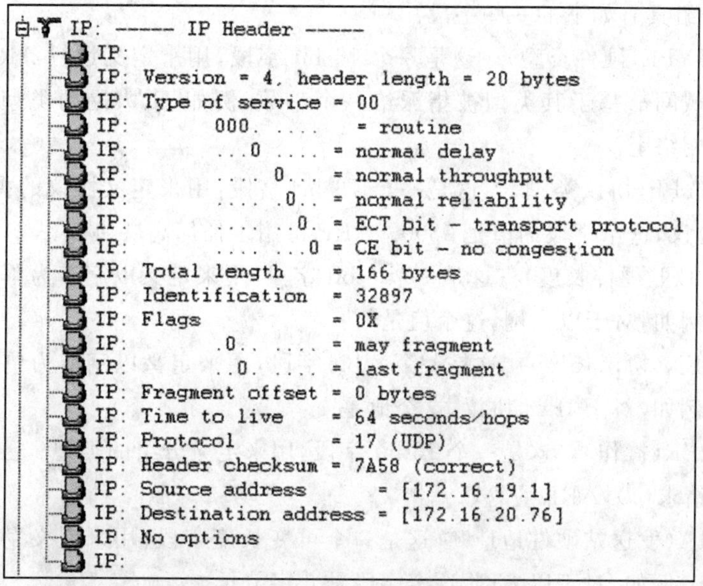

```
IP: ----- IP Header -----
IP:
IP: Version = 4, header length = 20 bytes
IP: Type of service = 00
IP:       000. ....   = routine
IP:       ...0 .... = normal delay
IP:       .... 0... = normal throughput
IP:       .... .0.. = normal reliability
IP:       .... ..0. = ECT bit - transport protocol
IP:       .... ...0 = CE bit - no congestion
IP: Total length     = 166 bytes
IP: Identification   = 32897
IP: Flags            = 0X
IP:       .0.. .... = may fragment
IP:       ..0. .... = last fragment
IP: Fragment offset = 0 bytes
IP: Time to live     = 64 seconds/hops
IP: Protocol         = 17 (UDP)
IP: Header checksum = 7A58 (correct)
IP: Source address        = [172.16.19.1]
IP: Destination address = [172.16.20.76]
IP: No options
IP:
```

图 B-22 Sniffer 对 IP 协议首部的解码

对应,并给出了各个字段值含义的英文解释。图 B-22 中报文协议(Protocol)字段的编码为 0x11,通过 Sniffer 解码分析转换为十进制的 17,代表 UDP 协议;其他字段的解码含义与此类似,只要对协议理解得比较清楚,对解码内容的理解将会变得很容易。

B.5.4 ARP 协议

图 B-23 所示为 ARP 报文结构。

<table>
<tr><td colspan="2">硬件类型</td><td>协议类型</td></tr>
<tr><td>硬件长度</td><td>协议长度</td><td>操作
请求1，回答2</td></tr>
<tr><td colspan="3">发送站硬件地址
(例如，对以太网是6字节)</td></tr>
<tr><td colspan="3">发送站协议地址
(例如，对IP是4字节)</td></tr>
<tr><td colspan="3">目标硬件地址
(例如，对以太网是6字节)</td></tr>
<tr><td colspan="3">目标协议地址
(例如，对IP是4字节)</td></tr>
</table>

图 B-23 ARP 报文结构

ARP 分组具有如下的一些字段：

(1) HTYPE(硬件类型)。这是一个 16 bit 字段，用来定义运行 ARP 网络的类型。每个局域网都基于其类型被指派给一个整数，例如，以太网的类型是 1。ARP 可用在任何网络上。

(2) PTYPE(协议类型)。这是一个 16 bit 字段，用来定义协议的类型。例如，对于 IPv4 协议，这个字段的值是 0800。ARP 可用于任何高层协议。

(3) HLEN(硬件长度)。这是一个 8 bit 字段，用来定义以字节为单位的物理地址的长度。例如，对于以太网，这个值是 6。

(4) PLEN(协议长度)。这是一个 8 bit 字段，用来定义以字节为单位的逻辑地址的长度。例如，对于 IPv4 协议，这个值是 4。

(5) OPER(操作)。这是一个 16 bit 字段，用来定义分组的类型。已定义了两种类型：ARP 请求(1)，ARP 应答(2)。

(6) SHA(发送站硬件地址)。这是一个可变长度字段，用来定义发送站的物理地址的长度。例如，对于以太网，这个字段是 6 字节长。

(7) SPA(发送站协议地址)。这是一个可变长度字段，用来定义发送站的逻辑地址(例如 IP 地址)的长度。例如，对于 IP 协议，这个字段是 4 字节长。

(8) THA(目标硬件地址)。这是一个可变长度字段，用来定义目标的物理地址的长度。例如，对于以太网，这个字段是 6 字节长；对于 ARP 请求报文，这个字段是全 0，因为发送站不知道目标的物理地址。

(9) TPA(目标协议地址)。这是一个可变长度字段，用来定义目标的逻辑地址(例如 IP 地址)的长度。例如，对于 IPv4 协议，这个字段是 4 字节长。

Sniffer 解码的 ARP 请求和应答报文结构分别如图 B-24 和图 B-25 所示。

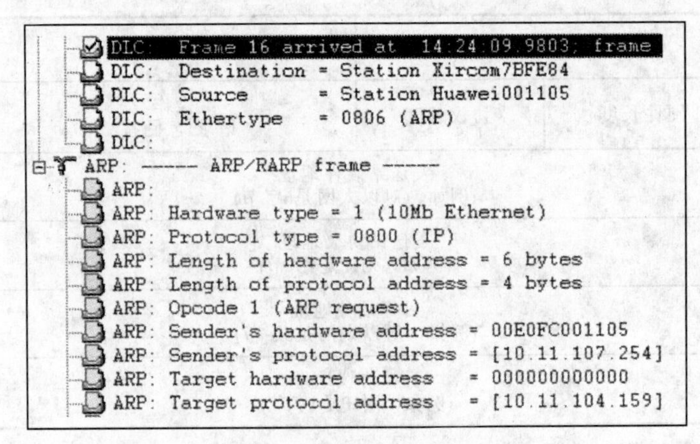

图 B-24　Sniffer 解码的 ARP 请求报文结构

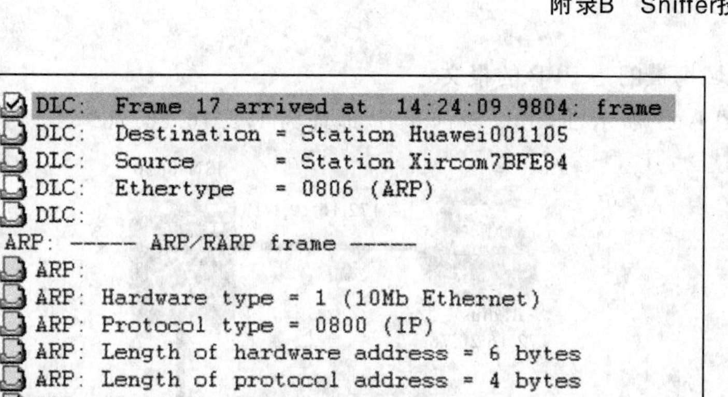

图 B-25　Sniffer 解码的 ARP 应答报文的结构

B.5.5　PPPOE 协议

简单来说，PPPOE 报文可以分成两大块：一大块是 PPPOE 的数据报头，一大块是 PPPOE 的净载荷（数据域）。PPPOE 报文数据域中的内容会随会话过程的进行而不断改变。图 B-26 所示为 PPPOE 的报文格式。

0 1 2 3 4 5 6 7 8 9 0 1 2 3 4 5 6 7 8 9 0 1 2 3 4 5 6 7 8 9 0 1

版本	类型	代码	会话ID
长度域		净载荷	

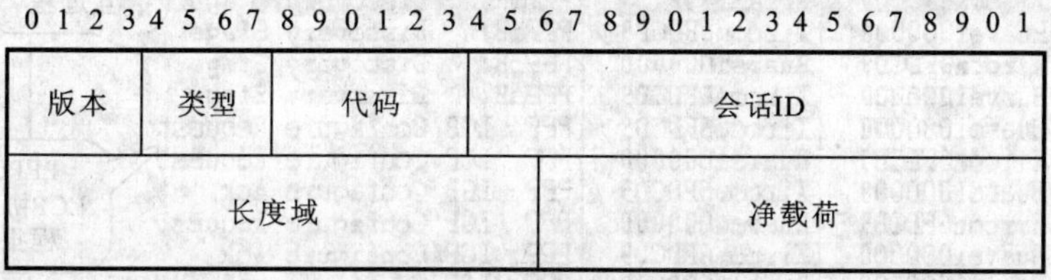

图 B-26　PPPOE 的报文格式

数据报文最开始的 4 位为版本域，协议中给出了明确的规定。这个域的内容填充为 0x01。

版本域后的 4 位是类型域，协议中同样规定这个域的内容填充为 0x01。

代码域占用 1 字节。对于 PPPOE 的不同阶段，这个域的内容是不一样的。

会话 ID 域占用 2 字节。当访问集中器还未分配唯一的会话 ID 给用户主机时，该域的内容必须填充为 0x0000；一旦主机获取了会话 ID，那么在后续的所有报文中该域都必须填充那个唯一的会话 ID 值。

长度域为 2 字节，用来指示 PPPOE 数据报文中净载荷的长度。

数据域也称净载荷域。在 PPPOE 的不同阶段，该域内的数据内容会有很大的不同。在 PPPOE 的发现阶段，该域内会填充一些 Tag（标记）；而在 PPPOE 的会话阶段，该域携带的是 PPP 的报文。

如图 B-27 所示，Radius Server IP 地址为 172.16.20.76。

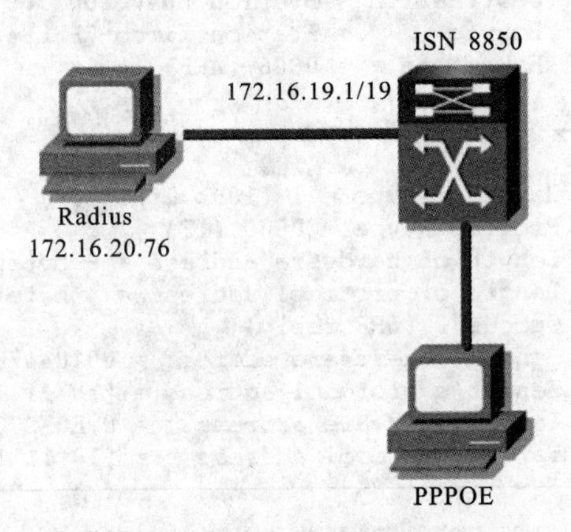

图 B-27　捕获报文测试用例图

图 B-28 所示为 PPPOE 从发现阶段到 PPP LCP 协商、认证 IPCP 协商阶段和 PPPOE 会话阶段的交互过程。

在 PPPOE 发现阶段，Sniffer 解码结构如图 B-29 所示。

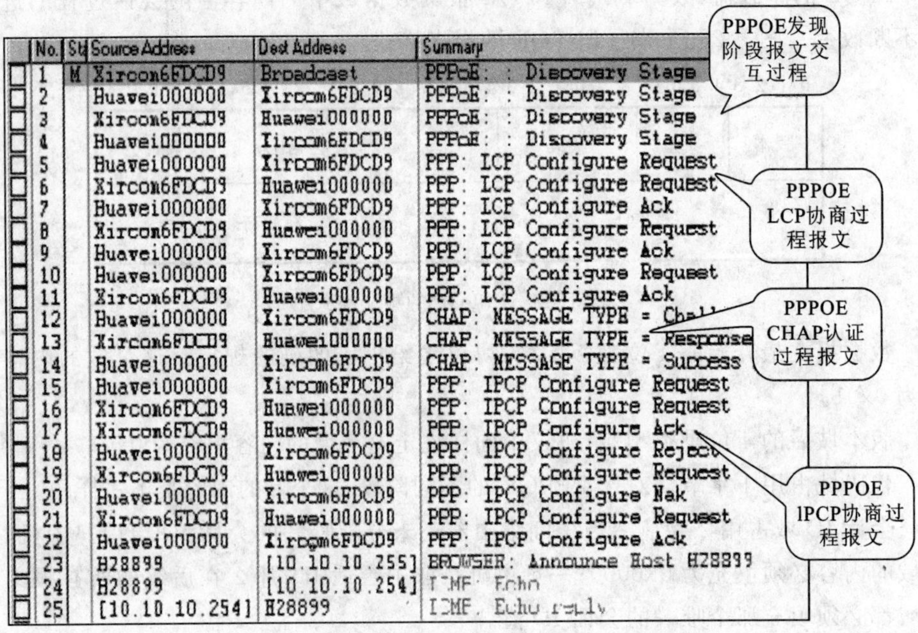

No.	St	Source Address	Dest Address	Summary
1	M	Xircom6FDCD9	Broadcast	PPPoE: : Discovery Stage
2		Huawei000000	Xircom6FDCD9	PPPoE: : Discovery Stage
3		Xircom6FDCD9	Huawei000000	PPPoE: : Discovery Stage
4		Huawei000000	Xircom6FDCD9	PPPoE: : Discovery Stage
5		Huawei000000	Xircom6FDCD9	PPP: LCP Configure Request
6		Xircom6FDCD9	Huawei000000	PPP: LCP Configure Request
7		Huawei000000	Xircom6FDCD9	PPP: LCP Configure Ack
8		Xircom6FDCD9	Huawei000000	PPP: LCP Configure Request
9		Huawei000000	Xircom6FDCD9	PPP: LCP Configure Ack
10		Huawei000000	Xircom6FDCD9	PPP: LCP Configure Request
11		Xircom6FDCD9	Huawei000000	PPP: LCP Configure Ack
12		Huawei000000	Xircom6FDCD9	CHAP: MESSAGE TYPE = Chal
13		Xircom6FDCD9	Huawei000000	CHAP: MESSAGE TYPE = Response
14		Huawei000000	Xircom6FDCD9	CHAP: MESSAGE TYPE = Success
15		Huawei000000	Xircom6FDCD9	PPP: IPCP Configure Request
16		Xircom6FDCD9	Huawei000000	PPP: IPCP Configure Request
17		Xircom6FDCD9	Huawei000000	PPP: IPCP Configure Ack
18		Huawei000000	Xircom6FDCD9	PPP: IPCP Configure Rejec
19		Xircom6FDCD9	Huawei000000	PPP: IPCP Configure Request
20		Huawei000000	Xircom6FDCD9	PPP: IPCP Configure Nak
21		Xircom6FDCD9	Huawei000000	PPP: IPCP Configure Request
22		Huawei000000	Xircom6FDCD9	PPP: IPCP Configure Ack
23		H28899	[10.10.10.255]	BROWSER: Announce Host H28899
24		H28899	[10.10.10.254]	ICMP: Echo
25		[10.10.10.254]	H28899	ICMP: Echo reply

PPPOE发现阶段报文交互过程

PPPOE LCP协商过程报文

PPPOE CHAP认证过程报文

PPPOE IPCP协商过程报文

图 B-28　Radius 的报文交互过程

PPPOE 会话阶段 Sniffer 解码结构如图 B-30 所示。

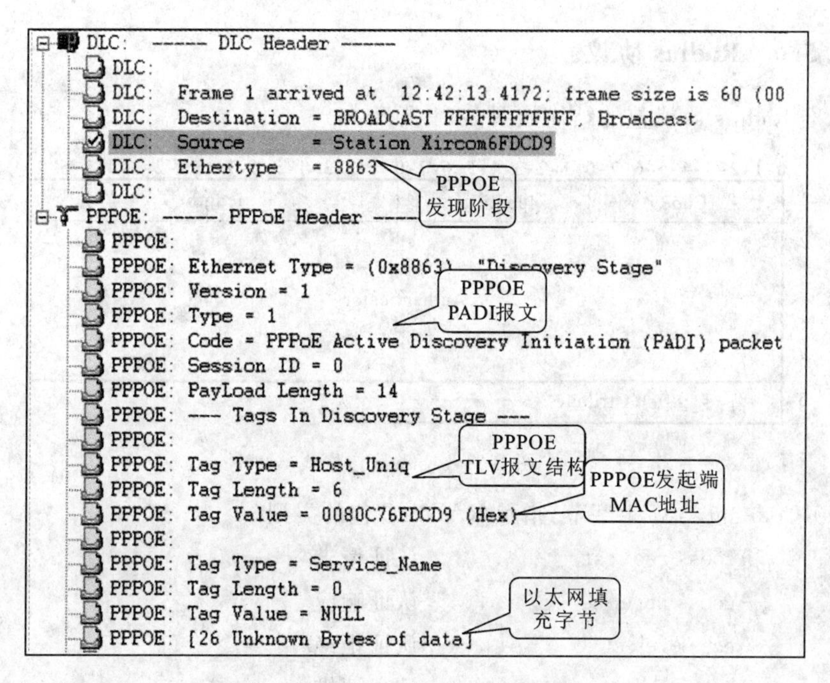

图 B-29 PPPOE 发现阶段解码结构

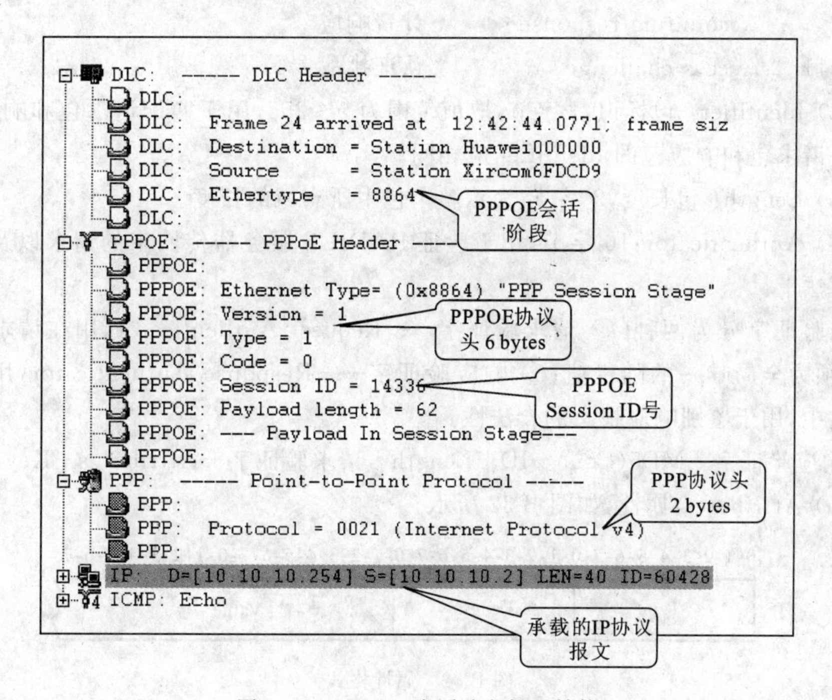

图 B-30 PPPOE 会话阶段解码结构

B.5.6 Radius 协议

标准 Radius 协议包的结构如图 B-31 所示。

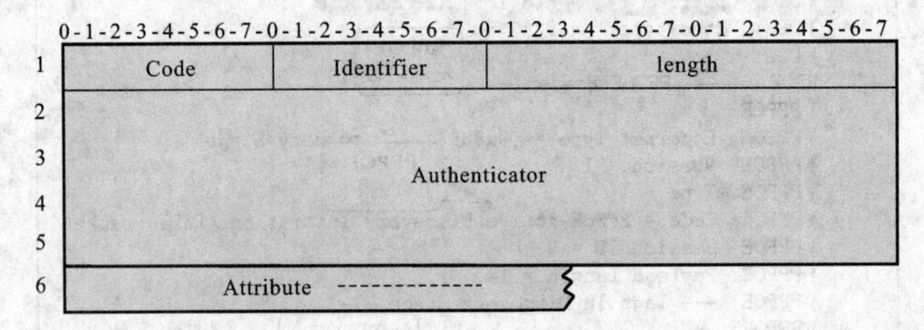

图 B-31 Radius 包格式

(1) Code:包类型,1 字节,指示 RADIUS 包的类型。

1	Access-request	认证请求
2	Access-accept	认证响应
3	Access-reject	认证拒绝
4	Accounting-request	计费请求
5	Accounting-response	计费响应
*11	Access-challenge	认证挑战

(2) Identifier: 包标识,1 字节,取值范围为 0～255,用于匹配请求包和响应包。同一组请求包和响应包的 Identifier 应相同。

(3) Length: 包长度,2 字节,表示整个包中所有域的长度。

(4) Authenticator:16 字节,用于验证 RADIUS 服务器传回来的请求以及密码验证算法上。

该验证字分为两种:① 请求验证字——Request Authenticator,用在请求报文中,必须为全局唯一的随机值;② 响应验证字——Response Authenticator,用在响应报文中,用于鉴别响应报文的合法性。

响应验证字＝MD5(Code＋ID＋Length＋请求验证字＋Attributes＋Key)

(5) Attributes:属性,如图 B-32 所示。

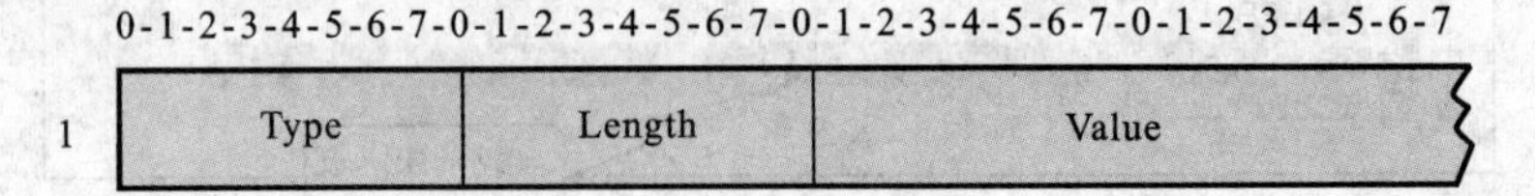

图 B-32 属性格式

属性域是 TLV 结构编码。

图 B-33 为用户端 PPPOE，Radius Server 和 BAS 交互的认证上线和下线的过程。图中各报文的含义如下。

No	St	Source Address	Dest Address	Summary
1	M	[172.16.19.1]	[172.16.20.76]	RADIUS: Access-Request Id = 25
2		[172.16.20.76]	[172.16.19.1]	RADIUS: Access-Accept Id = 25
3		[172.16.19.1]	[172.16.20.76]	RADIUS: Accounting-Request Id = 26
4		[172.16.20.76]	[172.16.19.1]	RADIUS: Accounting-Response Id = 26
5		[172.16.19.1]	[172.16.20.76]	RADIUS: Accounting-Request Id = 27
6		[172.16.20.76]	[172.16.19.1]	RADIUS: Accounting-Response Id = 27

图 B-33 Radius Server 和 BAS 交互验证过程

(1) 报文 1:BAS 请求 Radius Server 认证报文。

(2) 报文 2:Radius Server 回应 BAS 认证通过报文。

(3) 报文 3:BAS 计费请求报文。

(4) 报文 4:Radius Server 计费响应报文。

(5) 报文 5:BAS 计费结束报文。

(6) 报文 6:Radius Server 计费结束响应报文。

从图 B-33 中可以看出，报文请求和响应是通过 IP 地址＋Radius 协议域中的 ID 号进行配对识别的。

图 B-34 和图 B-35 分别为 PPPOE CHAP 认证过程的 Radius 认证请求报文和 PPPOE CHAP 认证过程的 Challenge 报文。通过比较可以看出，BAS 发出的 Challenge 值为“26fe8768341de68a72a1276771e1c1ca”，与 PPPOE CHAP 认证过程中 BAS 发给 PPPOE 用户的 Challenge 值是一致的。

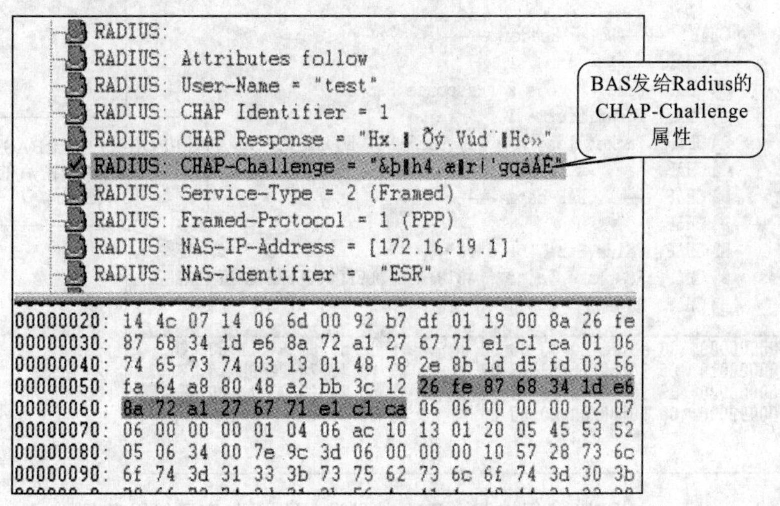

图 B-34 PPPOE CHAP 认证过程的 Radius 认证请求报文

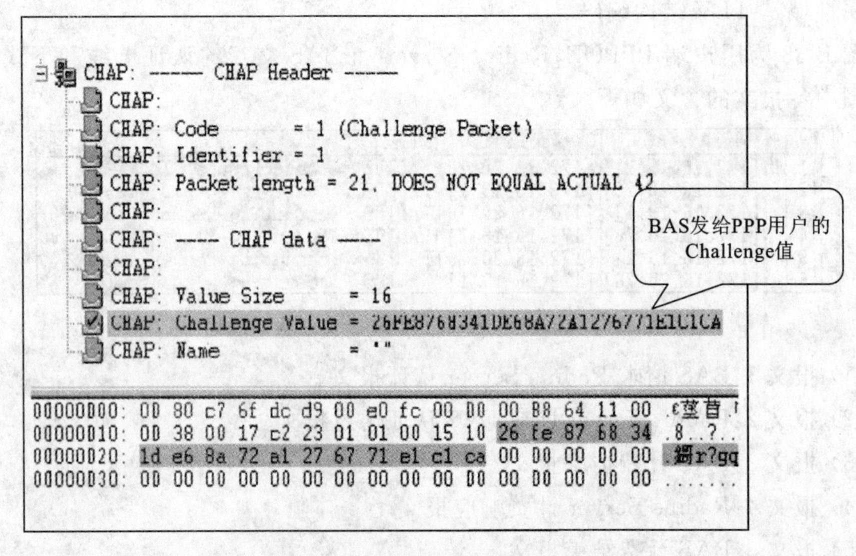

图 B-35　PPPOE CHAP 认证过程的 Radius 认证 Challenge 报文

图 B-36 和图 B-37 分别为 PPPOE 用户发给 BAS 的经过 CHAP 加密后的用户密码和 BAS 发给 Radius Server 的认证请求报文用户密码属性域的比较。可以看出，在 Radius 认证过程中，BAS 设备将 Challenge 属性和用户加密后的密码发给 Radius 进行验证。通过比较可以清楚地了解协议各字段的含义及相互关系，为问题的处理提供了有效的手段。

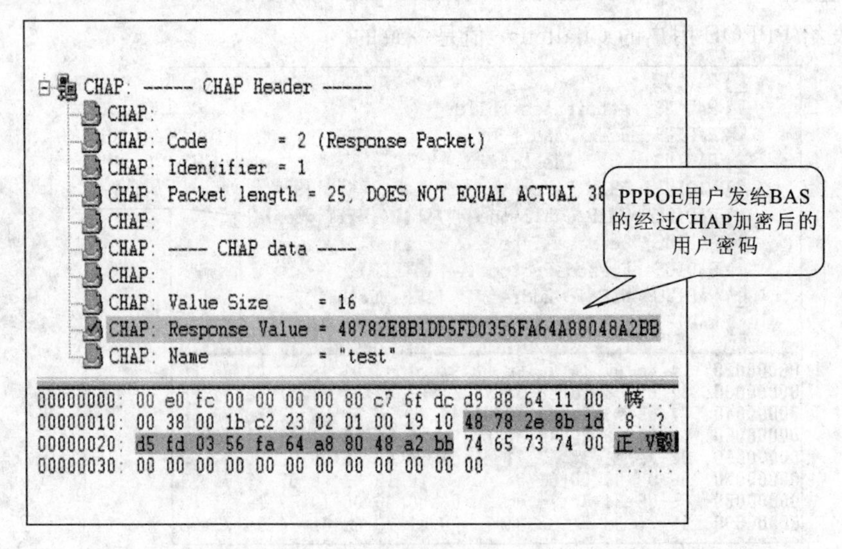

图 B-36　PPPOE 用户发给 BAS 的经过 CHAP 加密后的用户密码

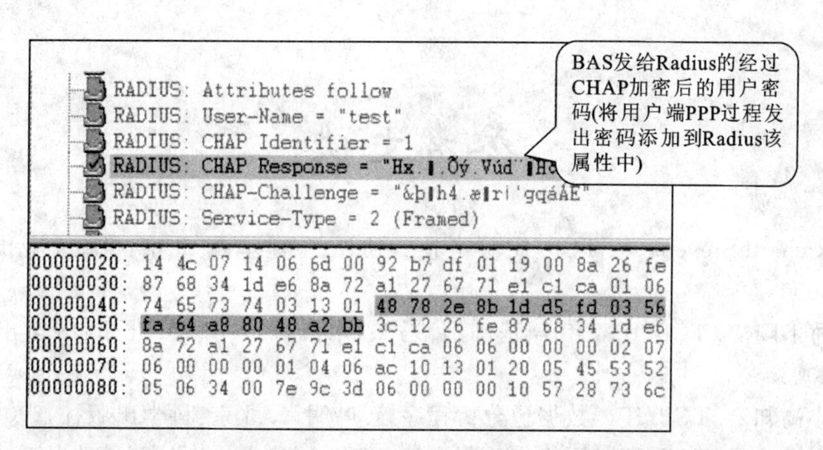

图 B-37　BAS 发给 Radius Server 的经过 CHAP 加密后的用户密码

参考文献

[1] Richard Stevens W. TCP/IP 详解卷 1:协议. 范建华译. 北京:机械工业出版社, 2000

[2] 竹下隆史. TCP/IP 综合基础篇. 冯杰,水海峰,葛伟译. 北京:科学出版社, 2003

[3] 小高知宏. TCP/IP 数据包分析程序篇. 叶明译. 北京:科学出版社,2003

[4] 村山公保. TCP/IP 网络实验程序篇. 冯杰,闫鲁生译. 北京:科学出版社,2003

[5] 村山公保. TCP/IP 计算机网络篇. 白玉林译. 北京:科学出版社, 2003

[6] 小高知宏. TCP/IP Java 篇. 牛连强,刘本伟译. 北京:科学出版社,2003

[7] 井口信和. TCP/IP 网络工具篇. 吴松芝,董江洪译. 北京:科学出版社,2003

[8] 寺田真敏. TCP/IP 网络安全篇. 王庆译. 北京:科学出版社,2003

[9] Casad Joe. TCP/IP 入门经典. 第 4 版. 井中月译. 北京:人民邮电出版社,2009

[10] Reed Kenneth D. 协议分析. 第 7 版. 孙坦译. 北京:电子工业出版社,2004

[11] 罗军舟. TCP/IP 协议及网络编程技术. 北京:清华大学出版社,2004

[12] MPLS 技术白皮书. http://www. h3c. com. cn/Products_Technology/Technology/MPLS/Other_technology/Technology_book/200711/318754_30003_0. htm

[13] Sniffer 教程电子版. http://wenku. baidu. com/view/418ca4284b73f242336c5ff4. html